设计致良知

陈可石 著

湖南科学技术出版社

图书在版编目（CIP）数据

设计致良知/陈可石著.—长沙：湖南科学技术出版社，2021.8
ISBN 978-7-5710-0653-2

Ⅰ.①设… Ⅱ.①陈… Ⅲ.①建筑设计－研究－中国Ⅳ.①TU2

中国版本图书馆CIP数据核字(2020)第134324号

SHEJI ZHI LIANGZHI
设计致良知

著　　者：陈可石
责任编辑：缪峥嵘
出版发行：湖南科学技术出版社
社　　址：长沙市芙蓉中路一段416号泊富国际金融中心
网　　址：http://www.hnstp.com
湖南科学技术出版社天猫旗舰店网址：
　　　　　http://hnkjcbs.tmall.com
邮购联系：本社直销科 0731-84375808
印　　刷：雅昌文化（集团）有限公司
　　　　　（印装质量问题请直接与本厂联系）
厂　　址：深圳市南山区深云路19号
邮　　编：518000
版　　次：2021年8月第1版
印　　次：2021年8月第1次印刷
开　　本：889mm×1194mm 1/16
印　　张：32.75
字　　数：348千字
书　　号：ISBN 978-7-5710-0653-2
定　　价：480.00元

"设计致良知"引自中国明代著名的思想家王阳明的哲学命题"致良知"，喻义设计认知过程不断接近真理和不断创新。本书描述了著名学者和建筑师陈可石教授围绕"建筑艺术"游学、考察、创作和设计的感悟，阐述了陈可石教授对城市设计和建筑设计理论的探讨，更重要的是讲述了陈可石教授作为建筑师在城市设计和建筑设计中的实践，特别是面对设计中错综复杂的难题，仍然坚持建筑艺术的创造。

目录

陈可石 绘
鲁朗国际旅游小镇构思草图

知行求索

陈可石设计理论与实践概述

REALITY FOLLOWS THEORY

A NOTE ON CHEN KESHI'S ARCHITECTURAL AND URBAN PROJECTS

What immediately appears in Chen Keshi's oeuvre is the notable consistency between his theoretical position and his professional work. A scholar with deep knowledge of both western and traditional Chinese architecture, Chen Keshi is a true humanist architect. His studies are rooted in the strength and true beauty of ancient architecture in China and also abroad.

From these studies he has distilled the principles that are incorporated in his architecture for urban restoration of ancient towns. In these occasions his solid principles, like "The Integration of Natural Geography and Human Geography" and "Urban Humanism and Modern Interpretation of Traditional Architecture", are applied with a high level of rigor. You can be sure that his many graduated students and his assistants in the architectural office have assimilated these principles and are able to spread them to others through their work and teaching.

The achievements of Chen Keshi as an architect are of the highest level. As an Italian architect and professor, I admire the sense of measure and the formal success of a work such as the Nyingchi Academy of Painting and Calligraphy, which is located in the East coast of Nyingchi River in Nyingchi, Tibet. This center works as a gateway to the city in a very delicate yet symbolic position. This project is admirable for the rare equilibrium between a traditional form of expression and a contemporary sense of abstraction. An abstraction which is rich in texture and dynamic forces towards the surrounding city.

The building surely has reached the goal of working toward a contemporary architectural language of Tibet. In particular the building succeeds in exhibiting the artistic features of the Kongpo Tibetan wooden building with modern materials. The use of applied steel structure of the cantilevered wooden roof ends in a very effective and expressive result.

As the first architect, who has been working in Tibet for more than 10 years, he has made important achievements in architectural research and practice in Tibet. His truly remarkable mastery in coping with the interlocking nature of these components is clearly evident in the design of Lulang Tourism Town. This is a town carefully organized in different sectors, but each of them has a fluid and beautiful design that perfectly expresses the theoretical issue of "Urban Humanism". In this town the careful design has also a relevant social impact. Lulang International Tourism Town is designed to improve the economic and social situation of local people and Tibetan region. The construction uses local labor and materials, so local people can live in the town and practice their religion as they did before. The town is a real example for further development of tourism in the region.

To express the range of possibilities of Chen Keshi architecture, it is surely worthwhile to refer to the mix used in the development of Shenzhen Bay Super Headquarters "China's Dreamland", where a complex set of ecological, technological, functional, formal and landscape issues is mastered in an extremely convincing contemporary design. It is a project that integrates green and ecological factors in many of Its components. It can be seen in the absorption and low energy consumption; in the solar photovoltaic panels that convert light energy to electricity; in the rainwater collection and utilization, in the recycling of waste water to irrigate plants and in the filtration of water. Large areas of green shelter with natural landscape green paths for pedestrians, water channels and green central park are used to improve the climate. All together these characteristics create a harmonious and truly contemporary humanistic and ecological environment.

An area in which the architecture of Chen Keshi really excels is site planning in the careful study of relations between human movements, building and section scale, careful insertions of plants and water. In Shuimo Town of Sichuan Chen Keshi's architecture combats new challenges and creates a relevant example of post-disaster reconstruction. A very careful design site plan in this case is able to achieve a charm that recalls Chinese small town's harmony with mountain, water, farmland and town elements, which are carefully integrated in this project.

The successful scheme of urban design and sensitive site plan are also present in Shenzhen's Gan Keng Hakka town that develops almost one kilometer of interesting interlocking and varied spaces. Professor Chen underlines the role of "analysing ecological landscape structure according to local conditions, highlighting the mountains, water, farmland, garden town form, protection and restoration of traditional Hakka houses to reform and improve the status of industrial construction, the theme of creating rich local color of Hakka hall courtyard, harmony and unity of the whole town style".

One sees that the results will confirm this case is an example when words become reality through architecture and urban planning. Theory anticipates the actual construction of a livable ecological and beautiful environment. Reality follows Theory.

Antonino Saggio

安东尼·桑吉

罗马大学建筑与设计学院教授

Antonino Saggio, PhD
Professor of Architecture and Urban Design
Department of Architecture and Design
"Sapienza" University of Rome

April 2, 2021

陈可石

理论探索与实践

王才强

陈可石

DESIGN 设计致良知

在西藏林芝的莽莽林海有这样一个美丽小镇——鲁朗国际旅游小镇。既藏式又具现代美感的建筑坐落在湖光山色之间，在巍峨的雪山和蓝天白云的映衬下显得格外圣洁宁静。《中国国家地理》评选鲁朗国际旅游小镇为"中国最美户外小镇"。

"一半是天堂，一半是人间。"鲁朗国际旅游小镇再现了西藏传统和现代藏式建筑之美。作为鲁朗国际旅游小镇工程总设计师，陈可石和设计团队历时6年，克服高原反应，与西藏当地专家和工匠交流，进驻项目现场精心设计，完成了小镇项目250个不同建筑的设计方案。如今鲁朗国际旅游小镇已成为西藏第一个享誉国际的现代旅游小镇。2019年1月，因陈可石在中国建筑设计行业的卓越贡献，与贝聿铭等10位华人建筑师一同获"中国改革开放40周年十大建筑文化人物"荣誉。

▌潜心研究中西方 ▌古典建筑艺术

陈可石，1961年9月出生于中国西南的云南省昆明市，母亲是一位中学教师，父亲是原南京中央大学美术系最后一届毕业生，"可石"二字源自父亲的两位关系至亲的老师——李可染和傅抱石。最初的愿望是希望他成为画家。早年的经历由于时局动荡有很长时间跟随父母颠沛流离，在接近越南边境的云南省红河州彝族自治州的山村及昆明近郊学习和务农直到考上大学。陈可石1982年毕业于西安冶金建筑学院建筑系获学士学位，1988年毕业于清华大学建筑学院获硕士学位，1994年毕业于英国爱丁堡大学社科学院获博士学位。

2019年1月，陈可石荣获"中国改革开放40周年十大建筑文化人物"

大学经历首先得益于西安这座中国古代最伟大的都城所留下的建筑与艺术传统。教授中国建筑史的林宣先生（著名建筑师和诗人林徽因的表弟）对他影响致深。多年后林先生把梁思成（著名建筑师，清华大学建筑系创建人）和林徽因签名送给他的结婚礼物，一套《清式营造则例》（梁思成教授1934年出版的著作）转送给了当时还在英国留学的陈可石。这本书对陈可石之后的专业道路影响深远。大学三年级的时候他获得了**中国首届大学生建筑设计竞赛一等奖**。这个竞赛设计方案后来由他深化设计建成为云南石林景区的一座酒店并获得国家设计奖。

1985年他考入清华大学建筑系成为王炜钰教授的硕士研究生，第二年以他为主创设计人完成的**"北京大观园酒店"**获得国际建筑方案设计竞赛一等奖。这个酒店多年后在北京建成。王炜钰教授是林徽因的表妹，她的父亲曾出任北京大学工学院院长。王炜钰教授对他的影响在于对中国传统艺术的热爱和为人处世的哲理。

中国传统建筑学与西方现代主义在中国的"是与非"，在1986年前后由于资深建筑师戴念慈先生当时在孔子故里曲阜设计的一个传统风格酒店"阙里宾舍"引发了全国性的争论。陈可石1986年底在《新建筑》期刊上发表了《关于阙里宾舍的思考》的论文，主张当代中国建筑师应该放弃对古代建筑形态的复制，而是要在传统建筑学的基础上走向现代化，努力迈向属于当今中国现代建筑的创新之路。这篇文章在清华大学建筑学院和全国引发了广泛的争议。这件事情促使他深入思考传统建筑学，并决定用一年多的时间沿着半个世纪前"中国营造学社"调研的路线走访中国大部分著名古典建筑。这次行走大半个中国长达15个月的"田野调查"，在获得大量直观感受和一手资料的同时，他开始思考中国传统建筑学与现代主义的融合，"首先要搞清楚中国传统建筑学"是他当时的想法。受《关于托勒密和哥白尼两大世界体系的对话》一书的启发，他写出了一篇别出心裁的毕业论文《个性与组合——关于中国古典建筑艺术的对话》，论文提出中国古典建筑五种屋顶形制与传统京剧中的"生、旦、净、末、丑"五个典型化人物高度概括的艺术表达方式有同等的意义；传统宇宙观下中国古典建筑的表达方式在于"个性与组合"。他提出中国古典建筑高度个性化的五种屋顶形制通过大尺度外部空间进行组合而创造出独特的建筑和空间艺术。这篇充满想象力的论文得到了当时英国传统宇宙观学会的导师、爱丁堡大学校长Barrie Willson教授的称赞，并促使陈可石于1988年9月成为他指导下的艺术史方向博士研究生。

爱丁堡大学的学习经历让他对古希腊、古罗马、意大利文艺复兴和启蒙运动以及工业革命之后的西方建筑学及其思想史做了深入的阅读和思考。由于学业优秀，其间他获得爱丁堡大学学者奖学金、亨利·莱斯特建筑师奖和大不列颠·中国基金奖。这些奖励促使他能够在6年时间走访了上百个欧洲城市，重点研究西方古典建筑和现代建筑师的杰作。他详细研究了芝加哥大学终身教授Mircea Eliade关于传统宇宙观与艺术表现方面的哲学著作并以此为理论基础完成了博士论文。博士论文写作期间，Barrie Willson教授对古希腊艺术和法国人文主义思想家蒙田、卢梭和孟德斯鸠等的推崇深刻地影响了陈可石。

1985—1988年，陈可石就读于清华大学建筑学院

传统建筑的现代诠释

1994年7月，陈可石与博士生导师Barrie Willson教授在毕业典礼上合影

陈可石1994年7月博士毕业，与当时的很多中国留学生一样选择毕业后到中国香港工作，他先后任职于中国香港和英国设计顾问公司，负责东南亚和中国大陆的工程设计业务。这使他学习到大型工程设计和管理的知识。在此期间目睹中国和

南亚国家快速城镇化导致很多老城区和古镇受到破坏，以及现代主义思潮影响下地域性建筑和人文传统的丢失，促使他开始关注古城古镇设计与可持续发展。

1997年香港回归，促使他决定在香港创建自己的设计事务所"**中营都市**"，这个名称源于民国初期由梁思成和林徽因等学者创立研究中国传统建筑学的"中国营造学社"。希望继续前辈的事业致力于探索中国传统建筑学与其现代化之路。

初期的项目从云南大理古城的一所中学开始，在他的坚持下校园设计保留了原有的大理传统木构四合院。接下来的洱海西岸新城规划保留了大片的稻田，以组团式的方式实现英国埃比尼泽·霍华德"**田园城市**"的理想。在大理古城的设计研究中，他发现中国古代从中原到云南都有"官式建筑"统一的风格，而各地的民居则带有很强的地域性，这对之后他主持的众多古镇复兴和旅游小镇设计有很大的启发。2001年他和全家人取得中国香港永久居民身份，成为中国香港居民。

在规划设计实践中他看到了各地传统建筑遗产保护与城市发展的冲突，而古镇古建筑往往成为最后的牺牲品。这个时候他转向研究欧洲战后城市设计和古镇保护的经验。2004年北京大学在深圳成立新校区，他应邀授课并且在北京大学深圳研究生院成立"北京大学中国城市设计研究中心"，同时也将中营都市设计事务所从香港迁到深圳的蛇口，开始在深圳这个中国快速发展的经济特区从事教学和建筑设计工作。中国城镇化过程中有一个很大的难题是如何保持传统建筑文化的延续，这促使他和研究生着力思考传统建筑学如何迈向现代化的议题，2005年他举办了首届"北京大学城市设计论坛"，提出"**传统建筑的现代诠释**"设计理论，并出版《城市设计：晴朗的天空》一书。

《城市设计：晴朗的天空》

2004年7月，北京大学中国城市设计研究中心挂牌，许智宏校长、林建华副校长、史守旭院长等领导参加仪式

城市人文主义

2005年世界客家省亲大会在成都近郊的洛带古镇举办，陈可石提出的设计方案通过增加公共广场空间和恢复传统建筑风貌，采用当地产的红砂石铺地，将山泉水引入街道空间，借鉴欧洲旅游小镇的成功经验，将一个客家传统农耕小镇通过创意设计转型成为现代旅游小镇。方案首先提出了古镇保护与发展并举的策略，在发展的前提下，寻求古镇传统建筑学的保护与利用。在详细规划设计中，通过对古镇的形态、景观、公共空间系统、广场系统和绿地系统的设计，全面梳理和提升古镇的环境品质，同时对古镇的老街进行完整的设计。以"精装修"的理念，从广场、铺地、水景到建筑立面进行整体设计，实现古镇文物价值和艺术魅力的全面提升。洛带古镇成长为国家AAAA级旅游景区、全国首批重点小城镇，成为中国著名的文旅小镇。根据这项工程实践，2006年他出版《城市设计与古镇复兴》一书。

理论研究与 设计实践相结合

2007年北京大学校长办公会决定特聘陈可石为北京大学教授和博士生导师。他开始在北京大学深圳研究生院创办城市设计和建筑设计学科并主讲**"城市设计学""城市设计工作坊"**和全校通

洛带古镇入口广场建筑设计方案图

改造工程完工后的洛带古镇

2006年出版的《城市设计与古镇复兴》一书

选课程**"美学与艺术史高级讲座"**，开始指导博士和硕士研究生。同时担任北京大学城市规划与设计学院副院长和北京大学中国城市设计研究中心主任。

2008年5月12日四川汶川发生特大地震，根据学校的要求他第一时间带领研究生和设计师进驻灾区考察研究重建工作。随及由他主持完成的汶川水磨镇设计方案首先提出了以"文化重构"实现小镇灾后可持续发展的理念。当时余震还在持续，灾区重建工作在十分艰苦的环境下开始，他带领北京大学的研究生和中营都市设计团队住在抗震棚里开始长达18个月的现场设计工作。

汶川水磨镇的设计通过产业调整，以**"文化重构"**实现可持续发展。灾后重建不单是安置灾民、重建家园，更重要的是为灾区民众创造一个更加美好的生存空间。借鉴英国的经验，陈可石在汶川水磨镇设计中提出采用**"总设计师负责制"**，以城市设计为先导，多种设计手段并行，将川西民居、羌族和藏族建筑结合，以山地小镇丰富的空间形态，亭台楼阁和湖面形成独具特色的景观和"风水"格局，再现了中国传统诗意小镇之美。陈可石十分重视建筑设计的地域性，在此认识的基础上他首先恢复了禅寿老街，严格采用传统材料和传统工艺，在震后的废墟上重建了800米长的传统商业街和历史上曾经有过的戏台、大夫第和字库等建筑。随后又完成了水磨中

2005年起，陈可石在北京大学开课"城市设计学""城市设计工作坊"和全校通选课程"美学与艺术史高级讲座"

学、游客接待中心、医院、镇政府和居民安置区的建筑设计，其中**水磨中学**获得灾后重建优秀建筑设计一等奖。

最后，水磨镇成为汶川灾后重建诞生的5A级景区和全国著名旅游小镇，受到中国政府的高度肯定并获得国家最高设计奖，同时还被联合国评为**"灾后重建全球最佳范例"**。作为水磨镇灾后重建总设计师，陈可石受邀在纽约联合国总部向多个国家的代表介绍灾后重建的成功经验。

水磨镇灾后重建设计方案的成功也在于设计师为原住民设计了一种可持续的生活方式，而"文化重构"正是基于人文主义价值观。根据水磨镇的设计实践，他开始提出**"城市人文主义"**的设计理论，"以人文主义的价值观从'**文化重构**'的角度来规划设计小镇，从**城市人文主义**的角度理解传统建筑学承传的意义，让传统建筑学能够传承并在现代生活中得到新的诠释。"根据水磨镇的实践，2010年他出版《汶川绿色新城——汶川水磨镇城市设计与建筑设计》一书。

传统建筑的现代诠释和城市人文主义设计理论成为陈可石教学和设计实践的重要基础。2010年一条高速公路施工计划要穿过贵州黔东南下司古镇，一座千年古镇即将消失，看到汶川灾后重建过程中水磨镇的成功，黔东南州政府决定委托陈可石提出一个将下司古镇改造成为旅游小镇的设

汶川灾后重建获奖设计方案"汶川水磨镇"设计图

2010年，工程完成后的水磨镇

陈可石在纽约联合国总部介绍水磨镇灾后重建的成功经验

计方案。在设计方案中他提出全面提升下司古镇人文地理和自然景观价值，突出了苗侗传统建筑元素，增加了旅游功能要求。通过4年的设计与建设，下司古镇最后成为中国著名的旅游小镇，同时高速公路也改线绕开了古镇。以人文主义价值观为基础的传统建筑的现代诠释保障了下司古镇复兴工程的成功。下司古镇的成功实践使陈可石看到地方传统建筑语言特征在设计中的重要性，这段时间他着重指导研究生对欧洲古镇设计成功经验和地域性建筑语言进行深入研究，先后完成20余篇相关内容的学术论文。

下司古镇的成功让相邻的隆里古镇看到了希望。600多年前一支中原的汉族军队被派到贵州黔东南。军人和家属在黔东南苗族地区建设了一座"汉文化的孤岛"——隆里古镇。2012年黔东南州政府委托陈可石完成了隆里古镇整体改造和周边"美丽乡村"的设计方案，这个设计完整地再现了明朝初年中原建筑风格，使隆里古镇成为贵州旅游的新亮点。接下来的几年时间，陈可石主持完成了近20个古镇复兴设计，其中包括佛山古镇、孙中山故居翠亨村和汕头古城。

城市人文主义的设计理论开始受到大家的认同。2018年受安徽文旅集团委托，陈可石完成了已故前北京大学校长、中国近代著名的学者和思想家之一的胡适先生故乡**安徽绩溪上庄胡适博物**

2010年出版《汶川绿色新城——汶川水磨镇城市设计与建筑设计》

完工之后的下司古镇

隆里古镇设计方案一

馆和游客接待中心的设计方案。上庄是典型的安徽风格的乡村，当地的建筑以白墙、砖雕、木构的四合院为主要特征。设计方案吸取了安徽传统建筑的基本元素和胡适所代表的"新思想"，博物馆依地段坡度的变化，由10个单体建筑组合成为一个大概念的四合院，每个单体建筑都有自己独立的使用功能，而建筑形态内部又互相连接组合成一个活泼灵动的现代建筑空间。中庭采用现代建筑简捷手法由一个钢木构架的屋顶覆盖，其中一边向外开放方便游客进入，而另一边的屋檐与建筑之间留有一个带状的天井暗合了安徽传统民居天井的做法。屋背的曲线设计灵感来自周边山峦起伏的韵律，立面门窗的自由设置又源自徽派建筑传统的做法。

上庄胡适博物馆和游客接待中心建筑设计方案

同年安徽文旅集团又委托陈可石完成了**"黄山中国书画小镇"**规划设计。黄山中国书画小镇位于安徽省黄山市黟县，设计方案以书画交易为契机，整合区域书画产业，传承徽州建筑独特的文化，打造成为一个以书画交易为主业的旅游小镇。皖南民居的外形为一四方体，外面白墙高耸，里面的房子沿四周布置，都是两层以上的楼房，屋面向院内倾斜，形成"四水归堂"的形式。墙的上端，有层层跌落的马头墙，白墙与黑瓦形成鲜明的色彩对比。以当代的建筑材料，还原徽派建筑青瓦粉墙马头墙质朴典雅的色彩，用一种含蓄的丰富色彩，体现现代徽派建筑风格。

黄山中国书画小镇设计方案

建筑设计的三原则：
地域性、原创性与艺术性

2008年珠海市政府面向全球征集大剧院建筑设计方案，来自美国、英国、德国、法国、瑞士等国的33名全球著名设计大师和机构参加竞标。最终，陈可石和设计团队提出的"**日月贝——珠海歌剧院建筑设计方案**"获一等奖，并被确定为实施方案。中标通知书上形容这个方案表现了"地域性、原创性和艺术性"的结合。评委会认为方案"以超出想象的设计，完美表达出这座滨海城市的文化特征和浪漫情怀"。

珠海歌剧院的用地是珠海香洲湾野狸岛一块填海用地。"当时，我站在西边情侣路上看这块升起于海面的土地，我就在想，'什么样的形象从海平面升起最能够吸引人呢？'我首先想到了太阳从海平面上升起。"陈可石的第一张构思草图就是"日出东海"。但是后来发现不行，因为大剧院还有一个音乐厅，所以是两个建筑单体，不可能有两个太阳同时从海面升起，然后想到了"海上生明月"。他的第二张构思草图就是"日出东海"加上"海上生明月"。但是，太阳和月亮不会在同一个时间从海面上升起。当时陈可石正在学校讲授通选课程"美学和艺术史高级讲座"，他讲到了意大利文艺复兴艺术大师波提切利《维纳斯的诞生》，美神维纳斯站在贝壳上从海面上

陈可石手绘珠海歌剧院构思草图

设计灵感来自名画《维纳斯的诞生》

珠海歌剧院建筑设计竞赛获奖方案图

升起，于是就联想到了产于珠江口的一种贝壳叫做"日月贝"。陈可石说，也可能是天意，"日月贝"完美地诠释了设计构思的全过程。

珠海歌剧院建筑方案设计伊始，很难相信"日月贝"与大剧院功能、空间和形态能够吻合，在经历了无数个模型的推衍研究，最后"贝"的空间与大剧院和音乐厅的建筑空间才创造出来，这可能是从奇想到建筑设计最艰难的一步，虽然设计过程中遇到诸多难题，但是他始终没有放弃"日月贝"这个"形象"。因为他从黑格尔《美学》中得到启发——"形象的才是最容易为大众所接受的。"

"日月贝"珠海歌剧院现在已成为粤港澳大湾区的地标。2017年珠海歌剧院设计方案入围世界建筑节奖。

珠海歌剧院建筑设计获奖方案

建成之后的珠海歌剧院

2017年元旦，陈可石应珠海市政府邀请出席珠海歌剧院首演仪式

西藏传统建筑的
现代诠释

基于汶川水磨镇和珠海歌剧院的成功实践，2011年广东省人民政府决定委托陈可石主持设计广东援藏重点项目也是西藏自治区成立50周年重点工程——**西藏林芝"鲁朗国际旅游小镇"**，同时担任工程总设计师，负责工程从城市设计到所有单体建筑设计。鲁朗国际旅游小镇占地1.7平方千米，共有250多个单体建筑，包括3个五星级酒店、美术馆、现代摄影展览馆、藏戏表演艺术剧场、藏式养生古堡、游客接待中心、政务中心、医院、幼儿园、小学、商业街、农机站、消防站和多个精品酒店等。项目总投资超过50亿元人民币。

陈可石提出鲁朗国际旅游小镇的建筑风格首先应该是"西藏的"，然后是"现代的、生态的和时尚的"。鲁朗国际旅游小镇250余栋建筑设计构思表达了陈可石对西藏自然地理和人文地理的深刻理解，也开启了之后长达10年他对西藏建筑深入的研究和设计实践。本着科学严谨的学术精神，设计过程中他和研究生及设计团队遍访了整个藏区，多次调研布达拉宫以及拉萨、日喀则、山南、林芝、香格里拉、甘孜、阿坝、甘南、西宁以及不丹、尼泊尔等藏式传统建筑和城镇，拍摄了近十万张资料照片。工程设计和施工期间，他为这个工程来往工地乘飞机117班次，和设计

鲁朗国际旅游小镇设计

团队一起克服高原反应，在极其艰苦的条件下，住在当地藏民家中，与当地专家和工匠交流藏式建筑施工工艺。鲁朗国际旅游小镇从设计到完工历时6年，其间17次调改优化设计方案，现场更改设计文件多达478份，最后的成果受到中央政府、西藏自治区和广东省政府的高度赞扬。鲁朗国际旅游小镇于2016年10月完工。

鲁朗国际旅游小镇分为南、北、中、西和鲁朗镇五个功能区，在整体空间设计上沿袭了西藏传统建筑学**"精神空间"**的设计意象，建筑设计上突出地域性、原创性和艺术性。方案采用**"景观优先，形态完整"**的策略，充分考虑地形地貌，在原有河流、湿地的基础上形成湖面；以湖面作为媒介，串联组团内的各个分区，形成了"山、水、城"相互渗透的景观格局。从**城市人文主**

义设计理念出发，尊重当地藏传文化，遵循工布藏区小镇的生长逻辑，采用藏式村落散落布局的模式，延续传统藏族群落传统肌理和传统建筑语言，突出藏式建筑的地域性特征。并以工布藏区传统建筑学为基础，结合林芝、拉萨、日喀则以及不丹的传统藏式建筑风格，提取出"光、色、空间、图腾"作为鲁朗国际旅游小镇建筑设计的艺术元素。

陈可石在鲁朗国际旅游小镇施工工地

鲁朗政务中心是鲁朗国际旅游小镇的核心建筑，是鲁朗镇区重要的**"精神空间"**，包含了镇政府行政办公、一站式服务大厅、法庭、派出所、文化广播、卫生院等。建筑立面设计时采用了传统藏式形制较高的重檐攒尖屋顶，并精心安排建筑体量形态，墙体采用收分斜墙、外廊处理方式。鲁朗政务中心办公楼组团布局体现自由生长、合院式的布局风格，墙体为西藏传统的斜墙，体现出藏式传统建筑结构坚固稳定；整个建筑高低错落，层次丰富，同时突出主体建筑。

完工后的鲁朗政务中心

鲁朗恒大国际酒店的设计充分利用现有地形，合理布局。主楼平面布局灵活自由，立面高低错落。墙体为西藏传统的斜墙，门窗采用当地传统的彩绘。酒店室内设计采用藏式加入了现代元素的修饰使整个酒店充满藏式风情却又不失时尚。全日制餐厅位于建筑沿湖景一侧，大面积的落地玻璃窗保证了视线的通透，游人可远眺雪山，近观湖景。客房部分建筑适应现有场地，强调地域

完工后的鲁朗恒大国际酒店和滨水酒吧街

特色。院落式客房分组沿湖布置，每个组团采用前厅后院的围合布局，并构建了多样化的形体组合，跟主楼形成统一风格。客房层级围绕院落中心布局，内部强调私密性，外部开敞引入景观。在建筑形式上更多地延续了鲁朗及周边地区传统的民居形式。

鲁朗珠江国际度假酒店是鲁朗国际旅游小镇中体量最大的建筑，从小镇城市设计方案最开始就确定了一个三层的院落式酒店在南区，分前后两个内院，中央是高大的"经堂"，后院是内走廊式的客房，大堂设在东南角，有最佳的雪山景观。特别之处是大堂休息、泳池和健身中心设在大堂的一侧正对湖光山色，二楼面向湖面是全日餐厅。建筑平面吸取了布达拉宫内庭做法，经堂采用最高等级的重檐四坡顶，室内设计以简洁的色彩突出现代时尚的一面。建筑吸取传统藏式代表性石砌墙体、传统木构门窗和四坡屋顶等，以当地的木材、石材为主要建造和装饰材料，采用现代手法演绎提升区域时尚感，塑造既符合藏式民族特色，又不失现代风格的独特建筑形式。

鲁朗保利酒店主楼是在原传统藏式建筑基础上加以演变，强调私密空间和共享空间，建筑和自然景观完美融合。酒店主楼布置在地形较高、视野开阔、有湖景和雪山的壮丽景观视线上。立面主要采用石材和木材，石砌墙体收分处理，立面主要颜色为白色，门窗、屋顶采用传统木构件的制

鲁朗珠江国际度假酒店大堂设计图

鲁朗珠江国际度假酒店

鲁朗保利酒店

作方式。客房部分根据林芝地区村落分布形式与肌理被布置成组团形式，沿湖岸而设，兼顾景观与功能。

相比较周边的其他公共建筑群，**鲁朗游客接待中心**的设计风格在保持了当地地域性建筑特色的前提下，更体现出明显的时代性，与周边的自然环境和谐共生，使之在众多建筑中又能脱颖而出。方形体块硬朗的线条呈现藏式建筑风格。建筑体块的退台处理形成的屋顶平台为游客创造休闲空间，局部大片玻璃的立面和飘逸的大屋面向游客展示着一种友好的精神。游客接待中心在建筑的设计风格上融合了传统藏式建筑风格与现代公共建筑风格，即在继承和保持了藏式传统建筑形式的优美多样、富于变化、色彩丰富等特点之外，还运用现代简约设计手法，赋予了其时代性和现代感。

鲁朗小学整体建筑设计体现出藏式传统建筑结构坚固稳定，采用了工布藏区的传统材料和做法。小学运动场院落用夯土墙，再用当地木材晾干平铺进行固定；在屋顶学生的活动平台设置亭子，建筑采用当地的木构架结构。建筑外观上也吸收了工布藏族传统工艺用当地泥土抹墙。内部空间组织形态上，在塑造藏族独特精神空间的同时，也注入了许多现代元素。鲁朗小学楼梯间用西藏传统建筑中的回字和L形顶部采光楼梯，加强了精神空间的艺术感染力。

完工后的鲁朗游客接待中心

鲁朗小学设计

陈可石和工人讨论施工方案

藏式养生古堡临近珠江投资酒店东侧，与鲁朗珠江国际度假酒店主楼和鲁朗恒大国际酒店主楼遥相呼应，其与岸上密集的建筑群分隔，形成极具神秘感的建筑物。藏式养生古堡整体设计成一个城堡的形式，采用围合式院落布局，坐落于湖泊中，设一条步行通道通过湖面与外界相连。建筑用当地石材砌筑而成，外观以白色为主，采用木构门窗，屋顶采用木构屋架。一层主要设置为接待和洗浴功能，其中接待作为整个建筑的主要空间，在设计上通过大面积玻璃窗将采光透过传统藏式楼梯上的中空部分，使藏药展厅的空间更具韵味。二层主要设置为套房、藏式茶饮等服务设施，中间设有中庭花园作为开放的公共空间。

完工后的鲁朗国际旅游小镇藏式养生古堡

鲁朗美术馆位于中区广场中心，坐北朝南正对广场中央，与鲁朗表演艺术中心及周边建筑自然形成围合。建筑形态简洁，同时体现"藏与新"的建筑美学。美术馆主体以围合的形式组成两层建筑，顺时针环绕中庭形成展览流线。首层主要为展厅与多功能厅，二层为展览空间的延续。需要休息时可由内部或者主体外部阶梯直接到达顶层设置的半围合咖啡展览厅与屋顶花园，在不同的光线下休闲的同时拥有俯瞰中区各种角度的视野。美术馆设计理念在各个层面考虑到体现现代美术展览特点的同时，严谨思考回归于"藏"元素的本身，光影与空间过渡在项目里巧妙虚实运用。中庭采光以及东南角与西北角的两层通高透光精神空间，到夜晚结合室内外星光与灯光的变化为中心广场沿途的夜景提供了戏剧性的效果。

鲁朗美术馆和鲁朗表演艺术中心

鲁朗表演艺术中心是鲁朗国际旅游小镇中区体量最大的单体建筑。作为坐落在中央广场建筑群中的重要建筑，其位置坐西朝东，与中央广场形成一个轴线关系。表演艺术中心布局灵活自由，高低错落，体现自由生长、围合院的布局风格，墙体为西藏传统的斜墙，建筑高低错落、层次丰富，建筑围合形成不同的庭院空间。表演艺术中心立面设计采用西藏传统建筑的元素，墙体采用白色作为主要色调，建筑门窗皆采用西藏当地的木质门窗，装饰极具民族特色的花纹，屋顶采用椽木构架，整个设计充分表现出独特的地域特征。表演艺术中心采用现代形式，简洁的体量采用大面积的玻璃幕墙作为外立面，同时考虑地域特色，提取传统元素运用于立面。

鲁朗镇商业街是鲁朗国际旅游小镇的商业片区，主要为鲁朗国际旅游小镇提供主要的特色商业、特色餐饮及部分精品酒店服务。鲁朗镇商业街全长近500米。商业街由17个院落组成，共有四个广场以及一条水渠流经主要街道。建筑采用当地工布藏族民居传统风格，如木片瓦、斜墙、彩绘门窗、石板地和当地的植物，还有经幢、廊桥、门楼。鲁朗镇商业街设计吸取西藏传统建筑学的设计理念，充分借鉴了西藏和工布地区民居建筑的元素，同时结合现代商业步行街的设计理念，营造出独具"鲁朗"特色的商业步行街。采用木构架承屋结构系统并以木片压顶，配上色彩丰富鲜艳的藏式线脚装饰，又使用大面玻璃门窗，使得建筑变得开敞。

鲁朗表演艺术中心设计图

鲁朗镇商业街入口广场和鲁朗桥设计

鲁朗镇商业街设计

鲁朗国际旅游小镇的成功建设获得国内外广泛关注，是一项影响西藏未来城镇化的设计实践，也是陈可石**"传统建筑现代诠释"**和**"城市人文主义"**设计理论的成功实践。2017年鲁朗国际旅游小镇入围世界建筑节奖，2018年10月，《中国国家地理》杂志社授予鲁朗国际旅游小镇"中国最美户外小镇"称号。

鲁朗国际旅游小镇中区鸟瞰图

"光、色、空间和图腾"
——西藏建筑四大艺术元素

根据鲁朗国际旅游小镇设计实践，陈可石总结西藏传统建筑学的四大艺术元素：**"光、色、空间和图腾"**，并指导研究生对西藏传统宇宙观和建筑学进行了深入的研究。这些研究成果表现在鲁朗国际旅游小镇建筑设计之中，也表现在他之后设计的众多藏区现代建筑之中。鲁朗国际旅游小镇工程之所以重要是因为它是西藏第一个现代化藏式风格旅游小镇。鲁朗国际旅游小镇的设计表现了当代建筑师如何以人文主义的价值观对西藏传统建筑艺术元素进行现代表达，在探索西藏建筑的现代化方面迈出重要的一步。由于鲁朗国际旅游小镇设计的成功，西藏自治区人民政府特别聘请他为西藏自治区政府顾问。此后他为西藏自治区和藏区各地完成了十多项大型工程设计，为西藏建筑学的传承与迈向现代化作出了独特的努力和贡献。陈可石以**"西藏建筑艺术元素"**为题分别在哈佛大学、伦敦大学学院、新加坡大学等做过学术演讲。

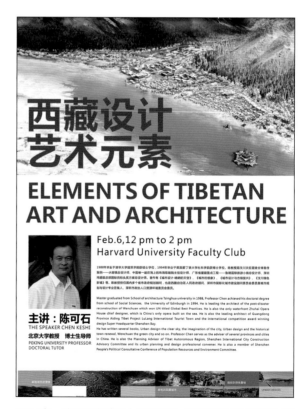

2014年，陈可石在哈佛大学作关于"西藏设计艺术元素"的学术演讲

如何将上千年延续不断的西藏建筑艺术伟大传统与当今的生活方式和审美意识相结合，一直以来是陈可石最关注的学术方向。鲁朗国际旅游小镇的成功使他看到未来城市设计的明确方向——建筑师需要以人文主义的价值观深入研究传统建筑，并且在设计实践当中探索传统建筑的现代诠释。**西藏林芝书画院**以现代材料表现工布藏族木构建筑的艺术特征，是陈可石**"西藏传统建筑现代诠释"**的又一次尝试。西藏林芝书画院位于西藏林芝市尼洋河的东岸，是进入林芝市的门户，主要功能包括书画展览、艺术论坛、研修和工作坊。这项设计在19次不同方案设计失败之后最终以钢结构悬挑表现了木屋顶的神韵，而取得现代藏式建筑语言表达上的突破。工程于2016年11月竣工。

2014年陈可石受聘为四川甘孜藏族自治州政府顾问。**甘孜藏族自治州乡城县**委托他完成县城的城市设计。之前当地规划机构已完成了一个乡城县总体规划和控制性详细规划，这两项规划都将乡城县规划为一个现代化的新城，同时也意味着4个传统的藏族村落将被拆除。乡城有一种独特风格的藏族民居叫做"白藏居"，这种白色的夯土建筑在整个藏区独具特色。陈可石提出一个全面保护4个传统村落的新县城设计方案，与原先的总体规划不同，在长达两年的争取、说服之后，乡城县最终决定保留这4个藏族古村落。这也是**"城市人文主义"**价值观的成功实践。在中国城镇化大潮之下，很多古村落正在消失。"这也

西藏林芝书画院建筑设计方案

完工后的西藏林芝书画院

甘孜藏族自治州乡城县设计方案图

许是我们这一代设计师不能承受之重"，出于一种人文主义的情怀，陈可石过去大部分精力都投入到古城古镇的保护与复兴设计。

2017年陈可石主持设计了四川甘孜藏族自治州**河坡民族手工艺小镇**，甘孜藏族自治州白玉县拥有历史悠久、工艺精致的藏民族手工艺传统，是当地铁艺、金银铜器等金属手工艺文化遗产的传承地。设计方案从人文传统、自然地理出发，深入挖掘以河坡民居为代表的传统建筑特征。秉承城市人文主义的设计理念，河坡民族手工艺小镇呈现出当地传统藏族建筑现代风貌，配置以西藏常见的开花乔木梨树、桃树、火棘、高山杜鹃、格桑花、鼠尾草、驴蹄草等开花草本植物及灌木，形成了连续通达、高低错落、疏密有致的现代藏族风格的产业小镇。

2016年受格鲁派藏传佛教赤巴大活佛的委托，陈可石完成了**青海西宁宗喀巴博物馆**。基地坐落在西宁市西南，距离塔尔寺8千米，是藏传佛教创始人宗喀巴大师的出生地。方案设计期间赤巴大活佛多次与陈可石讨论设计方案，赤巴大活佛对藏式传统建筑学的深刻理解和对建筑设计的激情使陈可石深受感动。建筑设计延续了藏式传统建筑合院式布局的形式，使建筑整体形态完整，功能相对独立又相互契合，最大程度地继承和延续了藏式传统建筑形态，并注重藏式传统建筑元素

甘孜藏族自治州河坡民族手工艺小镇设计方案

甘孜藏族自治州河坡民族手工艺小镇设计方案

现代化应用的方式，采用当地原生的建筑材料和传统工艺，通过现代技术的处理和简化提炼，使建筑形态与当地大地景观相互交融。

受川威集团委托，陈可石及其团队于2019年7月开始对康定市的旅游资源进行深入研究，在多次调查研究的基础上，提出**"跑马山——康定情歌国家旅游度假区"**的整体规划目标，同时提出五大旅游产业板块：康定情歌城、唐蕃古城、樱花国际温泉谷、贡嘎山冰雪世界、一生一世露天温泉。上述五个项目参考欧洲、日本的成功经验，以国际坐标系策划和设计，将共同组成"康定情歌国家旅游度假区"，以此借助川藏铁路和川藏高速公路，使康定成为川藏线上最大的旅游集散地。

2020年5月，受西藏国有资产管理有限公司委托，陈可石再次带队前往拉萨，对**布达拉宫周边地段**进行深度调研与研究，形成完整的研究与策划报告。布达拉宫是世界文化遗产，借鉴国际历史文化名城文化街区的成功建设经验，报告建议首先对布达拉宫东西两侧地块进行提升，建设藏剧院、布达拉宫博物馆、美食艺术商业区和布达拉宫美术馆等配套设施和藏式风情商业休闲街，提升旅游综合服务配套功能。然后通过深入挖掘药王山历史文化，延续药王山与布达拉宫红山一脉相承的文化脉络与城市景观格局，恢复1938年药

康定情歌城

布达拉宫周边地段城市设计与提升

拉萨南亚商品交易中心

王山原有古迹。另外将林廓西路、林廓北路进行建筑立面风貌改造，结合藏式民族手工艺传统技艺与现代旅游，打造集研发设计、展示贸易、创意作坊与"非遗"手工艺体验、旅游休闲于一体的藏式传统手工艺体验街区。

陈可石提出的**"西藏传统建筑现代诠释"**在鲁朗国际旅游小镇和其他藏区的工程设计中得到充分的体现，他认为西藏文化在全世界文化当中十分珍贵、独特，在这个文化体系之下，上千年的西藏建筑传统得以保护下来。藏族民众在现世中建造理想的天国"曼陀罗"，所以西藏传统建筑首先是一种"精神空间"，是传统宇宙观让西藏建筑学顽强地坚持下来，也正是这种传统产生出独特的建筑艺术。比如对"光"的塑造，西藏建筑将顶光作为上天的引导，以光来塑造建筑空间从而使人在空间之中感受到一种圣洁的力量，这些都对陈可石的设计产生过重要的影响。**"传统建筑的现代诠释"**也为今天的设计开辟了一个广阔的空间，它让人文主义精神与对创造艺术美的渴望回归到建筑设计当中。

作为一名建筑师和学者，陈可石领悟到身处在一个时光连续的人类历史文明长河之中传统建筑学使人获得人文精神的滋养，而现代时尚的设计又是将时光从历史带向未来，所以建筑设计既要传承人文历史，也要面向未来。他认为地域性的建筑学传递了人文地理与自然地理的信息，这些信

2020年陈可石出版专著《西藏建筑现代诠释》

息由建筑师通过现代建筑设计诠释出当代人们对生活空间的理想和美感，这就是**地域性、原创性和艺术性**设计所带来的巨大价值。岁月更替和人世变化之中，建筑师的创造要让建筑体现时代的光芒，使建筑艺术在光阴的延伸中变成永恒，人文精神也在永恒的建筑艺术中得到传承。这也许正是**"传统建筑现代诠释"和"城市人文主义"**设计理论的核心理念。

绿色新田园城市

身处在中国城镇化快速发展的当口，陈可石一直在思考如何在城镇规划设计中引入欧洲城市的成功经验和智慧。在英国留学的经历使他对埃比尼泽·霍华德的"田园城市"理论如何与中国传统"风水"规划理论以及魏晋开始的中国"田园主义"哲学思想相结合进行了大量的理论研究和实践，他提出"绿色新田园城市"设计理论并与研究生一起发表了50余篇相关论文。

"绿色新田园城市"是在霍华德《田园城市》组团理论基础上，结合过去100年田园城市在欧洲、日本、新加坡实践的成功经验，将绿色科技和生活方式，将最新的科技和材料结合起来而创立的新的城市设计理论。陈可石提出绿色新田园城市"组团"设计的新理念，包括多中心、小组团、10分钟步行网、社区商业中心、中央公园、地下空间与步行系统和公交中心的结合，更重要的是"产城融合"，在组团内实现就业，减少通勤和交通时间。

"绿色新田园城市"也是关于城市空间和环境品质的研究，是以人为中心，从城市的整体环境出发的城市形态设计，侧重于城市物质空间形态的最优化。绿色新田园城市首先考虑到自然地理的因素：风、水、阳光、山形地貌，充分利用山水格局丰富景观的异质度，从而达到良好的视觉效果；同时强调与自然的和谐，"阴阳""风水"无一不是在强调自然对人类生存环境的重要性。在由陈可石主持的昆明呈贡新城、西安未央区、成都天府新城中心区城市设计、四川德阳市、成都洛带古镇、四川甘孜乡城、甘孜县城、深圳大芬村国际艺术城区、孙中山先生故乡翠亨村城市设计、西藏林芝市整体城市设计、青岛未来之城等城市设计中，都充分实践了"绿色新田园城市"的理想。以成都天府新城为例，设计方案规划目标是在成都的南面规划一个"新的成都"，陈可石提出的方案是将一个中央公园作为新城的核心，以多中心、小组团、高密度、小街区作为新城的主框架，再将自然地理和人文地理的优势显现出来。方案经四川省政府讨论通过并于2016年开始实施。

成都天府新城设计图

陈可石手绘深圳湾超级总部构思草图

深圳湾超级总部国际竞赛设计方案

深圳湾超级总部国际竞赛设计方案

生态美学

2014年深圳市政府举办了"深圳湾超级总部建筑设计方案"国际竞标，上百家全球著名设计机构参加了这项年度最具影响力的国际建筑方案竞标。最后经过国际专家评选，由陈可石为主创的建筑设计方案在124个参赛方案中获得头奖。深圳湾超级总部建筑设计方案的构思源于古代山水画所代表的中国传统"云山深处"的人居理想，运用当今最前沿的新理念和新技术，创造出"未来建筑"形象，表达了生态美学，通过轴线上中央公园和空中花园等新城市空间策略，实现人与自然的和谐。

深圳湾超级总部设计的意境出自北宋著名画家屈鼎的《夏山图》，将深圳湾超级总部11栋单体建筑在空中连接起来，以"空中花园"作为生态建筑的主体，围绕空中花园组织安排了一个完整的空中公共广场系统和步行系统，将中国传统山水画提出的人居理想用现代材料、结构和科技表达出来。一个大型的城市文化、办公和商务综合体不但体现了"田园城市"组团的理念，也体现出现代科创办公中心交往空间和高效率工作环境的功能要求，**"生态美学"**为深圳湾超级总部提供了未来建筑的空间意向和新的建筑形态。

"生态美学"是陈可石在建筑设计中提出的新的设计理念，中国传统哲学包含"道法自然"以及"天人合一"的思想。始于魏晋时期的"田园主义"思想对中国艺术史有重大的影响。"生态美学"将成为建筑设计一种新的审美观,包括尊重自然、将自然景观引入建筑、自然采光、自然通风、建筑仿生、立体绿化、空中花园、屋顶采光、屋顶花园、建筑底层架空的公共空间等。生态美学将建筑设计带入一个跨越民族、显现时代特征的新境界,形成一种以自然为师、与自然共生、与自然融合的当代新建筑学。

春天广场的设计是陈可石生态美学设计理论的实践,2018年5月京基集团委托陈可石提出深圳最大的城市更新项目蔡屋围的建筑设计方案。设计方案以"春天"作为主题,春天万物复苏、充满生机,而建筑群的外部空间充满春天的意向,春天里桃花盛开、瀑布从山涧飞流而下,绿色的植物与建筑共生,高层建筑的底层架空留出大量的公共空间,方案设计将空中花园、绿化平台、室内绿化、城市花园引入建筑供市民享用,建筑设计以当地植物和花卉作为意向,整个建筑体现出中国山水画的意境和田园主义的理想。

春天广场是由1栋720米高和1栋640米高的超高层建筑,以及深圳大剧院和地下商城组成的一个大型城市综合体。"春天"寓意中国"改革开放"从深圳这里开始,720米高主体建筑的设计源于春天南方芭蕉叶蕊的出现,表达了一种新生命的开始。两栋高层建筑的玻璃幕墙上出现了花

春天广场设计图

春天广场在3座塔楼之间以170米的瀑布和桃花及竖向绿植组成"满园春色"和"桃花源"的设计意向

甘南（敦煌）国际文博会主场馆建筑设计图

卉的图案，建筑底部架空，让园林绿化引入到建筑当中，特别是在两栋高层建筑之间设计了一个170米高的山涧瀑布竖向绿化。以"桃花源"为主题的多个平台组成春天花园建筑的意向，"春天广场"以生态美学为理论基础，将大自然与人工建筑相融合，引导人们热爱大自然，追求生态之美，让城市空间变得更温馨。春天广场的设计实践，使人、建筑与自然和谐共生，回归了中国传统建筑的哲学。

建筑艺术是人文地理和自然地理的一条历史长河

甘南（敦煌）国际文博会主场馆大展厅设计

城市人文主义与西藏传统建筑现代诠释为藏区未来建筑设计提出了明确的方向。由于鲁朗国际旅游小镇、西藏林芝书画院等十余项藏区工程设计的成功实践，2019年1月甘肃省和甘南藏族自治州聘请陈可石出任"第四届丝绸之路（敦煌）国际文化博览会和第九届敦煌行·丝绸之路国际旅游节"**甘南（敦煌）国际文博会主场馆**[以下称甘南（敦煌）国际文博会主场馆]建设项目的总设计师。陈可石带领研究生和设计团队先后多次到甘南藏族自治州实地调研。甘南藏族自治州的藏式民居和宗教寺院有很强的西藏传统，特别是拉卜楞寺是藏区最大的寺院，拉卜楞寺的建筑艺术给陈可石很多启发。

甘南（敦煌）国际文博会主场馆的大展厅接近8000平方米，"设计时我首先想到的是甘南藏族牧民最重要的居所——牦牛帐篷。"陈可石解释。牦牛帐篷是甘南最重要的人文特征，以大展厅为核心，主场馆布置了7个独立的功能厅，由三个单体组成南部展区，再由四个单体组成北部会议功能区，包括大小报告厅、宴会厅和接待会客厅。由于主场馆位于当周草原景区的入口，陈可石特别考虑设计了一个观光塔。主场馆占地14645平方米，总建筑面积27577平方米，采用钢结构，外墙采用藏式建筑中斜墙的处理，外用传统的白泥粉刷，工艺上也用传统手工的做法，在室内设计中将现代时尚作为主要的设计目标，同时也将当地藏族建筑艺术元素高度提炼。全部工程施工仅用了不足100天，工程于2019年6月30日竣工。

为了表达甘南地区人文传统，主场馆采用了大型壁画作为外装饰的主要手法。大型壁画是藏式建筑重要的艺术特征，也是佛教艺术重要的表现手法。陈可石构思了一组"九色甘南组画"为题的具有藏族文化特征的装饰壁画，共有13幅，面积约1600平方米。壁画主题是表达甘南的人文地理、自然地理和文化传统，在风格和色彩上与主场馆建筑现代的、藏族的、时尚的风格相一致。陈可石先以1/20的油画风格画出13幅壁画的样稿，1600平方米的壁画全部用手工上釉烧制而成，13幅彩瓷装饰壁画使建筑大为增色，开创了藏式现代建筑的新风格和新工艺。

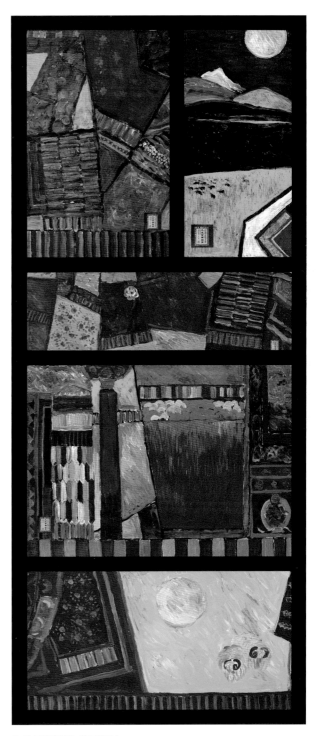

九色甘南组画 陈可石绘

甘南（敦煌）国际文博会主场馆设计是陈可石近10余年在**西藏建筑艺术现代表达**的再次成功实践，也是他所坚持的城市人文主义设计理念的再创造。设计的立意是在西藏人文地理和自然地理的基础上，以**地域性、原创性和艺术性**为原则，对**西藏传统建筑现代诠释**的又一次成功探索。

"城市人文主义""传统建筑的现代诠释""绿色新田园城市"和"生态美学"是陈可石基于实践提出的四个设计理论。他主张建筑师要有一种人文关怀和社会责任，他认为建筑设计包含人文地理和自然地理的要素，而建筑史是一条河流的继续，这条河流应该继承传统。在人文精神和自然景观的基础上，结合新科技、新材料和新理念，这条河流还会继续流向未来。建筑应该是一条不断持续向前的河流，建筑师应该从传统中吸取养分和智慧，养育一种人文主义精神，引导大众的审美，以地域性、原创性和艺术性的建筑作品为城市带来光荣和美。

建筑的人文价值与艺术空间使人们美好的情感得到升华

"城市和建筑作为人类的活动场所首先应当是有生态和人文特征，人们应当生活在由古至今延续不断的建筑时空之中。"陈可石认为让建筑空间艺术引导人的情感升华是建筑师努力的最高目标。正如古希腊伟大的政治家伯利克里说的"城市培养了我们的道德和民主精神。"所以由他主持设计的无论是一个城区、一个古镇还是一个建筑，他都主张功能、结构、景观、形态、空间、材料和工艺要把"对自然地理和人文地理的尊重"作为起点，将田园城市理论与中国传统田园主义精神相结合，倡导现代时尚和生态美学。在他看来，建筑师工作的核心就是对人类美好生活的赞颂，所以必须以积极乐观的心态投入每一项设计的过程，将城市和建筑通过高尚的设计方案

2016年，陈可石在英国伦敦大学学院UCL作关于"西藏设计艺术元素"的学术演讲

成为艺术创造的硕果，让每一个设计作品成为传世的艺术杰作。

2019年纪念改革开放40周年之际，陈可石因其在中国建筑行业的卓越贡献，与贝聿铭等10位华人建筑师荣登由中华文化促进会、香港凤凰卫视主办的"致敬改革开放40年文化人物（建筑篇）"致敬名单。陈可石不懈地用自己的建筑理论与实践，传承和创新连续贯穿我们精神世界几千年并成为哲学基础的人居理想，感动了评委们。

为了推动城市设计学科在北京大学深圳研究生院的发展，2006年陈可石出资设立"北京大学中营奖学金"，迄今已有1000多名北京大学的博士生和硕士生获此奖学金的资助。他也是西藏自治区人民政府、广东省政府和深圳市等多个中国城市政府顾问，同时也是北京大学教育基金会的荣誉理事。

陈可石与他的研究生在北京大学毕业典礼上。自2007年开始陈可石教授已经培养了72名博士和硕士研究生

王才强

新加坡国立大学教授

I

第一章
贯穿建筑设计的三原则——
地域性、
原创性、
艺术性

如何在纷繁复杂的实践中把握建筑设计艺术的真谛，从而创作出具有原创性、艺术性，并具有历史、地理意识的高质量建筑设计艺术作品？

地域性包含自然地理、人文地理元素。自然地理元素包括自然地理形成的诸多条件，比如气候，地形、地貌，山川河流，以及自然地理所形成的诸多植物的形态和生态环境。人文地理代表了传统建筑学的承传，也代表了一种人文主义价值观下建筑学在地域性方面的表达。原创性体现为一种当代设计价值观。建筑设计必须反映出创造的价值，复制不是原创；唯有原创才具有最大的价值。原创性有一个很重要的概念，即关于知识产权的意识。因为如果不强调原创性，建筑师有可能认为建筑设计就是一种简单的复制，这就会使建筑设计很难具备时代感。艺术性应该是建筑师至高无上的一种追求。建筑师培养自己的艺术鉴赏力，是建筑设计当中达到艺术性的一个非常重要的途径。艺术性应该成为建筑师终身的追求，也是评价古往今来伟大建筑非常重要的原则。作为当代建筑师，地域性、原创性和艺术性是贯穿建筑设计的三原则。

建筑设计是一门实践艺术，牵涉到功能、技术、工业、经济、文化和艺术等多个门类，还触及自然地理、人文地理诸因素。随着社会的发展和科学技术的进步，建筑设计所涉及的内容、所面临的问题也越来越复杂。如何在纷繁复杂的实践中把握建筑设计艺术的真谛，从而创作出具有原创性、艺术性，并具有历史、地理意识的高质量建筑设计艺术作品？我认为，在创作中必须始终贯穿建筑设计的三原则——地域性、原创性、艺术性。

地域性

地域性包含自然地理、人文地理元素。自然地理元素包括自然地理形成的诸多条件，比如气候条件，地形、地貌条件，山川河流，以及自然地理所形成的诸多植物的形态和生态环境。这就非常接近中国传统风水学说所探讨的自然地理对于城市设计和建筑设计的影响。如何有效地运用自然地理的基本特征来进行建筑设计和城市设计？如果从相反的角度来探讨，没有自然地理依据的建筑设计和城市设计会是什么样的？那也就是我们所看到的，很多城市设计和建筑设计对自然气候的考虑不够，对自然地理的元素考虑不够，对于风水的考虑不够，所以我们还要关注到风水的学说。自然地理关于日照、太阳的方向、方位是非常重要的设计元素，设计中需考虑南方和北方日照角度的不同，以及山地建筑和平地建筑在日照上的不同所产生的影响。在诸多的自然地理元素当中，应特别注重"水"的元素，将水引入城市，或者是城市临水而建。水为城市带来了灵气，也带来了风水。

"山"是自然地理当中另外一个非常重要的元素。建筑的形态和山的形态如何相呼应，坡屋顶的坡度、在选择坡屋顶还是平屋顶，或者建筑材料和尺度如何选择，都是非常重要的考虑因素。所以自然地理当中非常重要的是"山水格局"。山水格局在传统中国风水理论当中是非常重要的一个板块，探讨风水最重要的就是探讨城市和建筑的山水格局。在考虑建筑设计的过程当中，建筑师需要看到传统建筑实践方面所积累的很多智慧，特别是传统民居和传统建筑学对自然地理有着深刻的理解。

在建筑设计中考虑自然地理元素表达时，应做到"景观优先"。景观是城市和建筑价值的体现。景观由外到内合一，室外所观察到的景观引入室内产生一种情感的互动。建筑作为大地景观的一个部分，共同营造与自然景观的互动，是景观与建筑和谐所产生的人工与自然的共生。

中国传统园林设计有一个很重要的理念是"因地制宜"。因地制宜是一种对地形地貌和地域特征的诠释，因地制宜是一个非常重要的设计哲学，即优先考虑地域特征、地域条件和地域所具有的资源，并把地形特征作为一个重要的设计要素。这个方面在传统村落和传统建筑当中有非常明确的设计思考，就是在决定建筑位置和空间塑造上如何显现出地域的特征，这就是因地制宜。

地域性的自然地理元素表达还表现在材料的选择方面。建筑设计应该尽量采用当地的材料，比如木材、石材等。在地域性方面，材料的选择和做法要很精准地定位它的语言体系，语言体系的错乱会导致形态设计整体的错乱。地域性首先代表了地域材料，同时也是就地取材，减少运输成本，传承地域建筑文化。每个地方的地域性建筑都有明确的材料特征，比如西藏常见的白泥墙面，还有传统阿嘎土和白玛草，以及石材铺地，这些都是地域性材料的典型代表。

在中国传统的村落民居当中，小青瓦是非常具备地域性特征的一种典型材料。由小青瓦所代表的坡屋顶成为中国南方和北方民间建筑的重要地域性材料，虽然都是小青瓦，但是做法不一，比如北方的小青瓦和南方的小青瓦，以及西南山地所采用的小青瓦有不同的做法，这些细节都是地方材料重要的特征。

木构架作为一种结构材料，同时也作为一种装饰材料，在中国地方建筑当中起到非常重要的作用，因此木构架所形成的传统也是地域性材料设计需要考虑的基本特征。再者就是红砖和灰砖的运用，灰砖更普遍被采用于民居和南方、北方的传统建筑当中。

地域性的另一个重要因素就是人文地理因素，人文地理代表了历史的承传也代表了一种人文主义价值观下建筑学在地域性方面的表达。建筑师应该更多地考虑自然地理和人文地理的因素，在理解地域性作为设计的重要依据时承认人文地理的价值。

人文地理代表了一个地区人文传统上千年的积累，而不是从现在一张白纸开始，之所以要重视人文地理的价值，就是因为人文地理的积累历经了上千年的漫长岁月。抛开人文地理的设计让人觉得有一部分是缺失的，在人文地理和城市人文主义价值观下的当代建筑设计和城市设计，如果能够有效地运用地域性建筑学和人文地理所带来的这些元素就能使设计更加丰满。

原创性

原创性是非常重要的一个设计原则，也体现为一种设计价值观。原创性指设计作品应该有独立的知识产权，具备原创性的创意，并非单纯复制既有作品的结果。在众多的设计作品当中凸显出原创设计的价值，特别是在艺术性较强的建筑和标志性较强的建筑设计上，原创性也就意味着识别性，在众多的建筑当中所具备的独特形象和价值。建筑设计必须反映出设计语言创新，复制不是原创。唯有原创才具有最大的价值。从文化的角度也就是从建筑学的角度，应该努力提倡原创设计。提倡原创设计能避免现在千城一面的现实，同时也能激发设计师的创造性。原创设计与非原创设计在概念上的质的差别在于建筑师是否坚持创新、是否坚持创造。原创的基础在于地域性的追求，在于人文主义价值观的认同，在强调地域性和人文主义价值观的基础上，建筑师应该把原创设计作为自己职业追求的目标。

原创性有一个很重要的概念，即关于知识产权的意识。因为如果不强调原创性，建筑师有可能认为建筑设计就是一种简单的重复，这就会使建筑设计很难具备独有的价值。所以建筑设计，特别是现代或者说当代建筑设计，应该更加注重建筑设计的原创性。原创性包括建筑构思的奇思妙想，正像杜甫的诗里所讲"语不惊人死不休"。这就是一种原创精神。另外，每一个建筑在设计时都应该具备其独特、原创的一种构思，特别是那些文化类的标志性建筑更应该为人类的文化宝库、物质文化遗产增加更多成功的作品。

原创性的建筑设计更注重细节，比如说对地域性的思考，地域条件的独特理解，对地方材料的运用和在当代材料运用方面的创新。当然，建筑作为一种工程技术的杰作，同时作为一种艺术的杰作，原创性更是对建筑文化的一种贡献，所谓的伟大的作品都是人类创造力的见证和艺术设计的成就。但原创性并不意味着排他性和一切从零开始，原创性首先是站在前人智慧的基础上。所以原创性的重要在于设计时所持有的原创精神，在原创的基础上考虑如何吸取前人的智慧和同类建筑的设计经验，在努力创新的前提下坚持原创设计。

艺术性

艺术性是一个非常难以表述的设计原则，因为艺术似乎没有统一的标准，带有很大的个性成分。然而古往今来伟大的建筑都是艺术性达到巅峰之作。古埃及的金字塔、古希腊的帕特农神庙、古罗马的万神庙和圣彼得大教堂以及近代的众多杰出建筑师的设计作品，无一不是充满了艺术性的代表。

在中国古典建筑当中，故宫是集古典建筑艺术成就之大成，是建筑设计艺术性最杰出的代表。从日本京都清水寺的建筑可以想象唐宋时期中国建筑在艺术性方面的非凡成就。艺术性应该是建筑师至高无上的一种追求。建筑师培养自己的艺术鉴赏力是建筑设计当中能够达到艺术性的一个非常重要的途径。贝聿铭先生的重要作品包括华盛顿美术馆东馆、卢浮宫入口，莱特设计的流水别墅和柯布西耶设计的朗香教堂这些建筑在艺术性方面都达到崇高的境界。

建筑师应注重从别的艺术门类吸取营养，从绘画、雕塑以及民间工艺品上学习艺术上的审美。艺术性评判如同围棋的段位，从三段、七段到九段，不同段位的围棋高手在围棋的技艺和境界方面有很大的不同，或者在围棋艺术方面存在差距。因此，如果用艺术性来判断一个建筑甚至一座城市，也需要像判断围棋的段位一样。建筑师作为一个创造者应该努力成为艺术设计领域的九段，如果终身的努力没有在艺术性方面取得很高的段位，也就是说一个建筑师没有成为一个伟大的艺术家，这是非常可惜的，因为建筑设计本身是各类艺术的集大成者。

艺术性还表现在建筑师所具备的艺术涵养上，特别是建筑师的艺术修养和美感，在追寻艺术性上如何由繁到简、由俗到雅、由粗糙到精致提出了更高要求。所有能够打动人的艺术都更接近艺术的真理，好的建筑师一定是一个艺术家，也就是能够通识艺术的真理，能够融会贯通，能够从别的艺术当中领悟到建筑艺术。设计当中有高品位的艺术之美，有大俗大雅的艺术之美，有粗犷豪迈的艺术之美，也有清新典雅的艺术之美，所以艺术性首先要靠建筑师所培养出的专业艺术眼光和鉴赏力。但这也是一个建筑师很难达到的境界，传统社会可能很多工匠就具备了这样的一种艺术素养，而今天的建筑师由于考虑的因素太多，恰恰可能忽略了作为终极目标的艺术性的创造。

艺术性是建筑师最难达到的一个目标，也是最重要的一个目标，因为人类天生就具备了一种审美意识，这就是为什么我们要创造艺术，这就是为什么古往今来会出现那些伟大的作品，但是更重要的是如何鉴赏艺术并以很高的段位来评判什么是艺术。正因为如此，艺术性应该成为建筑师终身的追求，也是评价古往今来伟大建筑非常重要的一个原则。有些建筑可能很宏大，可能很著名，但并未达到最高的艺术成就；相反有些建筑并不是十分宏大，或者甚至不是十分有名，但是天才的创造使伟大的建筑师达到了令人崇拜的艺术高度。

如果我们把艺术性作为审美的一个最高境界，再反过来回顾原创性和地域性的重要，由此可以体会到地域性、原创性和艺术性这三个原则在建筑设计和城市设计中的重要意义。

甘南（敦煌）
国际文博会
主场馆

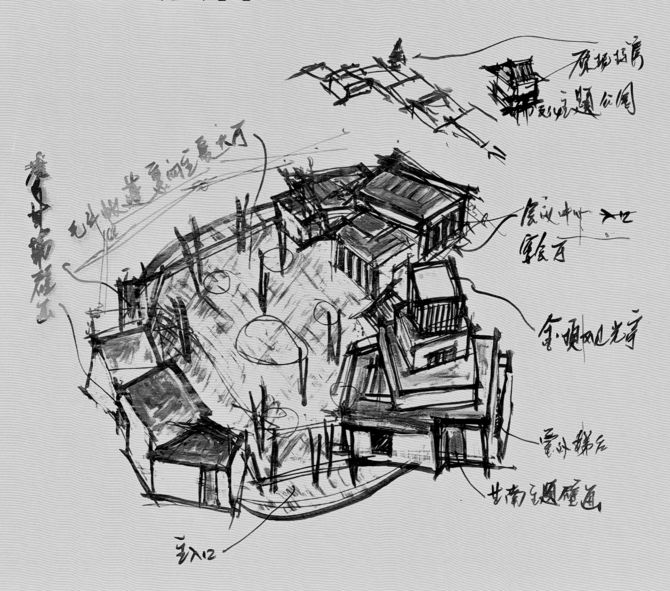

九色甘南，是一处魅力深邃的梵天净土。甘南是中国十个藏族自治州之一，地处青藏高原东北边缘与黄土高原西部过渡地段，是藏汉文化的交汇带。甘南之美大气慷慨，雪山、湖水、溪流、草原、藏族、历史、传统，还有独特的传统建筑学。

2019年5月，陈可石教授在甘南（敦煌）国际文博会主场馆工地

2019年元月，甘肃省委省政府决定第四届丝绸之路（敦煌）国际文化博览会和第九届敦煌行·丝绸之路国际旅游节（简称"一会一节"）于2019年7月在甘南举办。我受聘为"一会一节"主场馆建设项目的总设计师，由我设计的主场馆、帐篷城和主席台建筑方案被确定为实施方案。甘南（敦煌）国际文博会主场馆位于海拔近3000米的甘南藏族自治州合作市当周草原景区，主场馆建筑面积约2.8万平方米，由A、B、C、D、E五个功能建筑组成。主场馆的建设不仅要满足"一会一节"的需要，而且在功能上考虑结合未来甘南州三馆的需求，为场馆可持续的经营创造条件。"一会一节"之后，主会场可以改用做会展中心、演艺中心、民俗博物馆和美术馆，促进游客的参观、游览、消费，由此大幅度地提高甘南藏族自治州的旅游吸引力和国际知名度，成为未来甘南重要的旅游目的地。建筑构件主要采用钢结构，以满足施工工期的要求，以及后期的改扩建需要。主场馆于2019年6月30日正式完工，100天内顺利完工并交付布展，成为甘肃省体量最大、工期最短的全装配式钢结构公共建筑。

地域性、原创性和艺术性设计原则也充分体现在2019年完成的甘南（敦煌）国际文博会主场馆的设计上。

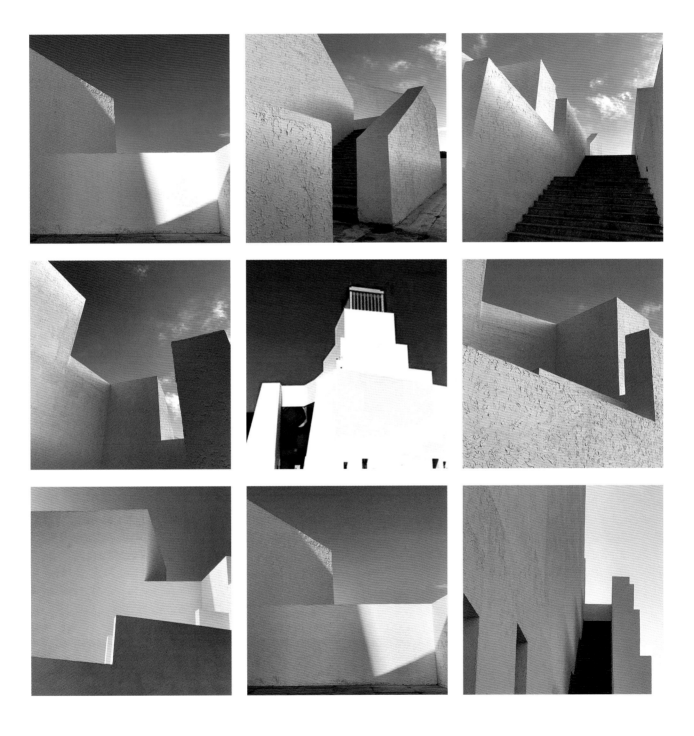

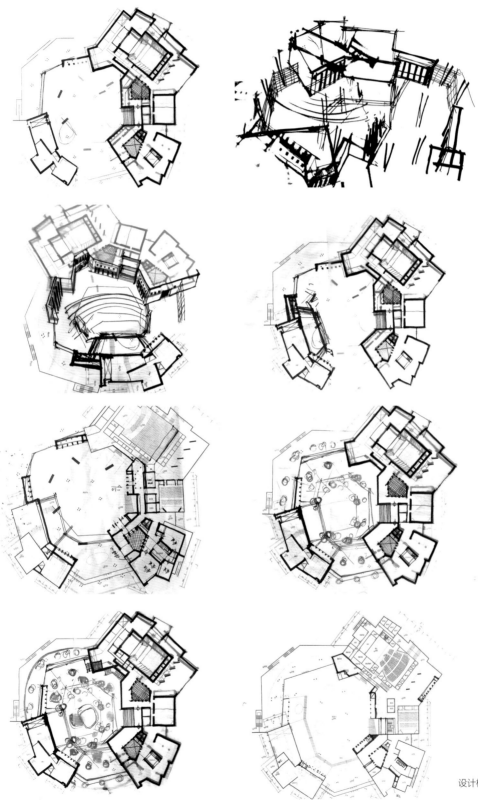

设计构思草图 陈可石

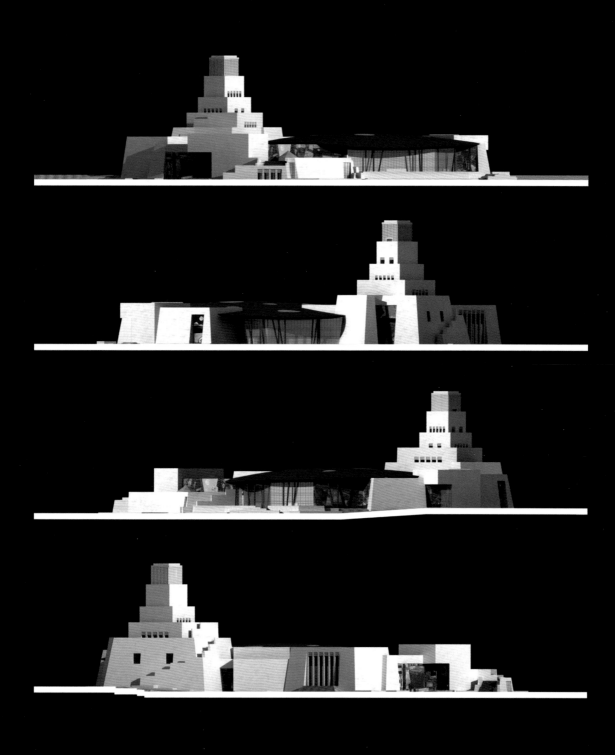

地域性、原创性
与艺术性的成功实践

甘南（敦煌）国际文博会主场馆的构思源于对甘南藏族自治州自然地理和人文地理以及建筑传统的理解。多次对甘南藏族自治州传统建筑的实地调研和对甘南藏族历史和人文传统的研究，使我在一开始构思甘南（敦煌）国际文博会主场馆设计时就确定了以藏族文化为核心的建筑设计策略。地域性的原则表现在对主场馆选址以及周边环境的理解，甘南（敦煌）国际文博会主场馆选址在甘南藏族自治州州政府所在地合作市的东南方向。这个选址的周边是大草原和典型的自然风光，如何在地域性原则的基础上设计出一个具有原创性的当代藏族风格建筑并表达藏族传统建筑学的艺术元素是设计思考的一个出发点。

设计构思首先考虑如何表达地域性，地域性是指自然地理和人文地理元素在建筑设计中的表达。主场馆的自然地理因素就是要体现出周边的草原、自然的群山，以及远处起伏的山峦。建筑的自然地理造就的条件决定了这个建筑应该对自然地理做出呼应。所以在建筑设计的策略上必须对自然地理元素进行诠释。人文地理方面，通过对甘南藏族自治州藏族民居院落建筑的研究，以及之前十多年的时间对藏区建筑学所做的研究，概括出关于藏式建筑空间布局和形态特征，并在主场馆设计中作出回应。设计需要体现甘南藏族自治州的建筑传统和人文精神，"建筑生于甘南、属于甘南"才是有生命的设计。甘南藏族牧民最重要的居所——牦牛帐篷，激发了我的创作构思。

敦煌文博会主场馆建筑设计方案草图

设计构思草图　陈可石

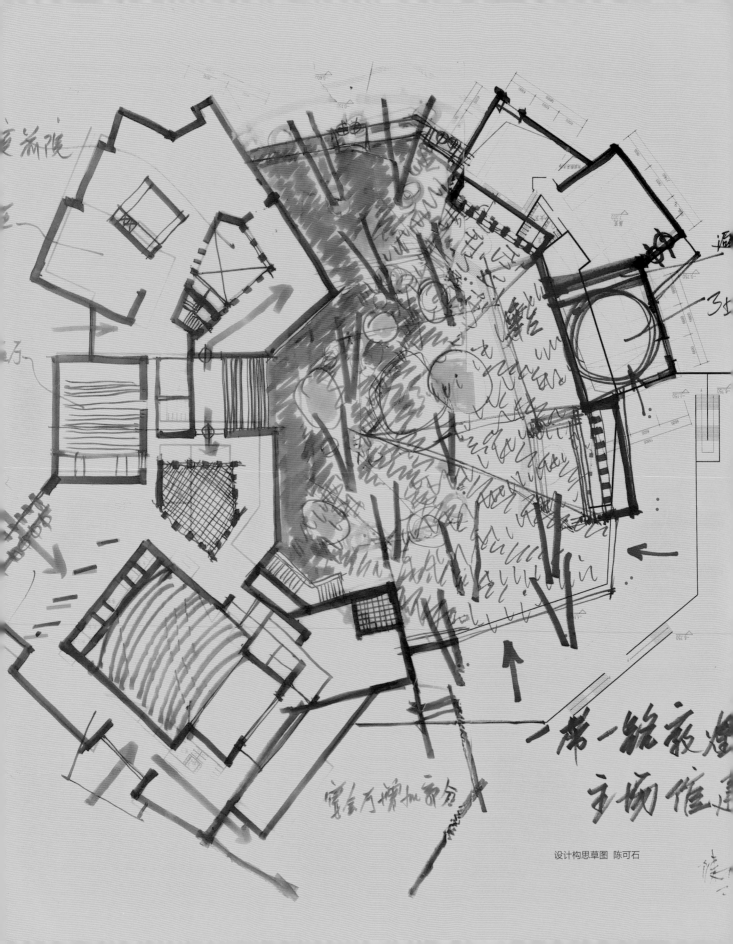

设计构思草图　陈可石

设计伊始，根据会展建筑所具备的功能特性将建筑分为3个组团，也就是7个功能分区，3个组团实际上是相对独立的7个建筑单体。这7个单体根据甘南藏族建筑学的传统在平面布局上组成相对独立的组合。这种组合必须与周边的自然环境相呼应，也就是说每一个单体对于它所针对的自然山水空间格局形成一种呼应和对话的关系。这就形成了现有的平面布局，南边的3个单体对应南边的自然景观和北边的4个单体对应北边的自然景观，而7个单体中间所组成的大展厅空间，是自然围合的典型藏族建筑外部空间形态，形成8000平方米的大展厅。这个展厅的设计灵感源于甘南的传统牦牛帐篷的设计意向，牦牛帐篷是甘南和其他藏区，也包括四川甘孜常见的一种藏族传统的建筑形态。以倾斜的木杆支撑和牦牛毛编织的毛毯所形成的牦牛帐篷是主场馆大展厅建筑设计构思的重要参照，抽象的表达采用现代材料和现代结构才能够创造出现代建筑所具备的新颖造型和艺术魅力。正是强调了地域性原则，所以主场馆的建筑设计才体现出与众不同的建筑形态。

在传统建筑的现代诠释方面，首先考虑的是将白色的倾斜墙面作为藏族传统建筑重要的表达特征。高低错落的倾斜墙面体现出坚实刚毅的藏族石木建筑风采，正如藏区的众多著名案例，倾斜的石墙是重要的藏族传统建筑语言。

其次是壁画的运用。藏区大部分建筑都采用壁画作为传统艺术重要的表达方式。最初的设计方案将敦煌壁画运用于建筑的外立面装饰，但之后发现敦煌壁画其内容、形式以及色彩都不适合表达出现代时尚的甘南藏族建筑的特征，因此最后决定采用现代风格的藏族壁画。

整个建筑设计从建筑空间构成和建筑总体形态方面，都对自然地理所形成的景观格局进行了充分的考虑。这涉及藏族传统建筑设计理念当中一个很重要的理念，就是对于景观的处理。主场馆的设计在景观与自然地理的对话，以及建筑作为地域性元素纳入当地景观的一部分方面进行了深入的思考。

强调了建筑的地域性才产生了建筑原创性设计的一个基础。对地域性的考虑催生了建筑的原创性特征，而对于自然地理和人文地理的思考催生了艺术性的建筑设计。艺术性正是源于地域性的思考和原创性设计的价值。艺术性是建筑师对建筑设计的最高追求。藏族传统建筑所形成的伟大艺术传统，为设计团队在藏族地区进行当代建筑设计提供了非常好的土壤和营养。正是由于有这样的基础，今天在甘南才出现了具有当代藏族艺术特征的时代建筑。

甘南（敦煌）国际文博会主场馆的室内设计非常强调藏族建筑艺术的现代表达，也就是传统建筑的现代诠释。我在设计主场馆大展厅时，其灵感源于藏族牦牛帐篷的设计意向，而大展厅天棚处理的图案源于我在藏区收集到的一幅传统的牦牛毛编织挂毯，这个图案对我来说是理解藏族图案和色彩的一个很好的案例。首先这个挂毯的色彩非常具备现代感，其次图案也符合当代审美的要求。当然，我也曾想象过如果大展厅的天棚处理采用非常传统的图案会产生什么样的一种效果，也许效果很好，但是对我来说很难接受完全传统图案的设计理念。所以很多人在看到这个设计方案时对这个设计是否代表西藏有争论，认为太现代或者不具备西藏传统图案的特征。我认为这个争论非常有意义，我当时引用了齐白石老先生对中国当代绘画艺术的一句名言，就是"是与不是之间"。我认为"是与不是之间"是一个非常重要的艺术设计原则，如果设计了"是"就意味着一味地模仿传统图案和设计，如果说"不是"有可能就割裂了传统的连续性，所以"是与不是之间"恰恰是追求的重要设计目标。

在甘南（敦煌）国际文博会主场馆其他室内建筑设计的策略上，我也强调了"是与不是之间"作为设计的重要原则，当然这个原则必须体现出地域性、原创性和艺术性。所以在室内设计的小展厅上面采用了现代风格的室内设计，在此基础上再融入了藏族的色彩和图案。

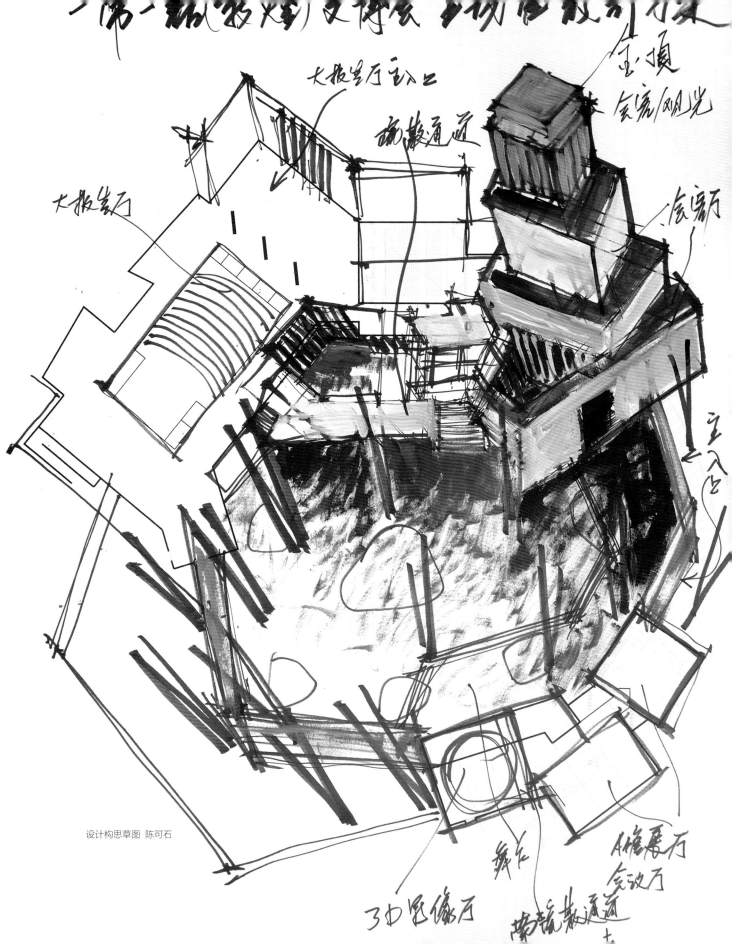

设计构思草图 陈可石

在会议中心和大宴会厅以及接待大厅室内设计的构思方面，着重强调出"现代的、时尚的和西藏的"三个重要的设计意向。"现代的"是最基础的理念，因为不可能在文博会主场馆这样的现代功能建筑中运用传统的西藏室内设计原则。更重要的是，建筑不单需要是"现代的"还要是"时尚的"。"时尚的"就是超越传统的设计，这在强调原创性和艺术性方面有重要的意义，因为只有"时尚的"才能够体现出最前沿的设计理念。所以在会议中心的设计上，更多地是采用时尚的色彩来表达出会议中心的现代功能，给人产生一种符合时代的审美观感。在大宴会厅的设计方面，空间形态上采用了多边形的做法。大宴会厅可能成为未来庆典和大型宴会的场所，在空间布局上采用了一种向心的马蹄形空间围合式的处理手法。正如西藏传统建筑采用"天光"的做法，"天光"是屋顶采光的一种处理手法，使自然光通过中央的天顶照射到室内，而大宴会厅内部的柱子采用了比较传统的藏式做法，体现出藏族传统的建筑设计元素。

  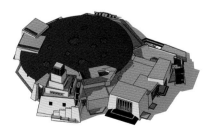

为主场馆创作的13幅壁画

室外壁画的设计是主场馆非常重要的组成部分。为了表达出主场馆鲜明的艺术特征，设计方案选择了13幅壁画设置于建筑的不同方位。这13幅壁画的大小也有不同的考虑，由于这些壁画总面积超过了1600平方米，所以在整个建筑的外立面上产生了极其重要的艺术效果。

13幅壁画主要由三个题材组成，总的主题是九色甘南，采用了甘南藏族自治州对甘南文化的一个描述，展现了我对甘南传统文化最典型的印象。

第一个重要的题材是甘南藏族的服饰，甘南藏族传统的服饰据说超过1000多种。如果回顾甘南藏族自治州的历史，就会发现甘南正好处在唐宋元明清这个时间段藏族和汉族文化交会的重要区域，也是民族文化融合的重要地段。由此展现出的形态多元、艺术性极强的民族服装以及图案，给我在创作壁画时带来了非常多的启示。我认为，很多甘南藏族的服装保留了唐宋时期中原服装的特征，因为这些服装的特征在中国古代以及敦煌壁画的服装服饰当中能找到其中的原型。还有一些是甘南藏族独特的服饰文化特征。所以壁画的主要题材就是表达

陈可石教授为主场馆创作壁画并由彩瓷工艺大师杨英才在佛山烧制完成

甘南藏族服饰的艺术。

第二个重要的题材是佛教文化所产生的一些室内设计意向，包括经幡、唐卡以及宗教建筑和民居室内设计方面的一些独特的艺术表现形式。由于这部分的壁画处于西北朝向，所以更多地采用了暖色调，这种暖色调当中以红色为主，即西藏红，与一些对比的冷色调相互掺杂，使这组壁画从人文地理特征上表达了鲜明的甘南建筑特征。

第三个重要的题材是甘南的大草原和游牧文化。甘南大草原的草地和牛羊在藏族文化当中是不可缺少的重要部分，甘南的草地不同于蒙古和四川甘孜阿坝的草地，是在山地上形成的大草原，所以在绘画方面形成了一种独特的对山体和草地形态的描述以及对牛羊的描绘。这方面我希望是一种更写意的抽象表达方式，再加上由于壁画的形成是经过手工上釉再将绘画草稿放大200倍的一种工艺，所以更多地使用强调抽象的、写意的表达方式，这种表达方式也符合现代建筑总体上的审美，也就是说壁画虽然是手工的一种更具象的表达方式，但是这种具象更接近抽象表达，这样才能够和整个建筑产生一种一致的审美倾向。

甘南（敦煌）国际文博会主场馆的设计是我对西藏传统建筑又一次成功的现代诠释，也是地域性、原创性与艺术性三原则的再度实践。这一创新性设计既是对甘南自然与历史的尊重，也是建筑自身价值的体现，使它成为当今甘南文化创造力的标志和创新精神的象征。

陈可石教授为甘南（敦煌）国际文博会主场馆创作的13幅装饰壁画

陈可石教授为甘南（敦煌）国际文博会主场馆创作的13幅装饰壁画

陈可石 绘

西藏
林芝书画院

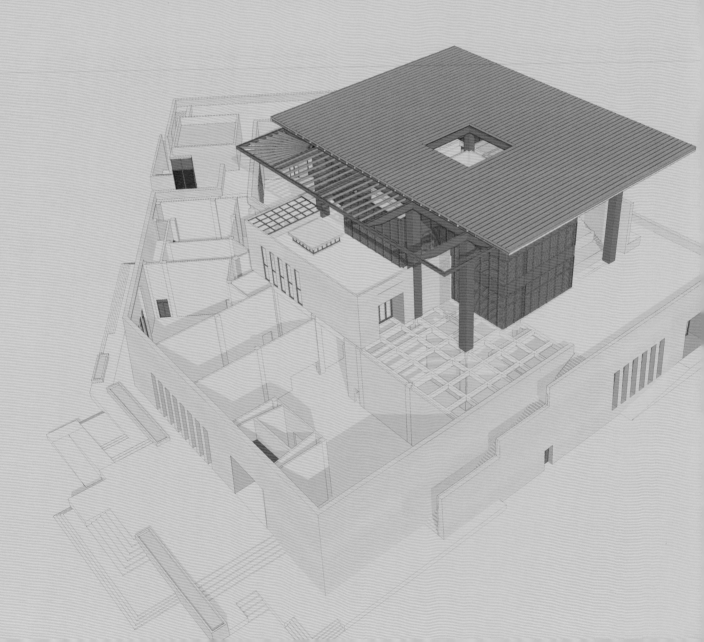

林芝书画院是地域性、原创性和艺术性设计原则的具体实践

西藏林芝，古称工布，位于西藏东南部，其西部和西南部分别与拉萨市、山南市相连，有世界上最深的峡谷——雅鲁藏布江大峡谷和世界第三深度的峡谷——帕隆藏布大峡谷。林芝风光秀丽，被誉为"西藏江南"。与西藏其他地区相比，林芝有着自己独特的人文优势，作为工布文化的首府，具有独特的工布建筑文化特征和传统建筑特点。

林芝书画院位于林芝市巴宜区新区二桥桥头位置，毗邻尼洋河。巴宜区发展到现今，随着经济的发展和旅游业的兴旺，城市的建设已经不能满足当下的需求，对文化的契合度的要求被越来越重视，在这样的背景下建设的林芝书画院被要求至少要起到两个作用：首先，起到重塑林芝地区的人文价值的作用；其次，作为新区主要的公共建筑，作为林芝市的城市客厅，为城市提供公共场所的作用。把书画院首层的边界基本沿着地块边界设计，可以很好地呼应场地与建筑的关系，从而激活了场地的活力，并且通过平台、内院、台阶、屋顶等建筑元素，给市民提供多样性以及立体的多重空间体

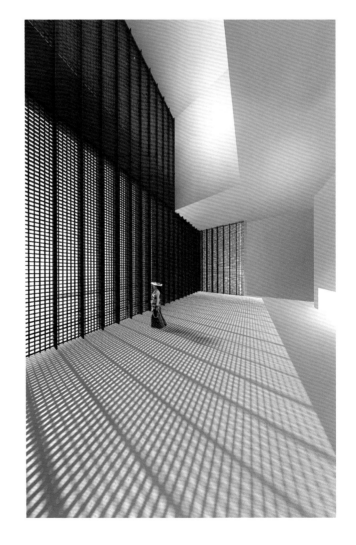

验。对公共空间的塑造使得林芝书画院成为林芝真正的开放性城市客厅。

2014年，我受福建省援藏队的委托设计了林芝书画院。林芝书画院这个建筑设计方案非常有难度，首先它位于尼洋河的北边，林芝尼洋河大桥的近端，是一个不太容易出彩的设计主题，而且由于种种原因之前做过的19个方案都没有通过。其中一个原因是肯定的，就是之前那些方案都没有达到决策者所要求的带有地域性、原创性和艺术性的设计方案。所以我和设计团队的设计方案首先考虑的是如何表达林芝书画院的地域性，其中包括如何表达工布藏族传统建筑学的特征。

说到理解工布藏族传统建筑学，就要追溯到之前我设计的鲁朗国际旅游小镇和在此期间对林芝地区工布藏族传统建筑学的调研。我所理解的工布藏族传统建筑最重要的特征是屋顶。在西藏众多的地域性建筑学里，林芝工布藏族传统建筑最重要的特征就在于木结构和飘逸的大屋顶。在鲁朗的扎西岗村看到的元代时期工布藏族传统民居在屋顶的处理上具备十分鲜明的地域特征，这种特征表现在平缓的双坡顶和屋顶的架空处理。然后就是非常坚实的斜墙，这种斜墙是用夯土筑成的，倾斜的墙面是对山地建筑的一种呼应。这两个特征都非常重要，一个是架空、飘逸的坡屋顶，另一个是坚实的倾斜墙面。

在构思林芝书画院的建筑设计时抓住了这两个明显的地域建筑特征，首先是飘逸的屋顶，能够看到屋檐下面的处理，也就是屋顶下面所架空的部分，这个部分有暖色调的颜色。另外就是斜墙面，斜墙面是西藏建筑里面比较普遍的一种处理方式，比如甘孜的白藏居和拉萨的传统民居都有这种倾斜白墙面的处理手法。

整体建筑结构设计体现出藏式传统建筑坚固稳定的特性，建筑采用收分墙体，下宽上窄，藏式建筑的斜率大小不一，斜率跟建筑类型有关，跟建筑的体量有关，是受力决定的。但书画院收分的做法更多只是对这种形式的呼应，考虑的是功能使用而不受收分的影响，因此斜率定为3%；建筑以几何方体为

原型，通过堆叠、镶嵌、掏空等设计手法对形体进行塑造，最终形成体形变化丰富，空间起承转合的建筑艺术。

在林芝书画院的设计过程当中，首先强调的是现代精神，然后才是藏族特征。门窗的处理采用了比较现代的风格和能够表现出现代钢结构的特征。外立面采用了藏族的传统壁画，这种壁画的处理手法是将原有的室内传统壁画用于室外，这就创造了一种更鲜明的建筑特色。设计中特别强调了对艺术性的追求，因为它是一个书画院，本身就应该是一个艺术品，其空间应该更具备艺术特征，因此在整个建筑的设计过程当中十分强调凸显工布藏族传统建筑的现代诠释，用现代建筑语言体现工布传统建筑的艺术之美。在林芝书画院的设计全过程，始终

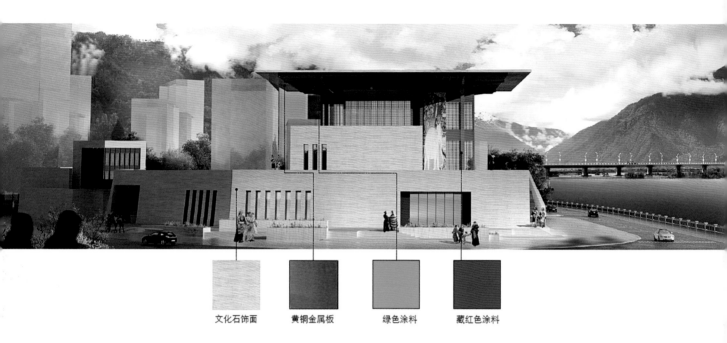

文化石饰面　　黄铜金属板　　绿色涂料　　藏红色涂料

把地域性、原创性和艺术性作为建筑设计的重要原则。

地域性也表达在对于地形的处理上，方案务求让建筑和尼洋河开阔的河面空间融为一体，使建筑和尼洋河产生一种虚和实的共鸣，建筑的造型也呼应地域的特征，让建筑和尼洋河水面形成一种呼应。建筑设计上采用了两个院落式空间的处理策略，首先外部院落是一个以入口和服务性建筑所围合而成的五边形室外院落空间，另外一个空间是由主展厅走廊所围合而成的室内合院，在室内合院的顶棚处理上设有顶光，显现出西藏传统建筑天光的处理特征，也是西藏传统建筑学重要艺术元素的表达。在室内和室外建筑色彩的构成上也吸取了工布藏族的色彩处理手法，包括白色、金色和红绿色交替的色彩搭配方式。

坛城作为西藏象征宇宙世界结构的本源，充分反映在藏式建筑的形制上，尤其是西藏公共建筑。书画院以藏族传统的"精神空间"为基础，结合坛城的空间布局及书画院功能进行空间设计，形成藏式建筑台地关系。

林芝书画院的空间处理不但体现出现代建筑的明显特征，同时也呼应了传统西藏合院式建筑的空间处理特征。在门窗和天光的处理上，采用了西藏传统建筑常见的门窗光线的处理方式。吊顶图案也源于传统的西藏建筑，特别是工布建筑的做法和色彩处理方式。建筑设计的难点在于如何让传统和现代达到平衡，或者说一种连接，使之既表达出现代建筑的空间结构和材料特征，同时又具备传统建筑的艺术元素，实现传统建筑学信息的准确表达。所以基于地域性、原创性与

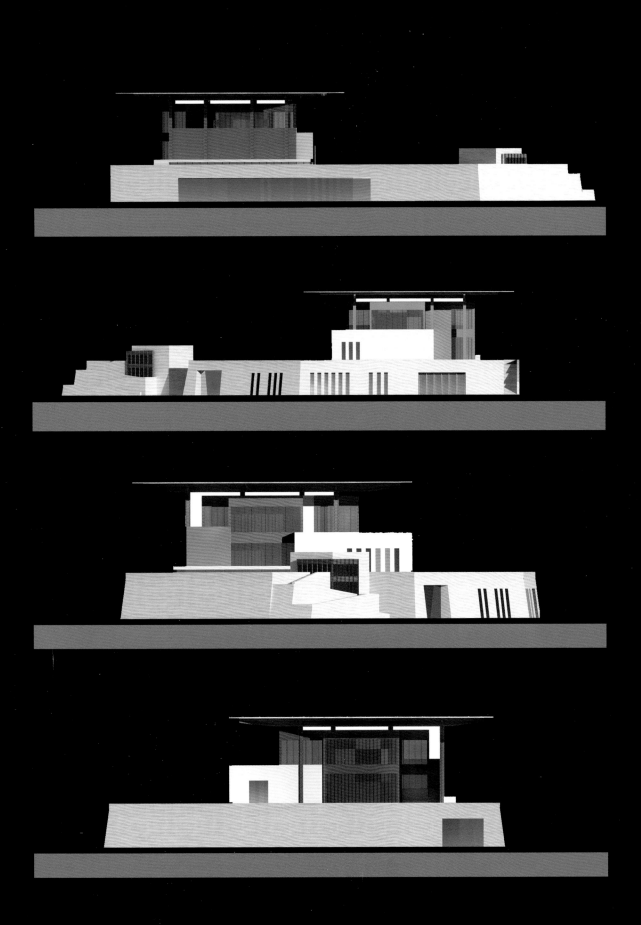

艺术性的原则，我提出了林芝书画院极富创意的设计构思，通过现代的建筑设计手法和新材料的运用，以现代材料表现工布藏族木构建筑的艺术特征，对工布建筑文化内涵作出与时代相符合的创新性诠释。

林芝书画院的建筑设计运用了西藏传统建筑的"光、色、空间和图腾"四种艺术元素，在一个现代建筑当中，光作为最重要的一个艺术元素，通过天窗侧窗的处理实现光对于建筑室内外的塑造。对于建筑体形也特别强调了光和影以及光塑造下建筑的整体艺术效果。色就表现在如何通过色彩的运用来强调传统工布建筑的地域性。地域性的材料、做法和工艺表达出这座建筑的地域特征。图腾的艺术表达在壁画

的运用上是一种尝试，如将西藏特色的壁画作为建筑的一种装饰性壁画效果运用在建筑设计当中。

空间的运用是设计中需要考虑的最重要的元素，所以在外部空间方面采用非几何形的一种空间布局，在院落组合上采用了五边形院落，而在整个建筑侧面采用了斜楼梯的做法。包括室内空间的塑造如何体现出西藏建筑空间的特征，这些都是设计上对于艺术性很重要的思考。由于设计上对于地域性和艺术性方面的思考，带来了一种原创设计的创新和结果，正是对地域性的追求导致建筑设计带有明确的原创特征。

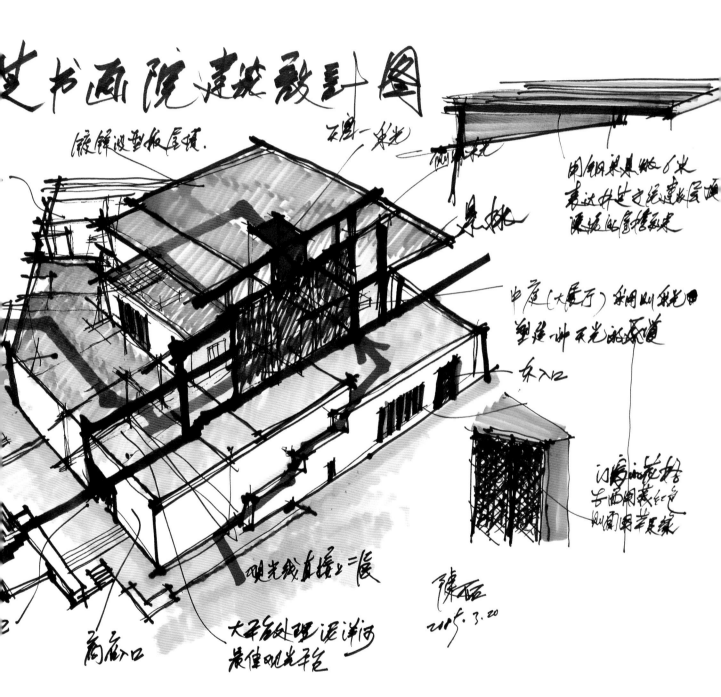

设计构思草图 陈可石

陈可石 绘

"日月贝"
珠海歌剧院

2008年8月，珠海市政府向全球征集珠海歌剧院建筑设计方案，招标公告一经公布就吸引了来自世界各地的知名建筑师和事务所参与竞标，先后有来自美国、英国、德国、法国、瑞士等国的33名全球著名设计大师和机构参加竞标。最终，经过专家评审、方案公示和市民意见征集等层层筛选，陈可石教授为主创设计的"日月贝"方案，以"超出想象的设计，完美表达出这座滨海城市的文化格调和浪漫情怀"获得垂青，获得这次国际竞赛头奖并被确定为实施方案。中标通知书上形容这个方案表现了"地域性、原创性和艺术性"的结合。

设计构思草图 陈可石

珠海歌剧院国际竞赛中标方案——"日月贝",历时8年的设计和建设于2017年初投入使用。该项目位于珠海市野狸岛人工填海区,全岛面积约42万平方米,三面环海,东望香港大屿山,景观条件十分优越。珠海歌剧院项目占地面积57680平方米,总建筑面积5万平方米,总投资约10.8亿元人民币。主要功能包括大小剧场、共享空间、后台和服务空间等。其中,大小剧场是建筑设计的核心部分,由造型突出的"贝壳"组成。建筑材料采用了壳体钢结构和混凝土主体结构。

设计构思草图 陈可石

设计灵感来自名画《维纳斯的诞生》

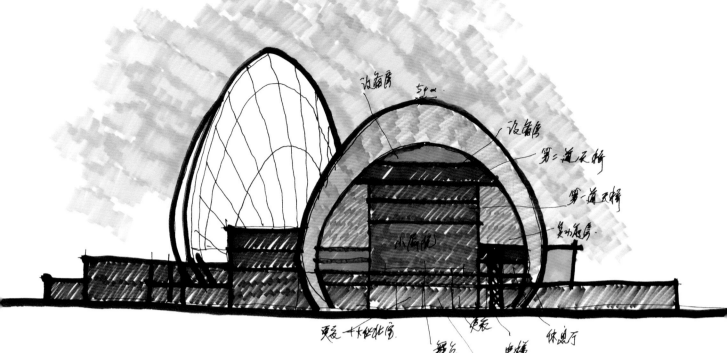

日月贝——珠海歌剧院建筑设计

陈才华
2009.1.9

演员体息 大级礼堂 车库 池大厅 入口大厅菊厅 大台阶
小剧场 讨贝准备 小剧场剖面图 1:100

小剧场и公共大厅剖面图 1:100

日丹贝—珠海歌剧院建筑探敖计 陈云祚 2009.3.1

日丹贝—珠海歌剧院建筑方案敖计 陈云祚 2009.2.3

"日丹贝"多于珠江口的一种贝壳,以日丹贝这容珠海的城市文化特征是建筑方案构思的灵感所在
"海洋风"也正是大众最能接受的"a灵岁底理"里蕴含

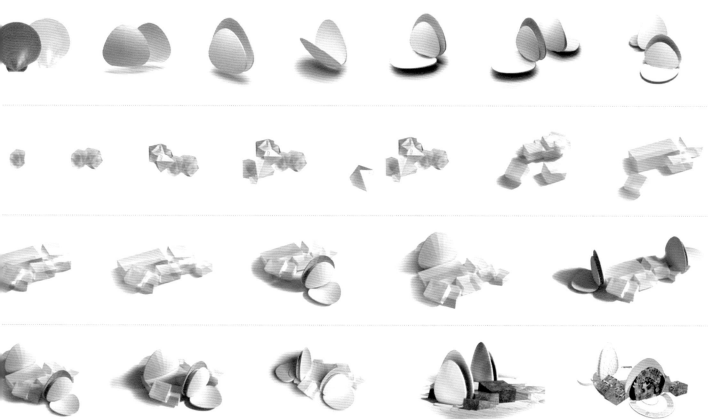

形体研究

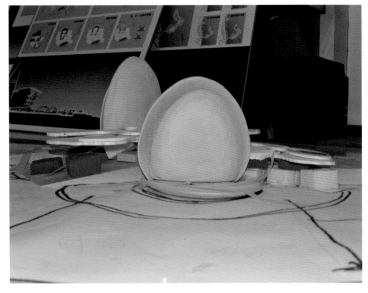

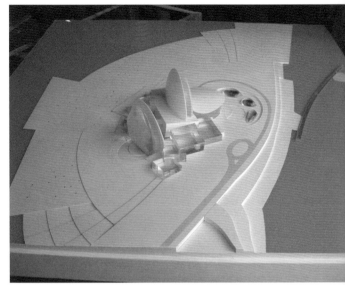

设计研究模型第一轮

设计研究模型第二轮

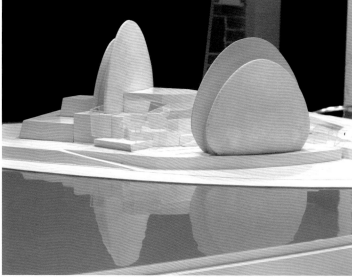

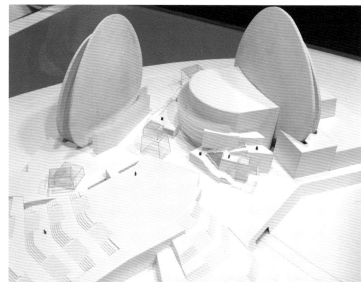

设计研究模型

设计研究模型第三轮

陈可石教授和中营都市设计团队在建筑方案设计期间，进行现场踏勘、手工模型研究以及施工现场考察指导

陈可石教授在施工现场

珠海歌剧院的设计方案之所以成功，主要在于地域性、原创性和艺术性设计原则的成功表达

首先是地域性。珠海歌剧院构思源于珠海本地生产的一种贝壳，叫做日月贝。地域性产物给珠海歌剧院设计带来了一个鲜明的地域特点，"日月贝"这个名字也是由此所命名。另一个更重要的地域特征是珠海歌剧院是一座建在海上的建筑。以大海为背景，"日月贝"的造型就带来了明确的地域性特征，这也是为什么大众能够接受"日月贝"造型的一个原因，设想如果这座建筑位于城市的中心，日月贝的造型就不可能像现在这样凸显出它的完美契合度。

"日月贝"方案从如此之多优秀的建筑事务所中脱颖而出，另一重要的因素就是其方案的原创性。作为一个新兴城市，珠海在游客眼中通常是以风景优美的海滨之城被认知，如何通过一座建筑让城市的精神内涵凸显出来，如何对城市的地域文化进行表达，创建一个拥有共同性的、能激发民众内心共鸣的建筑，就成为了这次设计的重点。"日月贝"由地域性所带来的设计灵感使珠海歌剧院在设计上有明确的原

创精神，并使珠海这座海滨之城拥有了城市形象的独特表达。

最后是艺术性表达，设计方案以名画《维纳斯的诞生》为设计灵感，爱与美的女神维纳斯诞生于贝壳，珠海歌剧院则塑造了一双巨型贝壳从海面升起的意象。我在构思的时候，首先想到珠海歌剧院可能是中国唯一建在海上的一个大剧院。它不但应该是一个伟大的艺术品，而且以建筑的形象表达一个滨海城市的最大特征。所以想到了"日月贝"。由于上述的地域性和原创性所带来的艺术性的成功表达，"日月贝"造型优美的曲线和贝壳的弧面所造成的特别的形象，加上现代材料和建筑空间的表达使"日月贝"成为一个具有鲜明艺术特征的建筑。

Material Name	Material	Code of Chinese architectural color card
Perforated aluminum sheet		
Granite		
Warm-toned stone		
Fair faced concrete		
Clear tempered glass		

Perforated aluminum sheet　　Granite　　Warm-toned stone　　Clear tempered glass

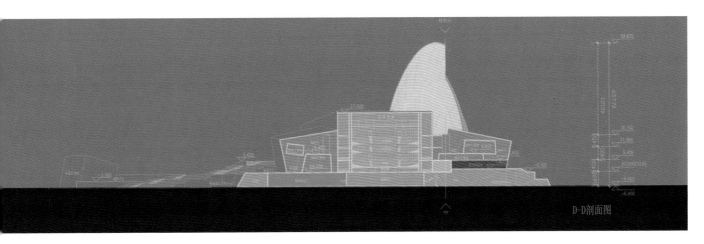

D-D剖面图

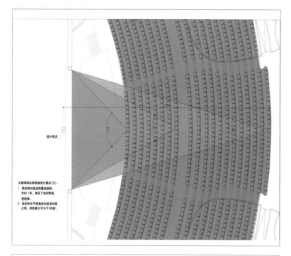

大剧场观众席视线设计要点（五）：
1. 观众厅对视点的最远视线距离，
为18.1米，保证了良好的视
觉效果。
2. 观众对水平视角角度的视点度最远视线
之间，前排最大不大于120度。

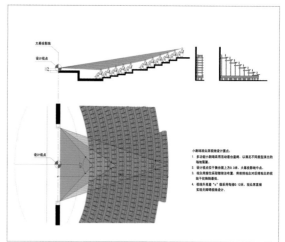

小剧场观众席视线设计要点：
1. 多功能小剧场采用活动看台座椅，以满足不同类型演出的
场地需要。
2. 设计视点位于舞台面上方2米，大幕投影线中点。
3. 观众席座位采用错排法布置，将前排观众对后排观众的视
线干扰降到最低。
4. 视线升高值"c"值采用每排排12厘米，观众度实现无障碍视线设计。

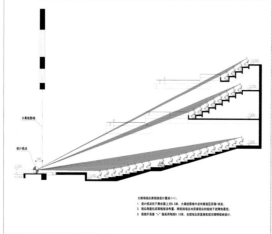

大剧场观众席视线设计要点（一）：
1. 设计视点位于舞台面上方2米，大幕投影线中点内向舞台区后排1米处。
2. 观众采用隔行起坡视线布置，将前排观众对后排观众的视线干扰降最低。
3. 视线升高值"c"值采用每排12厘米，全部观众席直接实现无障碍视线设计。

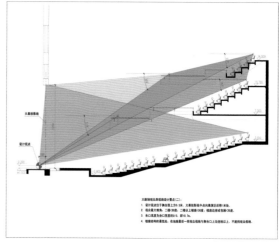

大剧场观众席视线设计要点（二）：
1. 设计视点位于舞台面上方2米，大幕投影线中点内向舞台区后排1米处。
2. 观众最大俯角，二楼不大于30度，三楼不大于35度。
3. 台口高度为台口宽度的2/3，即6.3m。
4. 楼座结构的最悬处，在池座最后一排观众视线与舞台口上沿连接点以上，不遮挡观众视线。

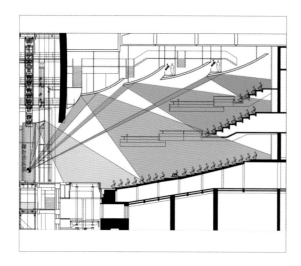

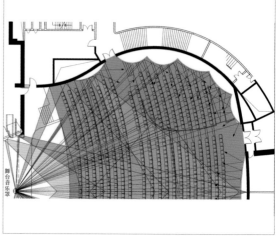

舞台音乐罩

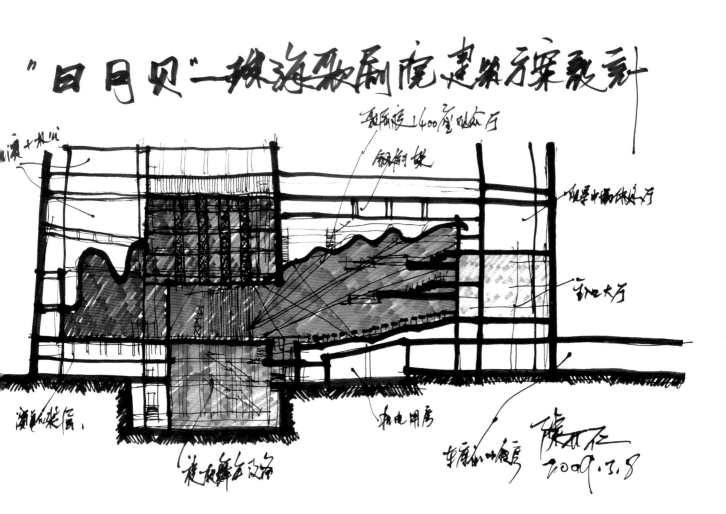

"日月贝"——珠海歌剧院建筑方案设计

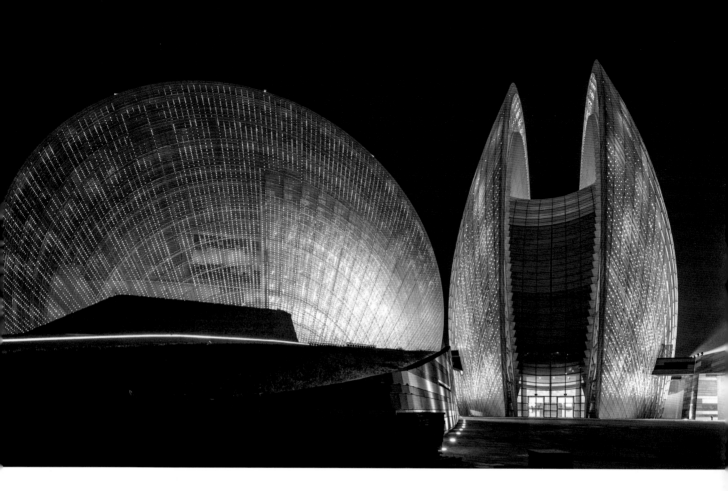

珠海歌剧院的设计体现了原创性、地域性和艺术性，体现了城市是有机的、生态的理念，这也是我在建筑设计中坚持的原则。正如黑格尔所说的："形象的是最容易为大众所接受的。"建筑师运用象征艺术的设计手法，采用日月贝的艺术造型，巧妙地将大剧院的功能、空间的形象结合起来。大剧院白天呈现半通透效果，到了夜晚则像月光一样晶莹剔透，在城市相当广泛的区域内都可以看到她亭亭玉立在海面之上。

珠海歌剧院建筑设计方案中标之后，最让人惊叹的是，这个设计方案出自一位中国建筑师之手。这项设计代表了本土设计师的创造力，并且获得国际的广泛关注，珠海歌剧院或将成为中国当代少有的原创性经典建筑。珠海歌剧院于2017年入围世界建筑节奖，代表中国建筑师走向世界。

珠海歌剧院设计在"形""声"的传播模式上进行了创新，大型室外声形传播技术的运用使珠海歌剧院成为世界上首个使用数控影像技术的大剧院。方案构思了一个室内剧场与室外剧场互动的现代表演方式，使室内的演出、室外的演出和以大剧院为背景的大型水上表演可以同时进行，使大剧院与城市一同构筑一幅永不落幕的艺术场景。

为给观众提供超一流的视听享受，珠海歌剧院采用世界先进声学、光学设计和舞台工艺设计。舞台机械设计选择与德国昆克国际咨询有限公司合作，该公司曾参与著名的柏林歌剧院、莫斯科大剧院、哥本哈根大剧院等文化设施的专项设计。建筑声学设计方面，选择的是马歇尔·戴声学公司，严格按照建筑声学原理设计施工，达到了完美的外观与完美的视听效果相结合的设计目标。

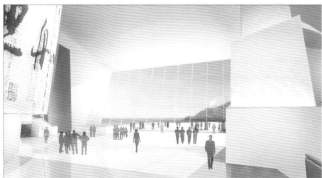

现代声、光、电新材料、新技术，最大程度地表现了"水上大剧院"的特色，特别是夜晚灯光下，不同色彩的变换，表现出建筑的新颖魅力。远处的大海澎湃和眼前的海底幻象，混淆了你的视听，动荡着你的心境；建筑、海洋、天空、人群，自然而然地融为一体，城市与自然、与人类的心境融为一体。

陈可石 绘

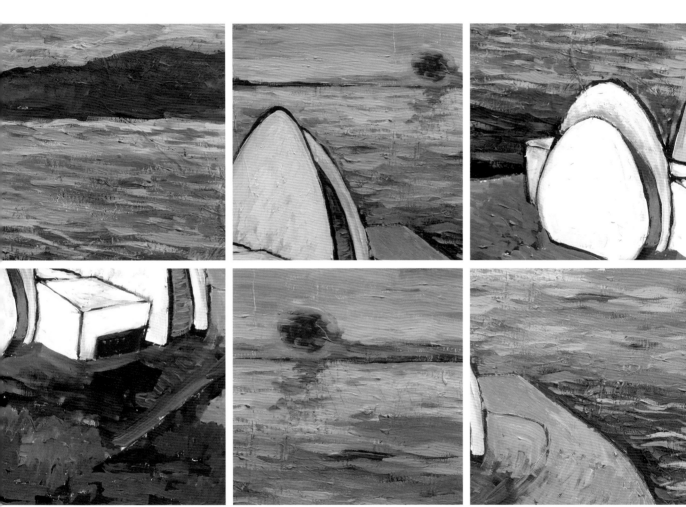

II

第二章

西藏
传统建筑
现代诠释

"光、色、空间和图腾"是西藏传统建筑四大艺术元素

藏族在建设城市的时候，实际上是在建设西藏传统宇宙观中的"曼荼罗"，西藏城市是人和神共同享有的一种城市空间。西藏传统建筑学最珍贵的地方在于建筑设计很大程度上在研究建筑空间如何对人精神方面、心理方面产生的影响，建造者把建筑理解成为对自己精神塑造和情感影响的一个对象。强调一种精神空间、精神的目的以及在这个空间里所产生的精神上的体验。精神空间的塑造是西藏传统城市空间布局的一个核心概念。"精神空间"的塑造需要得到技术上的支持，"光""色""空间"和"图腾"四大西藏传统建筑艺术元素发挥了重要作用。

"光、色、空间和图腾"是西藏传统建筑四大艺术元素：

光——在西藏传统建筑空间塑造中的作用主要集中在光的融合性、光的引导性和光的聚焦性。西藏建筑艺术首先是光的艺术。藏族在光的塑造上独具匠心。

色——在西藏传统建筑中常用的红、白、黑三色，其原料均来自西藏本地的红土、白土、黑土。连同在藏传佛教经堂外墙使用的黄色和象征尊贵与政教权利的金色，五种颜色构成了西藏传统建筑最主要的色彩。藏族在色彩搭配方面有天才般的艺术感。

空间——宫殿和寺庙通常占据城市的重要地段。城市的整体空间形态依山就势，顺应自然，以建筑单体和院落为基本单元，自由选择朝向，有意避免网格化，追求城市公共空间的有机性和自然生成。

图腾——八吉祥徽、八瑞物、五妙欲、七政宝、六长寿、六道轮回是西藏的传统图案，通常具有幸福、吉祥等寓意。藏式传统建筑装饰运用了平衡、对比、韵律、和谐和统一等构图规律，在色彩搭配和图案配置上有独特的美感。

西藏传统建筑的现代诠释就是尊重西藏传统建筑对"精神空间"的追求，以现代建筑结构、材料和建筑语言，将西藏传统建筑艺术元素以现代时尚的方式予以表达，强调"光、色、空间和图腾"在建筑设计中的运用。

陈可石教授和研究生以及设计团队在藏区考察

西藏传统建筑分为两类：一类是古典建筑，主要是宫殿、庙宇、庄园建筑，典型代表是大昭寺和布达拉宫；另一类是民间建筑，西藏民居非常朴实、简单，但具有非常高的美学价值。宫廷建筑语言中有一种庄园式的建筑，典型代表是拉萨的老城区。这种介于民居和宫殿式建筑之间的建筑，形成了西藏传统建筑学的重要部分，这些建筑有着独特的体量，或巨大、或倾斜的墙体，向上收分，彰显了西藏传统建筑学的主要词汇。从地域上划分有五种藏式民间建筑，包括藏南的藏族建筑，甘孜的白藏居，陇西、青海一带的藏居和林芝、迪庆一带的藏居。

西藏传统建筑学的形成主要来源于两个方面，一是喜马拉雅山以南，包括印度、尼泊尔等地以石材为主的建筑学表达，表现在以石头为基础材料上的雕刻以及宗教图案和纹理。另一个非常重要的来源是中国内地，特别是唐宋以后经丝绸之路、敦煌引入的代表中原的建筑学特点，主要表现为以木结构为主的表达方式，包括巨大的柱式、浓烈的色彩和围合的空间形式。西藏的壁画很大程度上融合了敦煌壁画的传统和印度壁画的传统，形成了以唐卡为主的表达方式。木结构的表达和中原较为接近，更接近于唐朝时期的中国内地建筑学传统。

明清中原建筑学特别是宫廷式建筑、宗教式建筑对西藏建筑的影响比较大，特别是屋顶，中原木构屋顶的运用在西藏的典型代表就是大昭寺和布达拉宫的金顶，大量采用重檐歇山的做法。

在藏文化区共完成
45个设计项目

玉树 YUSHU TIBETA

日喀则 SHIGATSE CITY

拉萨 LHASA CITY

林芝 NYINGCHI CITY

1 鲁朗国际旅游小镇

2 鲁朗恒大国际酒店

3 鲁朗美术馆

4 鲁朗表演艺术中心

5 鲁朗珠江国际度假酒店

6 鲁朗藏式养生古堡

7 鲁朗镇商业街

8 鲁朗政务中心

9 鲁朗游客接待中心

10 鲁朗西区商业街

11 鲁朗小学

12 鲁朗保利酒店

13 西藏拉萨大剧院

14 西藏拉萨工业博物馆

15 西藏天路高天企业孵化

16 林芝巴宜区城市设计

17 甘南旅博会主场馆

18 西藏林芝书画院

19 甘孜州白玉普马藏族文化旅游小镇

20 甘孜县城康北中心总体城市设计

21 四川藏区民居图谱

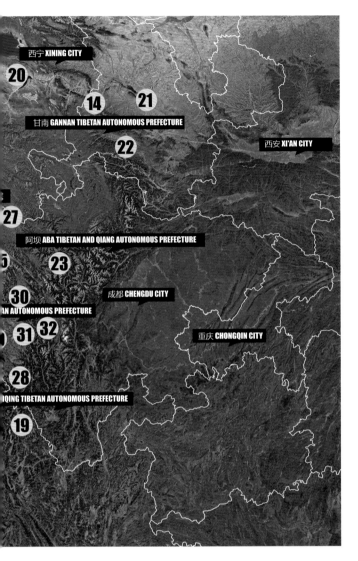

2013年5月14日，洛桑江村为陈可石教授颁发西藏自治区政府顾问聘书

宫周边城市空间与环境提升　　**23** 西宁宗喀巴大师研究院　　**24** 甘南州拉卜楞庄园酒店　　**25** 甘南州夏河县拉卜楞黄金文化小镇　　**26** 汶川水磨镇　　**27** 甘孜州白玉河坡民族手工艺小镇

乡城香巴拉旅游小镇　　**29** 甘孜州康定情歌城　　**30** 甘孜州康定古城　　**31** 拉萨南亚商品交易中心　　**32** 贡嘎山冰雪世界　　**33** 拉萨达孜绿色新动能产业园

西藏建筑学的经典

拉萨和日喀则作为西藏的两个最重要的文化中心，分别统领着前藏和后藏，集萃了大量的西藏建筑艺术精华。拉萨因为有了大昭寺和布达拉宫，使之毫无争议地成为世界闻名的圣城。从日喀则古城也可以看到藏族建筑学的奇特魅力，它们是一种天生的、一种天性的创造力，藏民族可能天生血液里面就有一种对空间、对色彩、对光的理解和塑造，给人带来极大的艺术震撼，日喀则旧城区的每一条小街小巷都十分美丽，富有艺术感。

大昭寺、布达拉宫是西藏建筑学的经典，从大昭寺、布达拉宫可以看到藏传佛教建筑学的经典做法。在空间设计方面，大昭寺所展现的建筑学和宗教情怀是其他的寺庙建筑所不能达到的。哲蚌寺和扎什伦布寺都建在山坡上，它们的建筑空间感和大昭寺有所不同，更接近于自然，更有起伏和变化，在装饰和色彩方面有更多的做法。大昭寺围绕的是八廓街，八廓街的历史加上周边的小街小巷构成了西藏传统城市空间的经典。特别是那些大的宅院和街道的关系，没有一个是重复对称的，没有一个院落是相同的，这就反映了西藏城市空间的独特性。

大昭寺和街道空间没有一个是正南正北，每一个院落和另外一个院落都有一定的角度。这与它的经堂位置有关，每一家面对经堂都不是同一个方向，都有自己独特的朝向选择。从空中纵看大昭寺周边的城市空间，非常具有艺术感，就像手背上皮肤的皱纹，或者一种大自然催生的图案，是超出人工的一种安排。

人神共享的城市设计

藏族在建设城市的时候，实际上是在建设西藏传统宇宙观中的"曼荼罗"，藏族不仅仅认为城市是一个人类活动居住的场所，而是一种人和神共同享有的一种城市空间，犹如一个家庭里面有神龛，在厨房里面有神位，卧室有神龛，有经堂，城市同样。大昭寺是整个城市的中央，城市的道路从大昭寺开始放射出去，但它又不是几何放射性的集合，是一种很自然的放射，拉萨的地图，实际上是从大昭寺开始网状放射的。

布达拉宫非常巧妙地利用了一座山体，这个山体有点像雅典卫城，它是从一个平地突然升起的一座山丘。布达拉宫从很小的一部分开始建造，后来达赖五世大规模地扩建再加上七世到十三世达赖喇嘛营造，最后红宫、白宫建成到今天的规模，这前后经历了五六百年的时间。大昭寺、布达拉宫成为一个政教的中心，包括达赖喇嘛的灵塔，布达拉宫成了拉萨最主要的一座建筑。

布达拉宫、大昭寺这样的宫殿、寺庙建筑，与西藏的民居建筑，在美学上会有不同的侧重。宫殿、寺庙建筑精美、庄重、神圣，令人体悟到藏族对理想天国的追求；民居则展现了传统藏族建筑表面下所隐藏的传统生活、习俗和社会关系。

西藏传统建筑学最珍贵的地方在于建筑设计很大程度上在研究建筑空间如何对人精神方面、心理方面产生的影响，建造者把建筑理解成为对自己精神塑造和情感影响的一个对象。强调一种精神空间、精神的目的以及在这个空间里所产生的精神上的体验。

《女魔图》与西藏传统建筑"精神空间"塑造

传说由文成公主让工匠绘制的拉萨平面图叫《女魔图》，大昭寺是她的心脏，布达拉宫、小昭寺和其他的寺庙都分布在女魔的五脏关键位置。在手脚和头部的关键位置都放置寺庙，根据《女魔图》的解释是要镇住女魔身体上的重要部位。从建筑学的角度来理解，这些重要的寺庙恰恰是西藏最重要的精神空间。《女魔图》表现出一个很重要的概念就是宗教建筑和它的公共建筑、政府寺庙在城市空间当中起到的重要的标志性作用，这可以叫作"精神空间"。

据西藏民间传说，西藏地形与《女魔图》相似，西藏当初充满了魔，魔女横卧在西藏大地之下，头朝东，脚朝西。佛教认为罗刹女是女魔，只有用寺院、佛塔等压镇方能平安。于是吐蕃王朝统治时期（公元7—9世纪，西藏第一个政权），经唐文成公主占卜后，修建了12座寺院遍布于罗刹女的手脚、肩、肘、膝和臀部，并用白羊驮土，将她心脏处的卧塘湖填平，修建大昭寺和小昭寺，供奉从唐王朝和尼泊尔请来的释迦牟尼像。大昭寺位于罗刹女胸口。

《女魔图》所表达的拉萨，完整地展现出一个城市的总体形态和要求。一个城市的美应该是由它重要的建筑构成一种精神空间的系列，从《女魔图》的构图可以看出西藏的传统与"精神空间"至关重要。

从城市设计的角度看来，在整个城市布局、空间布局上，最能够反映西藏传统宇宙观的就是《女魔图》，它是那个时代的一张城市设计总图。西藏的传统宇宙观，是指藏族怎么看待世界。因为现实的世界，不管是一座城市还是一栋单一的建筑，都是一种宇宙观的表象，一种人们根据自己对于宇宙的理解，来创造自己的空间载体。

西藏《女魔图》最重要的意义在于，图中展现的对城市空间布局的设计也是西藏文化融合的结果。比如方正围合的建筑空间形态遵循印度曼荼罗的形制，而建筑的环境选址遵循了汉地的背山靠水、负阴抱阳的风水思想。值得注意的是这种以寺庙、宗堡等重要建筑为中心、周围分布民居的组团空间布局也在那个时候被正式确定下来。

精神空间的塑造是西藏传统宇宙观和传统城市空间布局的一个核心概念。西藏传统建筑的现代诠释就是尊重西藏传统建筑对"精神空间"的追求，以现代建筑结构、材料和建筑语言，将西藏传统建筑艺术元素以现代时尚的方式予以表达，强调"光、色、空间和图腾"在建筑设计中的运用。

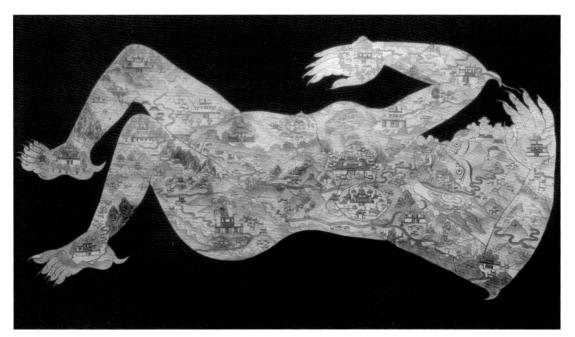

清初所绘唐卡《女魔图》

林芝和中甸地区民居

在工布藏族和云南香格里拉藏族地区普遍看到的民居语言体系与前面所提及的四种民居体系，在形态上的最大差别就是工布藏族民居采用坡屋顶的形式。

可能是因为这两个地区的气候都相对温暖，雨季较多并盛产木材，所以这些地区的藏族民居主要采用了木构架大木作的屋顶，大木作屋顶在形态上就和其他四种民居非常不同。

架空的屋顶是第一个重要特征，这在建筑处理上有非常重要的作用。民居的墙体非常厚重，而屋顶则有意地进行夸大处理，屋顶通常有很大的悬挑，有的地方甚至超过三米。这种悬挑让屋顶产生了一种飘逸的艺术效果。

屋顶的材料在这两个地区非常接近的做法是用木片作为瓦片来覆盖屋顶。这种木片在林芝被称为"闪片"。"闪片"是用很大的木材顺着木纹劈下而制成的，制作的形状与内地的小青瓦相似，但是它的尺寸要比小青瓦长。由于施工工艺和施工成本的局限，现在林芝地区很多民居的屋顶都压有石头在木片上避免被风吹走。这种做法并不规范，因为其缺少一个工艺就是木片要钉在木檐板之上。相比之下在香格里拉和不丹地区的做法要成熟很多，"闪片"都是十分整齐地被固定在木檐板上面。

林芝和中甸传统民居第二个重要特征是墙体结构无论是采用夯土和石料都有明显的倾斜。墙面倾斜是人类早期建筑的一个重要特点，不仅从力学上倾斜增加了稳定性，而且在视觉上也满足了审美需求。西藏建筑的室内一般是没有倾斜的，内壁都是垂直于地面的，但室外都有很明显的倾斜。研究发现西藏建筑的墙体倾斜度通常是15~17度。这样的一种倾斜让建筑有明显的稳定感，并在视觉上和周边的环境如雪山、林海等相呼应。倾斜的墙体是整个藏区最重要的建筑特征之一，这给我们一个很大的启示就是在追随传统建筑语言原真性时，倾斜的墙体是要重点保留的一个语言基础。

林芝、不丹和香格里拉地区的传统民居第三个
重要特征就是大木作和小木作。不丹当地民居
的屋檐下面采用橘红色、暗红色和暗粉红色三
种暖色调组合而成涂料的颜色，而且它们有着
绝妙的搭配关系，在一个屋檐下面通常有两到
三种颜色搭配，这对于大木作的结构美感表达
有着重要意义。然而在林芝和中甸，这种传统
在藏区已经消失。在小木作方面，暗红色和粉
绿这两种颜色是林芝地区小木作的主基调。

西藏工布藏族民居

形态完整
景观优先

对于一个村落，其中的建筑拥有明确的等级制度是非常重要的，在美学、艺术成就方面的层次与等级也是非常需要的，所以中国很多传统的村落之所以美丽，都是因为有一种很明显的次序。重要的建筑比如官府、宗祠和寺院所采用的建筑语言，在色彩、建筑高度、屋顶形制以及所处的空间位置等各个方面都会有一种层级的安排。这一特点在西藏的传统建筑当中表现得更为突出，寺院建筑和官府建筑在藏区小镇当中形制最高，它们的色彩和建筑学与民居是不一样的。普通的建筑不能打破这种高低次序。这就是传统村落非常重要的设计理念，我们的规划与设计还是要回归到传统的风水理论和传统的礼制理论之中。

在众多的规划设计手段中，城市设计是考虑到整个小镇形态、景观的，而且一定要优先考虑小镇的景观和形态，这就是中国传统的规划思想——风水。如果我们一开始就做总体规划，就很有可能把以后可能创造的景观优先、形态完整的小镇的基础损坏了。就是说，原本可以创造的很多景观、形态的优势，就体现不出来了。

形态完整和景观优先为核心主导理念的鲁朗国际旅游小镇整体城市设计格局，包括对整个公共空间系统、广场系统、滨水系统、绿地系统的考虑，实现了我们对西藏传统建筑空间的理解，对于西藏这种特别的文化特征的理解，对于西藏自然地理和人文地理创造的西藏传统建筑学的理解。

西藏传统建筑艺术元素

（1）西藏建筑色彩的形式

色彩基本形式一：白色为外墙基本用色，红白两色为主，黑色用于门、窗套，如布达拉宫白宫。基本构图形式，在西藏多数地区使用，也称主流形式。白、黄、红为主色块，色彩效果明快艳丽，粗犷大气。配色因地区不同做法不同，但变化不大，基本构图为横向构图。

色彩基本形式二：黄色为主，红色檐部，黑色门、窗套。

色彩基本形式三：红色为主，如布达拉宫中心建筑，红色同时用于边玛墙装饰。

（2）西藏建筑的材料本色

建筑材料本身具有不同的颜色，再加以五种色彩涂饰，共同构成西藏传统建筑的色彩交响乐章。西藏传统建筑以木石结构为主，石材、木料和土为基本材料。其中阿嘎土、边玛草是西藏独有的建筑材料。墙体一般采用石材，尤其拉萨一带盛产石料，故多用在建筑上。建筑物的结构部分由较硬木料，如冷杉、核桃木作为结构骨架，软木料，如杨木用于室内装饰雕刻。

屋面材料——阿嘎土。阿嘎土是用于建筑屋顶、地面表层的封护材料，其主要成分是硅、铝、铁的氧化物，具有坚硬、光泽、美观的良好效果。阿嘎土虽有渗水的缺陷，但只要严格按照操作程序，分级配料施工，勤于维护、保养，保持排水畅通，仍不失为一种坚固耐久、适合平顶建筑使用的建筑材料。

地面材料——青石板。青石板无规格规定，有大有小，铺设时根据大小拼凑，用砂土嵌填缝隙，再用黄泥抹缝。一般用于院内及步行道，也有作为建筑物四周散水的，为便于排水、防水，有些房屋室内也采用青石板铺地。

地面材料——方整石。毛石经过加工形成方整石，平整而有规律地铺设，称为方整石地面。一般铺设在重点建筑入口处、踏步台阶、门厅及建筑物周边散水和人行道上。铺设在窄步道路上的长方形石板地面通常称为长条石走道地面。

墙体材料——边玛草。边玛草是一种柽柳枝，秋来晒干、去梢、削皮，再用牛皮扎成小捆，整齐堆在檐下，层层夯实，用木钉固定，再染颜色。在西藏，无论宫殿上的女儿墙，还是寺院殿堂檐下，形如毛绒织物的赭红色墙体就是边玛草墙。

采用边玛草，可以减轻墙体重量，对高大建筑物至关重要，由于边玛草墙的制作工序复杂，成本高，也成为建筑等级的标志之一。

墙体材料——块石与毛石。藏式传统建筑中外部墙体一般为石材墙，外形方整，风格古朴粗犷。墙体向上收分，具有墙体稳固作用。传统的石墙砌筑工序为：运用一层方石叠压一层碎薄石的工艺，以解决坚固稳定的要求，同时起到外墙装饰作用。

墙体材料——土坯。土坯墙多用于藏式传统建筑的1~3层，也用于院内围墙，材料一般为黄土加少量稻草和牛毛（防断裂）。在砌好的土坯墙面上用黄泥抹后留下五个手指头划开的彩虹形纹路，这种纹路除具美观效果外，还起到防雨水冲刷墙面的作用。

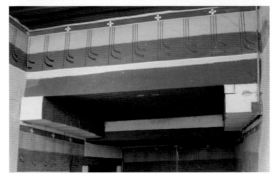

（3）西藏城市的结构肌理

拉萨城市空间布局成明确的精神性空间，其包括大昭寺、布达拉宫、罗布林卡、色拉寺、哲蚌寺5个主要的点状精神空间，以及环绕点状精神空间形成的以转经为主要功能的线性精神空间。

城市空间　拉萨城市由布达拉宫和大昭寺片区两个中心主导，沿着河流东西向发展；江孜老城南部宗山上具有寺院性质的宫殿建筑宗山古堡和北部山上的白居寺，和联结两个点的线性转经道，成为江孜老城的基本结构。老城沿转经道向两侧扩展。

建筑空间　寺院单体建筑的空间创造是以坛城（又名曼荼罗）为原型进行模拟或抽象，其空间原型可拆分为静态的中心和动态的环绕流线；早期佛教认为宇宙中心为须弥山，围绕须弥山世界分为四大洲和八小洲，且有上中下三界之说。寺院建筑平面形式虽然具有很强的随意性和不规则性，但在变化之中仍然充分地表达着早期佛教的宇宙观和曼陀罗、坛城等佛教对世界认识的演变形式。在表现早期佛家宇宙观时，不同寺院有着不同的平面表现方法，桑耶寺是把宇宙的中心以及四大洲和八小洲作了分开的平面布置，而阿里的托赫寺、日喀则的白居寺等则是在一座建筑内作了集中的平面布置。

位于八廓地区中心位置的大昭寺是西藏最神圣的寺院。藏族把整个大昭寺建筑群，包括它的庭院、僧侣房、办公室、厨房叫做大圣殿。主建筑高四层，采用传统的合院方式。布达拉宫可以看做传统藏式建筑形制与自然山体景观要素的结合和扩展，布达拉宫建筑群是由矗立于山顶的主建筑体、山下的雪村和雪村周边的围墙所构成的。

正方形院落是西藏较为典型的建筑布局方式，从外墙上看，建筑主要呈方形。由柱子撑起一个回字形的框架，在此平面基础上，主楼前形成一个庭院，围绕庭院内缘，是一圈柱廊。

独栋官式建筑——雪列空为政府办公室，就在布达拉宫正下方，因为它强调两个方向，而且

托林寺写生 陈可石

有两个入口，所以与众不同。东部入口从二层进入办公区，南部入口直通一间高大的殿堂，阳光从上面进入室内照在地面上。雪列空是一座用传统西藏建筑语汇建成的实例，它是一座非常和谐统一又迷人的独栋建筑。

拉萨老城区可以看做是众多"回"字形、或者"回"字形的变体宗教、住宅和官式建筑组成的，建筑层数在1~3层，形成风貌统一的藏式建筑群。

城市肌理 拉萨主城区四个区域有明显不同的模式：平原中心集聚型城市；山顶宫殿或堡垒下面带有防御性的村庄；建在小山上的岩洞和小建筑；独立的府邸。

街巷空间 藏族传统建筑的房屋街巷大多是窄巷，尺度亲切，高低错落，随地形而变化，色彩简洁，只有门斗窗户较多装饰，门洞尺寸低矮，以利保温。

（4）西藏的建筑装饰

藏式传统建筑装饰运用了平衡、对比、韵律、和谐和统一等构图规律和审美思想。在藏式传统建筑装饰中使用的主要艺术形式和手法有铜雕、泥塑、石刻、木雕和绘画等。藏式传统建筑装饰主要反映在宫殿、庄园、民居、寺院等建筑的门窗、梁、托、柱、屋顶、墙体等部位。

门窗装饰 门的装饰包括门楣、门框、门扇、门套等。门框木构件雕刻图案，门洞两侧做黑色门套装饰，门楣大多用木雕、彩绘等手段加以装饰，门扇主要装饰为门扣、门箍等。门窗装饰手段为木雕手绘，主要图案有人物、花纹、几何图案等。窗的装饰包括窗楣、窗帘、窗框、窗扇、窗套等。窗楣上主要装饰为两层短椽，窗楣挂短绉窗楣帘装饰；窗框主要装饰堆经和莲花花瓣；窗帘为吉祥图案的帆布；窗扇装饰手段为木雕手绘。窗过梁以蓝色为主，绘以图案。

屋顶装饰　藏式屋顶有宝瓶、经幢、经幡、香炉等，寺院、宫殿等少数重要建筑设置金顶。屋顶的装饰按建筑的重要性分为不同的级别。

墙体装饰　藏族传统建筑中墙体装饰主要有彩绘、壁画、铜雕、石刻等。

西藏传统建筑在雀替、梁柱装饰，以及壁画和纹样等方面也均有其浓郁的藏民族特点。

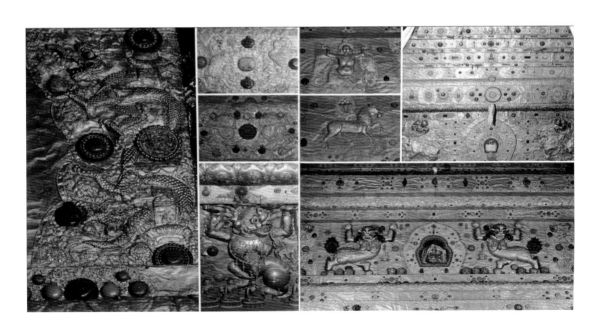

西藏·林芝
鲁朗国际旅游小镇

1　鲁朗恒大国际酒店
2　鲁朗美术馆
3　鲁朗表演艺术中心
4　鲁朗珠江国际度假酒店
5　藏式养生古堡
6　鲁朗镇商业街
7　鲁朗政务中心
8　鲁朗游客接待中心和规划展览馆
9　东久林场商住楼与西区花街
10　鲁朗小学
11　鲁朗保利酒店
12　水上祈福塔

设计构思草图　陈可石

鲁朗是一个世外桃源般的宁静家园，一个诗与远方交织的人间圣洁天堂，一个集冰川、高山、草甸、森林、湖泊等于一身的绝佳旅游目的地。鲁朗在藏语里的意思是"龙王谷"，这里是一片河谷，有大

2016年10月，经过6年紧张设计建设，作为广东省援藏重点工程、西藏自治区成立50周年重点项目的鲁朗国际旅游小镇顺利竣工。这个圣洁宁静的小镇，已然在西藏美丽绽放。

诗意的大地景观

保护原有自然山体，恢复湿地风貌，打造人工湖泊，并将水系引入小镇内，形成连续的滨水空间。引入若干小型广场作为公共交流空间，塑造宜人的景观，形成自然的、生态的风貌。鲁朗国际旅游小镇将建设成为由天然牧场、蓝天白云、碧水青山以及藏式传统建筑风貌有机结合的典范，为游人提供一处自然生态的休闲度假空间，让游客充分享受旅游过程中人与自然的相互融合，观赏自然美景，呼吸纯净的空气，带来思想上圣洁、宁静的愉悦体验。

陈可石 绘

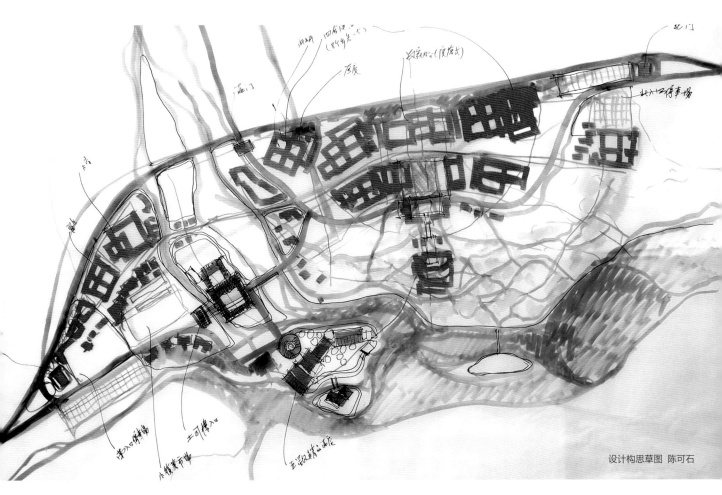

设计构思草图 陈可石

陈可石 绘

总体城市设计

中国最美户外小镇

很多人惊喜地发现，到西藏旅游，除了布达拉宫、大昭寺，还有一个值得一去的地方，就是鲁朗国际旅游小镇。鲁朗国际旅游小镇的规划和设计创造了当代建筑艺术和建筑之美，为西藏留下一份永久的文化遗产。

鲁朗国际旅游小镇是影响西藏未来的一次小镇设计实践。小镇的建筑设计在传承西藏传统建筑艺术的基础上创造出现代西藏建筑新风格，对未来西藏城镇化建设有非常重要的示范作用。

如今，鲁朗国际旅游小镇已赢得国内外广泛称赞，被誉为西藏第一旅游小镇。2017年鲁朗国际旅游小镇入围世界建筑节奖，正式亮相国际舞台。2018年10月，《中国国家地理》杂志社授予鲁朗国际旅游小镇"中国最美户外小镇"称号。

鲁朗国际旅游小镇位于西藏林芝市的东北方向，距离林芝机场约70千米，距离林芝市政府所在地巴宜镇约90千米。总规划用地范围10平方千米，占地132公顷，总建筑面积21万平方米，共有250多个单体建筑，包括3个五星级酒店、美术馆、现代摄影展览馆、藏戏表演艺术剧场、藏式养生古堡、游客接待中心、政务中心、医院、幼儿园、小学、商业街、农机站、消防站和多个精品酒店等，总投资超过50亿元人民币。

具有鲜明藏族文化特征的旅游小镇

2010年，广东省第六批援藏工作队提出在鲁朗建设一个国际旅游小镇的设想。这是广东援藏工作的一个新的思路——授人以渔，希望通过开发建设旅游小镇来推动西藏旅游产业的发展。这是一种以促进产业发展为导向的新的援藏模式，广东省政府对此极为重视。随后，这座国际旅游小镇的建设地最终落在了位于318国道旁的鲁朗河谷。318国道从鲁朗到波密的路段，景色优美，曾被《国家地理》杂志评为中国十大最美旅游国道第一名。

"圣洁宁静"是鲁朗国际旅游小镇的美学境界。我认为"圣洁宁静"应该是鲁朗国际旅游小镇的灵魂，"圣洁宁静"这四个字成为鲁朗国际旅游小镇设计的终极目标。设计团队尊重文化的传统，注重自然生态的敏感性，以总设计师负责制的方式具体负责落实设计方案，使鲁朗承担起具有高原休闲特色的国际著名旅游地、藏东南旅游集散地、鲁朗镇域公共服务中心的城镇职能。通过旅游开发促进经济发展、社会进步以及文化传承，使鲁朗发展成为"世界一流的旅游度假天堂，藏式小城镇建设的创新典范"。

在设计鲁朗国际旅游小镇之前，我已经在全国完成了十多个旅游小镇的设计。基于过往小镇设计的经验，我认为要圆满完成鲁朗国际旅游小镇的设计任务，一些小镇基本的要求在方案设计中必须优先得到满足，它们称为"规定动作"。所谓的"规定动作"，就像自由体操的评分一样，把规定的动作作为一个评分的基础，然后把"自选动作"作为加分的项目。鲁朗国际旅游小镇的设计要首先完成"规定动作"，然后才是设计团队所探讨的地域性、原创性和艺术性的发挥。

在"规定动作"这个设计上，设计团队完成了很多前期研究工作并对小镇未来发展提出了几点建议，其中包括建议在鲁朗国际旅游小镇建设三座五星级酒店以支撑其作为川藏线上重要的旅游集散地的功能定位，因为只有在川藏线上建设旅游小镇才能够支撑高端的旅游团队运作和促进整个藏区的旅游产品的提档升级。

在小镇的旅游功能设计方面基本上需要涵盖两大板块：一个板块是现代服务业，包括商业设施如精品酒店、商业街、酒吧街及星级酒店等这些新的内容；另一个板块是游客接待中心、博物馆、美术馆以及设计团队所建议的鲁朗表演艺术中心等这些公共建筑。三座五星级酒店的布局得到广东省政府的肯定并落实了酒店具体的投资方，这为鲁朗国际旅游小镇支撑起了半壁江山，保证了鲁朗国际旅游小镇的经济模型和未来可持续发展。

2012年7月，广东省朱小丹省长、徐少华常务副省长和北京大学海闻副校长、吴云东院士代表北京大学深圳研究生院与广东省人民政府签署鲁朗国际旅游小镇设计和总设计师负责制合约

2012年4月陈可石教授和研究生、设计师一起考察鲁朗国际旅游小镇选址，蔡家华书记提出的鲁朗政务中心和商业步行街选址，被朱小丹省长称赞为金点子

在"规定动作"和小镇旅游功能确立后，我从"传统建筑现代诠释"和"城市人文主义"设计理论出发，进一步明确小镇的建筑风格应该是"西藏的""现代的""生态的"和"时尚的"。整体设计上以景观优先的设计理念表达对西藏传统建筑学的尊重，注重采用地方材料和传统工艺。规划设计中注重从城市人文主义角度体现当地文化脉络、风土人情，支持当地公共事业发展，优先帮助原住居民自主创业，为原住居民提供工作机会，使小镇获得可持续发展的内生动力。

藏族文化特色　继承藏族建筑设计的精华，遵循藏式小镇的独特肌理，以鲁朗河为魂，以藏式建筑为主要语言，将鲁朗国际旅游小镇打造成为融合藏族建筑特色与现代城镇功能的典型代表。从城镇布局、建筑环境等各个方面体现藏族文化内涵。

自然和生态　保护原有自然山体，恢复湿地风貌，打造人工湖泊，并将水系引入小镇内，形成连续的滨水空间。引入若干小型广场作为公共交流空间，以当地最有特色的植物——桃花与杜鹃作为主要观景植物，塑造宜人的景观，形成自然的、生态的风貌。鲁朗国际旅游小镇将建设成为由天然牧场、蓝天白云、碧水青山以及藏式传统建筑风貌有机结合的典范，为游人提供一处自然生态的休闲度假空间，让游客充分享受旅游过程中人与自然的相互融洽，感受观光自然美景、呼吸纯净的空气的愉悦，体验思想上的纯洁与安宁。

诗意小镇　规划设计将鲁朗国际旅游小镇和周边景观充分结合在一起，突显鲁朗国际旅游小镇得天独厚的自然优势，以大地景观为背景，展现西藏广袤辽阔的豪情与雄伟壮观的美景。在建筑设计与景观设计中加强藏式文化元素符号的运用，形成神圣的氛围，使游客在精神上得到洗礼和净化。

现代的和时尚的　从新技术、新材料和新方法的应用上，提升鲁朗国际旅游小镇的城镇化水平，优化城镇功能，为游客提供一个高品质的休闲旅游环境，为原住民提供一个宜居的生活家园。整体上以藏族文化为主线，以大地景观为背景，开发多样化的旅游景点，配备酒店、会务、度假等功能，提供商务度假、特色餐饮、藏式康体疗养为一体的服务，为人们提供高品质的度假设施与环境，丰富人们休闲度假的内容。

陈可石 绘

现代"精神空间"与鲁朗"景观空间"紧密契合

我对小镇如何体现出西藏传统城市空间布局的特征，作了深入的思考和研究。一张相传是文成公主让工匠绘制的拉萨城市布局图——《女魔图》解释了传统的西藏城市布局的宇宙观。正是从这张图受到启发，我确定了鲁朗国际旅游小镇重要建筑的位置和重要的广场位置，也决定了重要的文化设施、景观建筑的位置，并由此营造出一个现代的公共"精神空间"。

陈可石 绘

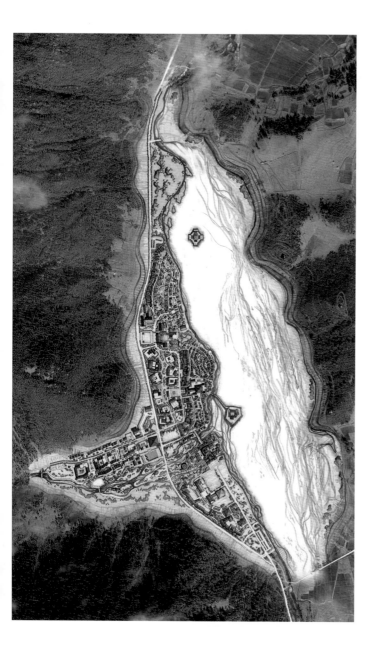

现代"精神空间"意象的营造是对西藏传统建筑学的继承并在新的时代予以创新性诠释。在方案实施中，注重对非物质性历史文脉的保护和传承，并提供物质基础支持，在人工湖中央建设宁静肃穆的祈福塔，打造新的精神中心。同时，兴建西藏林芝文化艺术馆，用以收藏和展示西藏文化艺术作品和民风民俗。

与"精神空间"相呼应，在大鲁朗"景观空间"营造上，充分利用鲁朗的地景与人文特色，结合水系、山景、村落，让各功能片区与鲁朗的天然场域形成"你中有我、我中有你"的自然相亲、和谐相融的极致艺术审美。到了夜晚，小镇灯光设计则凸显神秘、空灵、幽静氛围。鲁朗国际旅游小镇是国内首个完整采用泛光照明系统设计的项目，以科技手段保护鲁朗静谧的环境不被打扰，秉持的生态度假理念让自然变得更加精致，让文化根植于空间，并在广度上延展，生长出鲁朗自成一体的美学力量，获得向内向外自由绽放的极致魅力。

鲁朗国际旅游小镇未建设前卫星图

西藏自治区重点项目
——鲁朗国际旅游小镇总设计师

总设计师负责制是欧美国家重要工程和建筑项目通常采用的一种制度。总设计师可以是个人也可以是一个团队。由总设计师负责整体项目，从策划、方案设计、方案深化和各专业工种配合中的协调与控制，直到工程完成。总设计师应从项目的开始策划、概念规划、总体城市设计、重点片区设计，再到建筑设计、景观设计以及室内设计、泛光设计、标识设计等全程参与。

总设计师负责制是一种保障项目最后成功的方法，在设计与工程施工过程中，当利益各方意见出现分歧的情况下可以通过总设计师协调妥善解决，总设计师负责制的核心价值是总设计师全程参与工程设计到施工过程，以此保障项目按照原设计理念贯彻实施。总设计师将对工程最后的设计质量和艺术效果全权负责。

鲁朗国际旅游小镇为广东省援建西藏重点项目，由广东省政府委托我担任本项目的总设计师，项目集结了广东旅控集团、广东珠江投资集团、恒大地产、保利地产以及广药集团等企业，分别投建了三家五星级酒店以及表演艺术中心、游客接待中心、美术馆等大型建筑，同时由政府出资投建了学校、医院、政府办公楼、商业街等多种功能的建筑单体。

由中营都市完成项目的规划、建筑方案、景观方案工作，并指导或直接参与其他各专业设计工作，同时配合广东省政府派驻现场指挥办公室工作人员控制各项设计工作，如规划设计、建筑及园林景观施工图、室内装修、标识系统、泛光照明、市政道路、桥梁、管网、污水处理、生态修复、钢构、水利、室内展览、传统木构、彩绘等各专业设计和施工单位的成果，全程监督实施效果。

在总设计师和顾问团队的统一协调和把控下，来自全国的二十多家设计单位先后参与了鲁朗国际旅游小镇各项目的各阶段设计及施工图工作，同时，由总设计师和顾问团队对各专业设计单位及施工单位提供的阶段性文件进行审核签字，确保各阶段的工作满足方案初始意图，保证建设艺术效果。

2015年10月，陈可石教授陪同朱小丹省长视察鲁朗国际旅游小镇建设

陈可石教授在工地与施工单位现场交流

门窗彩绘施工现场

陈可石教授与设计人员在鲁朗国际旅游小镇工地

2016年9月，陈可石教授陪同深圳城市规划协会成员考察鲁朗国际旅游小镇

项目讨论进行过程中，设计团队与广东省领导和广东省援藏队多次就方案讨论交流

建筑设计

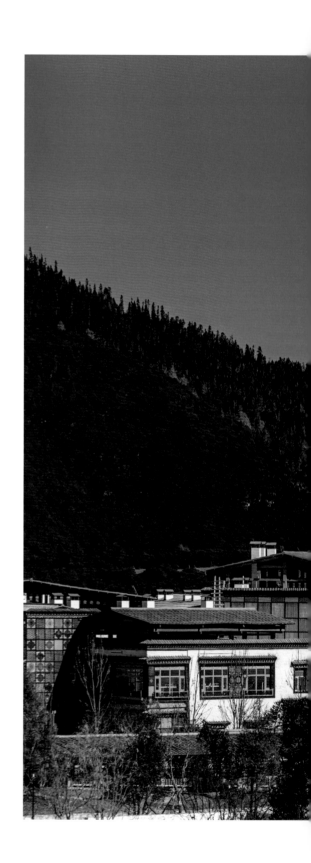

景观优先
形态完整

景观优先

很多小镇的空间之所以会产生美丽动人的画面，跟景观优先的理念是密不可分的，所以景观优先就成了鲁朗国际旅游小镇设计的第一个议题。设计团队首先提出的是318国道的改线，因为318国道如果不改线就很难创造出很好的景观和预期的土地利用结果。我建议采用半下沉式的做法，在318国道的两侧堆起一定高度的绿化带，让斜坡来避开对于小镇景观的影响，同时也在318国道上创造出一个比较生态的景观，并起到隔离噪声的作用。

另外一个很重要的议题就是湖面的营造，这也是从景观优先的角度所作出的考虑。在方案初期，我提出湖的营造对于旅游小镇有很大的作用。从景观的角度上来考虑，湖面的倒映可以产生出一种美丽的景象。

景观优先还包括对建筑朝向和对门窗所对应的景色的考虑，这需要很细致的设计构思。设计酒店的每个窗户，使能看到不同的景观是非常考验设计师功底的，因为在城市设计阶段设计师很难深入到这个层面。在鲁朗国际旅游小镇的城市设计阶段就同时考虑到建筑设计的方方面面，比如建筑的形体、建筑的入口和建筑门窗所对应的景色。今天看到的实景照片中建筑如此精致、风景如此优美，就与我以景观优先对城市设计反复推敲、反复修改和深入思考有着直接的关系。

景观优先的效果是非常明显的，我认为设计师就应该从城市设计的角度把景观优先作为最重要的设计理念。对于环境的利用、景观的营造，我觉得像画家用画布和原料画出美丽风景画的创造过程。为了把景观做好，我在设计阶段反反复复去了十多次鲁朗工地，每次从不同的角度进行思考。大的景观策略上最重要的考虑就是：什么地方是可以建设，什么地方是绝对不能建设的，什么地方是要作为景观保护下来，什么地方要建设与自然景观相对应的区域，这些区域和大自然要产生怎样的互动，如何共同创造出一种人和自然景观的对话。

形态完整

提倡城市设计为先导还有一个很重要的目标就是"形态完整"。这可以说是一个决定小镇成败的因素。我认为，做小镇城市设计的初期，就需要对总体形态有一个大的策略，包括形态应该如何布局，要产生一种什么样的形态特征，取得什么样的形态效果。这就涉及要做出什么样的一种"形"出来，然后在这种"形"的基础上再思考其他的内容。"形"包括整体的一种空间形态，比如什么地方要有什么样的建筑形态，什么地方要留出给树木花草，什么地方要形成公共空间，什么地方要形成水系或者保护原来的水系等。

形态完整的方方面面都需要一开始通过城市设计进行考虑，这就需要到现场设计。我自己非常重视现场设计，并用手工模型帮助研究空间形态的变化。鲁朗国际旅游小镇设计一开始，我就确立了小镇在形态方面的特征是"西藏的"，然后是"现代的"，最后是"生态的"和"时尚的"。这四个概念就是对形态的一种描述，是我希望看到的鲁朗国际旅游小镇建成以后所展现的画面。在我看来，"以城市设计为先导"就是要先把小镇的整体形态概括提炼出来。形态的布局促使设计团队根据西藏的传统建筑语言体系，包括屋顶、墙体和门窗这些建筑形态的基本要素，对建筑形式和风格进行更为深入的思考。

地域性
原创性
艺术性

借助当地自然元素，用自然复原自然，再造生态美景。充分考虑当地的自然气候条件，在设计房屋时尽量本土化，采用鲁朗当地的石材和木材，将工布藏族传统建筑用现代方式表达。

鲁朗国际旅游小镇在设计上为尊重当地传统，建筑外墙的做法至关重要，中区鲁朗恒大国际酒店主楼和鲁朗表演艺术中心等重点建筑的墙体都是用石材砌筑之后，再在墙体外面刷白浆。用水泥砂浆抹面做出凹凸效果，再整体抹白水泥混合物。可以看出，鲁朗的房屋就是自然的造化，寓自然于建筑之中，鲁朗建筑也变得更加自然化。

为了真切地表现藏式建筑文化，设计团队聘请了当地300多个藏民，专门负责鲁朗国际旅游小镇门窗的图案描绘。当地牧民代表西藏民间本土的审美理念，更能表现藏式图腾的美学价值。此外，当地民居建筑将藏式文化风格融入其中，融入了更多的艺术性，并综合现代建筑艺术，创新出一种全新的藏式建筑。

我和团队在设计过程中一直强调艺术性，这是鲁朗国际旅游小镇最大的价值。从鲁朗国际旅游小镇外观可知，设计更倾向于材料的地方特色和简洁的形态，秉承藏族传统建筑学特色，在形态上继承藏族建筑艺术元素，比如建筑门窗、色彩、外立面、斜墙，力求做到与传统文化的融合。

在鲁朗国际旅游小镇的设计过程中，公共建筑和酒店主楼采用了西藏古典建筑风格；而普通客房、商业步行街，则采用了民居的建筑语言。在施工过程中，尽量采用传统工艺最原真性的建筑，并在此基础上不断实现设计的突破与创新。现在，无论是鲁朗小学和美术馆，还是游客接待中心，都是从没见过的新建筑，又保留了西藏文化元素。

西藏建筑四大艺术元素——光、色、空间和图腾

鲁朗国际旅游小镇设计过程中，我在积极吸取其他地区优秀艺术元素的基础上，总结出西藏传统建筑"光""色""空间""图腾"四大艺术元素，并对四大艺术元素进行创新性的继承和发扬，通过新技术的运用实践，使传统艺术元素更适合新时代的发展。

光具有领域性、引导性、聚焦性、语言性等特点，对于空间氛围的营造具有独特的作用。鲁朗国际旅游小镇藏式建筑就像错落的音符演奏着各种音乐，有的粗犷、有的细腻、有的现代、有的古朴。建筑的选址、建筑的用材等较好地适应了雪域高原的自然环境和气候条件，体现了"天人合一"的理念，在平面布局、立面造型、力学构造、材料选用等方面，独具一格，折射出立体灵动、忽明忽暗的光线。

在设计中，设计团队不仅创造性地将传统建筑色彩、图腾和构造在建筑外部形象上充分表现出来，同时十分强调光的诗意地运用：通过天窗、回廊式空间以创造性的手法引入自然光，结合现代照明技术，营造静谧而富有西藏民族风情的空间氛围。

西藏传统建筑色彩中，红色为护法色，象征权利，逐渐演变成为高等级建筑的尊贵用色，仅用于寺院护法殿、灵塔等建筑外墙；白色是运用最普遍、象征吉祥的色彩，土黄色是一般民居夯土墙的材料原色。西藏传统色彩层级关系十分明确，按级别高低依次为：金色—红色—白色—土黄色。鲁朗国际旅游小镇遵循西藏传统建筑色彩的等级关系及象征意义，运用红色、白色、土黄色强化建筑群体之间的等级观念、结构逻辑和时空关系。

建筑群体之间的色彩运用结合现代功能，灵活、创新性地诠释了西藏建筑色彩红色、白色、土黄色的内涵。"祈福塔"精神空间对应红色，高等级酒店对应白色，一般客房对应夯土墙的土黄色。同时，一般酒店（土黄色）围绕高等级酒店（白色）布置，也朝向精神性空间——祈福塔（红色），运用色彩表达出建筑

之间的空间秩序，巧妙地通过色彩设计传达了建筑等级观念，强化了建筑之间的空间关系。

藏式建筑非常注重建筑色彩的一体化，由于白墙、黑色门窗框、香布帘和嘛尼堆，以及小嘛尼杆上的彩色经旗等共性，使得整个建筑群体的色彩达到了一种和谐统一，呈现出和谐之美。

鲁朗国际旅游小镇的建筑色彩与周围环境相互呼应，遵循了西藏传统建筑色彩与环境的关系——既与环境形成鲜明对比，又与环境色彩调和。一方面，大面积的白色、部分土黄色以及木材原色，与当地四季缤纷绚烂的色彩形成强烈的视觉对比；另一方面，建筑细部装饰色彩广泛应用环境中大量存在的红色系、黄色系、蓝色系以及绿色系等高彩度色彩，与环境达成高度的呼应与协调。

鲁朗国际旅游小镇的空间设计体现了对西藏自然地理和人文地理的深刻理解，对西藏传统建筑学作出了最集中、最完美的现代诠释。

在空间布局上，设计遵循工布藏式城镇的组织方式，提炼工布建筑艺术元素，采用"回"字形、"凹"字形和"L"形建筑平面；在空间组合上，设计采用主体空间式、序列空间式与组合空间式三种组合方式，同时形成了宽窄相间、收放自如、曲折多变的自然街巷；在建筑形态上，设计采用大比例双坡、四坡屋顶，打

造"第五立面"，墙体设计为收分墙、边玛草墙和地垄墙，形成丰富多变的建筑立面。

依托基地的地形地貌，在原有河流、湿地的基础上适度拓宽，形成人工湖面（鲁朗湖）；旅游服务组团环湖布置，以湖面作为媒介，串联组团内的各个分区，构筑以鲁朗湖和湿地为核心的城市空间结构，形成"山、水、城"相互渗透的景观格局。

此外，采取生态小组团式单元结构，预留生态绿廊进行区隔，形成小镇雅屹河滨河带、林卡公园、草甸和湿地生态骨架。

西藏传统建筑的装饰图案有着深厚的文化背景，例如寺庙核心建筑屋顶中部的法轮、法鹿等。在现代诠释中，设计团队避免将纯粹代表宗教意义的装饰构件应用于现代建筑创作，重点借鉴了具有藏民族风格的传统建筑装饰。

西藏传统建筑语言研究与创新

在研究林芝传统建筑学时，我发现了一个关键问题——林芝地区现在找不到古典建筑学（classical architecture）这种语言体系。一开始我想借助日喀则和拉萨地区的宫殿式建筑和寺院建筑作为古典建筑学体系放到鲁朗国际旅游小镇设计里面，但在建筑语言体系上却产生了很大的偏差。问题在于这两种建筑语言体系在地域方面是有差别的，这是后来通过研究与实践才慢慢发现的。

后来在考察周边地区的过程中，我发现不丹王国的建筑语言体系和林芝地区工布藏族的建筑语言体系有一种血脉关系。这一发现非常重要，因为它解决了一个长期困扰我的问题，就是如何建立起一个完整的工布藏族建筑学。

林芝工布藏族有两种语言体系，一个是classical体系，另外一个是vernacular体系。这个问题在考察完不丹建筑后得到了一个结论，就是可以在不丹的宫殿建筑和寺庙建筑中找到林芝地区消失的古典建筑学。由于这个结论的产生，使得我在鲁朗国际旅游小镇整体方案上有了一次重大的方案调整。实际上之前的方案已经通过了专家评审，也受到了西藏自治区和广东省政府的肯定，但是从建筑专业角度我觉得还需要实现林芝地域藏族建筑文化特征，要保证地域文化的延续性和地域建筑学的原真性。

那么如何理解古典建筑学这个语言体系在林芝地区的表现形态呢？在不丹的历史建筑当中我找到了完整的建筑语言体系。比如说不丹的冬宫是现在保存下来的比较完整的一个宫殿式建筑语言体系，而不丹的民居则是vernacular民间语言体系，它和林芝地区的藏族建筑语言体系有非常相近的地方。这就有点像考古新发现，我看出这两个建筑学语言体系在发展进程当中是有历史渊源的，但是我并没找到详尽的理论依据，因为现在保留下来的林芝地区的宫殿和寺院式建筑只剩下遗址，缺少图文资料的历史记载，但是从民居的血脉关系来推断，我发现不丹和林芝这两个建筑语言体系是一脉相承的，也就是说可以用现有的保存完好的不丹语言体系来补充林芝已经消失的工布藏族古典建筑学。

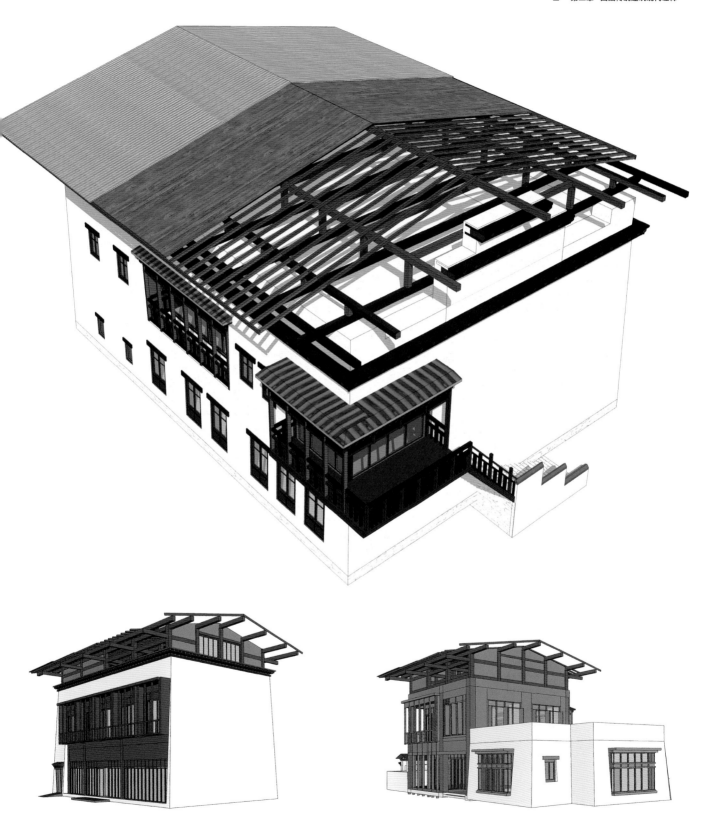

林芝工布藏族建筑语言体系对之后的建筑形态设计有非常大的帮助，从鲁朗政务中心就可以清楚地看到，设计团队所依据的语言体系，与工布藏族地区的古典建筑语言和不丹宫殿式建筑语言体系，在血脉关系上的关联。不丹宫殿式建筑主要特征是攒尖的运用，重檐攒尖和三重檐攒尖作为宫殿式建筑屋顶的最高形制。

这一发现吻合了设计团队在鲁朗国际旅游小镇设计过程当中在语言体系方面所对应的设计策略。我和设计团队更改了政务中心的屋顶形式，政务中心大楼是属于古典建筑体系的，它是一个政府行政办公楼。在鲁朗镇规划建设的整个片区内，政务中心的形制应该是最高的，所以它的建筑高度和屋顶形制应采用重檐攒尖这种最高等级的建筑语言来表现。设计团队首先完成了政务中心大楼方案设计调改，并取得了比较大的成功，这给予了其他建筑设计很大鼓励，后来恒大、保利和珠江的项目，在设计方案上均采用了同样的方法，在处于中心位置的主体建筑设计上采用重檐攒尖屋顶。

需要特别指出的是，林芝工布建筑和日喀则、拉萨的古典建筑有一个本质上的差别，就是大昭寺和布达拉宫的屋顶是采用了歇山和重檐歇山作为最高的形制，比如大昭寺的正殿就是采用的重檐歇山的金顶。在大昭寺和布达拉宫没有看到重檐攒尖，这说明了两种建筑语言体系有本质上的差别，也反映了不同的地缘特征。因为藏北的建筑，特别是拉萨和日喀则建筑的屋顶形式很大程度上是来源于中国北方汉族地区的古典建筑，受到内地北方寺院建筑的影响，其语言体系可能与之前西藏地区和中国北方汉族地区，特别是山西、陕西以及河北的建筑交流有一定的关系。

一个很有意思的现象就是在汉族地区，宫殿式建筑语言当中最高的形制实际上是重檐庑殿。现存最著名的三个重檐庑殿是北京故宫的太和殿，其在古典建筑语言当中形制是最高的，但西藏并没有选择庑殿作为布达拉宫和大昭寺的最高形制，而是选用了仅次于重檐庑殿的形制，也就是重檐歇山。

陈可石教授在研究鲁朗国际旅游小镇设计模型

由于重檐歇山在工布藏族建筑语言体系当中承担了最高形制的代表，因此设计团队在之后的设计过程当中采用了三重檐攒尖作为最高形制，然后是重檐攒尖，最后是单重檐攒尖作为三个等级来表达。鲁朗恒大国际酒店的主体建筑采用两个重檐攒尖，在其他的建筑当中也采用了这个形制，比如说鲁朗表演艺术中心。它应该是在中区最高形制的代表，为了突出它作为鲁朗国际旅游小镇里面最重要的一处建筑，不但采用了重檐攒尖，而且在重檐攒尖下面加上了一个两坡顶。

在研究林芝的民居语言体系时，还有一个地区的建筑语言体系与林芝相接近，就是云南中甸藏区民居，同样也有一个特点就是用很厚重的夯土墙，二坡顶很平而且挑檐非常大，其特点说明在语言体系当中中甸和林芝在建筑学语言方面有比较接近的地方。

鲁朗国际旅游小镇

鲁朗恒大国际酒店

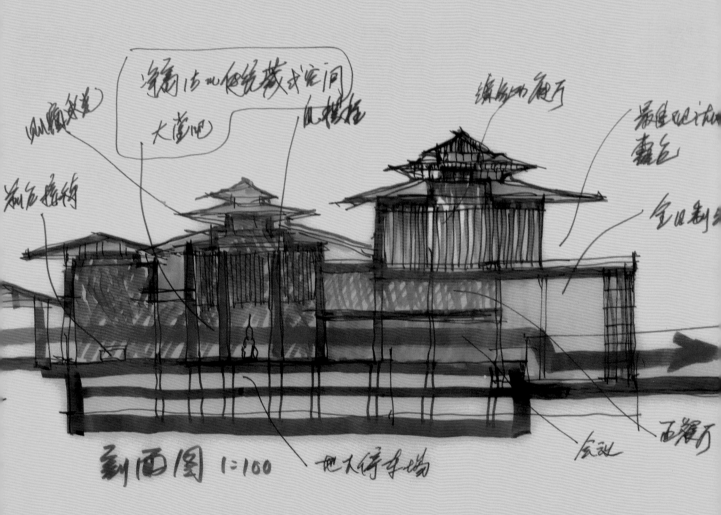

设计构思草图 陈可石

鲁朗国际旅游小镇中区鲁朗恒大国际酒店总建筑面积17230.06平方米，定位为五星级休闲度假酒店，位于中区的核心沿湖地带，远可眺望雪山，近可亲临湖面，有着完美的自然景观。酒店由主楼和院落式客房组成。经过各种勘察，为使主楼适应现有地形，并与传统相呼应，设计团队将形体构建成多样性组合体，将其设计与花街的表演艺术中心、中心广场，以及湖面的景观牌坊构成轴线关系。在酒店主楼的设计过程中，为体现设计的地域性，没有采取一般的五星级酒店的大坡道、大雨篷的

设计形式，而是以精致的藏式木楼梯的设计取代主入口处的雨篷设计。西藏有代表性的公共建筑，游人需要走一段楼梯才进入建筑主体，文化意指爬楼梯的过程也是心灵净化的过程。我如此设计的用意，主要是让游人从进入酒店的那一刻开始，就能亲身体验到藏式建筑的魅力。

游人通过广场的过渡，来到主楼的入口平台，由具有地域性的藏式木楼梯进入建筑主体。一层主要由大堂及公共部分组成，将大堂设计成

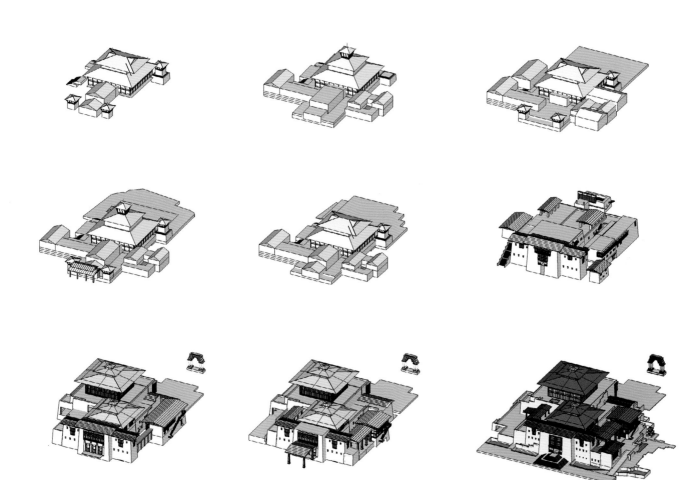

传统四坡顶的塔状建筑，这是主楼的精神象征；通过对光的运用，使室内的光影与空间产生直接互动，营造出神秘宁静的气氛。另一端，全日餐厅占据了建筑沿湖景观面，设计大面积的玻璃幕墙保证了视线的通透，远眺雪山，近观湖景，明亮和愉悦的氛围油然而生；餐厅外设计了亲水平台，是让有兴趣戏水的游人可以跟大自然来个亲密接触；建筑的顶层设计成特色餐厅，除了拥有特色景观之外，窗外的雪山与湖泊予人以宁静与安详。垂直交通的多样处理也是主楼的一大特色，通过藏式楼梯将不同楼层的观景平台相互联系，让游客从不同的层面去体验建筑的魅力。

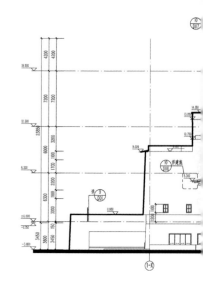

建筑适应现有场地，强调地域特色。院落式客房分组沿湖布置，每个组团采用前厅后院的围合布局，并构建了多样化的形体组合，跟主楼一致。客房分等级围绕院落向心布局，内部强调私密性，外部开敞引入景观。在建筑内部，经过入口门厅的过渡后进入建筑主体。设计团队对传统院落空间的设计思路是，让院落成为内外空间的交换场所，也成为天人合一的精神空间。在夜幕下，院落也是活动聚会的场所，伴着动人的音乐和暖人的篝火，体验不同的西藏风情。

设计构思草图 陈可石

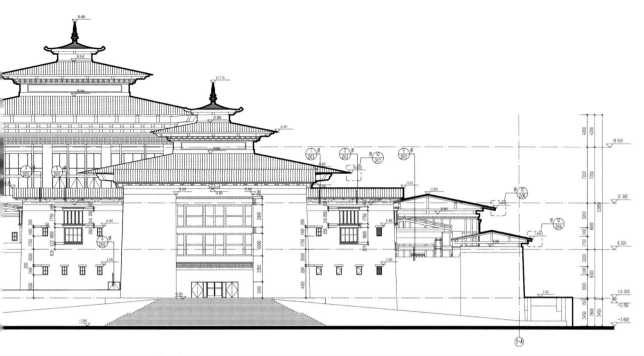

①-X—①-A 立面图 1:150

设计团队确立鲁朗恒大国际酒店的设计理念是"地域性、艺术性、形态完整"。为了使方案更具当地特色，无论是在建筑选材，还是在墙身和屋顶的做法上，都有着严格的要求。

在建筑墙体材料的采用上，为了体现建筑的地域性，呼应当地传统建筑，鲁朗恒大国际酒店墙体石材砌筑采用的是当地自然石材，颜色不限，石材为自然边，非机器切割，先将石材大小搭配砌筑，然后在石材面层抹白水泥（内掺腻子粉、胶、白水泥），最后外刷白色外墙漆，通过对上述细节的控制及现场施工的指导，酒店墙体的最终效果得到保证，石材墙体特有的厚重及藏式建筑的粗犷大气完全体现了出来。

酒店立面还大量运用了当地的传统材料——木材。经过调查研究，设计团队发现类似于仿木质感涂料完全达不到设计要求，而且门头装饰构件是最能体现细节，展现西藏特色的，因此设计方案坚持使用木材，禁止使用仿木质感涂料。门窗框料也优先采用木质，严禁使用塑钢。使用传统材料，保证了建筑的地域特色。

完工后的鲁朗恒大酒店餐厅

鲁朗国际旅游小镇

鲁朗美术馆

鲁朗美术馆是一个非常现代和与众不同的建筑形体，这是我在欧洲旅行时得到的经验。很多欧洲小镇的博物馆和美术馆采用全新的建筑表达技法，比如采用钢结构和大玻璃与传统的木结构建筑形成强烈对比。设计鲁朗美术馆时有意在中区设计一个现代版红色墙面的展览区。在中区广场上需要有一个建筑作为广场的核心，视觉上美术馆应该给大家一种焕然一新的视觉感受，因此有意把美术馆设计成一个反其道而行之的建筑。这个美术馆是80%的现代，余下20%再考虑如何表达西藏艺术元素。

鲁朗国际旅游小镇首先从城市设计的角度考虑是成败的关键，因为只有从整体上对这个旅游小镇的形态有所考虑才会具体去研究每一个建筑在这个完整的小镇形态中扮演一个什么样的角色，有多少比例的建筑要承担普通的角色，有多少比例的建筑要脱颖而出。

创新是人的一种本性的追求，所以在鲁朗国际旅游小镇整体上我希望有约20%的建筑给人一种全新的感觉，这就是为什么今天去看鲁朗国际旅游小镇会感到可观性比较强、不沉闷的原因。

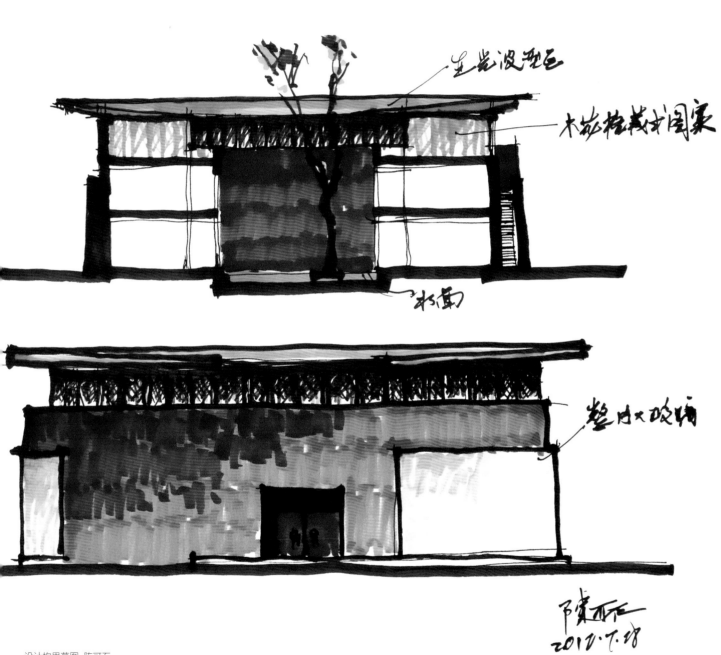

设计构思草图 陈可石

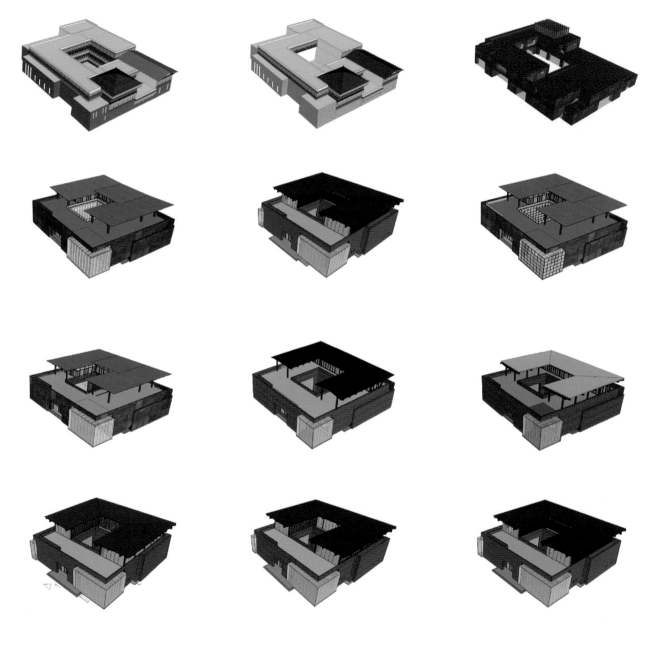

鲁朗美术馆方案设计过程图

新的建筑并不是完全没有依据的、一种从天而降的建筑，它们和工布藏族的建筑传统有一种血脉的联系。这20％的继承我理解是一种抽象的设计，是一种对传统建筑语言的高度提炼，也是设计师对原创提出的一个更高的要求。

在我看来，新兴的功能，比如说美术馆、现代摄影展览馆、游客接待中心、规划展览馆和小学等应该有一种非常独特的现代建筑表达。

鲁朗国际旅游小镇

鲁朗表演艺术中心

鲁朗表演艺术中心总建筑面积8760.18平方米，由藏戏表演艺术剧场和现代摄影展览馆两个部分构成，是鲁朗恒大国际酒店在这个区域最重要的建筑，也是中区体量最大的单体建筑。作为坐落在中央广场周边建筑群中的重要建筑，其位置坐西朝东，正好在中央广场上形成一个轴线关系。在建筑布局上是以主楼的方式来考虑的。

鲁朗表演艺术中心体验的是传统与现代的交汇和融合。确定设计鲁朗表演艺术中心时，鲁朗国际旅游小镇已经部分完成了建筑设计，设计团队有了一些经验的积累。但是这个项目还是一个新的挑战。首先，在定位上，作为旅游小镇重要的文化建筑，必须在反映出传统的文化特色的同时还要表达发展的愿望。其次，在功能上，除了演艺大厅，还具备展览和部分高端餐饮的功能，流线相对复杂。在经过了长时间的推敲之后，终于确定了突破口——石材与玻璃的强烈对比，现代建筑表达中，石材和玻璃

经常一起使用，而鲁朗当地的石材墙面倾斜、敦实，如果再加上玻璃体的元素，那必然形成强烈的视觉冲击力。同时，丰富的体量组合结合复杂的功能布局，形式与功能形成了一致。

鲁朗表演艺术中心布局灵活自由，高低错落，体现自由生长、非对称、围合院的布局风格，墙体为西藏传统的斜墙，体现出藏式传统建筑结构坚固稳定；整个建筑高低错落，层次丰富，同时强调出主体建筑，给予一定的引导性。建筑围合形成不同的庭院空间，自然围合的内院，创造富有禅意的空间。各建筑以丰富的空间变化，传统建筑语言，创造具有深厚地域与民族特色的空间。

鲁朗表演艺术中心立面设计采用西藏传统建筑的元素，墙体采用白色作为主要色调，建筑门窗皆采用西藏当地的木质门窗，装饰极具民族特色的花纹，屋顶采用木构架承屋结构系统，整个设计充分表现出独特的地域特征。

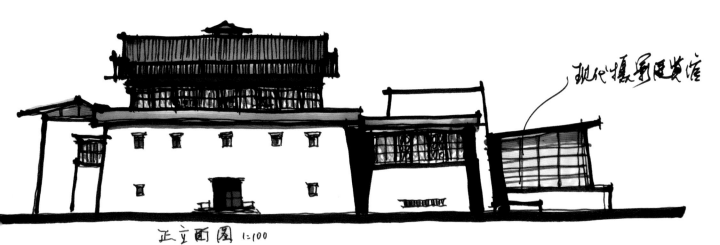

现代摄影展览馆

正立面图 1:100

设计构思草图 陈可石

藏戏表演艺术是一种传统方式的非物质文化，而半岛式舞池则是中国传统戏剧典型的一种布局方式。因此，在舞台设计上采用了半岛式舞台和下沉式舞台相结合的方式。表演者可以在半岛的舞台上面表演，也可以走下来，走到下沉式的舞池里表演，这一设计很接近伦敦莎士比亚剧场的做法，比较有利于游客和演员在这个空间中充分体会到传统藏族表演艺术的特征。

在现代摄影展览馆部分，特意采用了钢结构来体现现代摄影这种新题材。和藏戏的空间不同，它更希望表达的是一种现代的空间感受。设计团队采用了钢结构和大片的玻璃，希望这个组合能够在传统和现代、封闭和开敞中取得平衡。

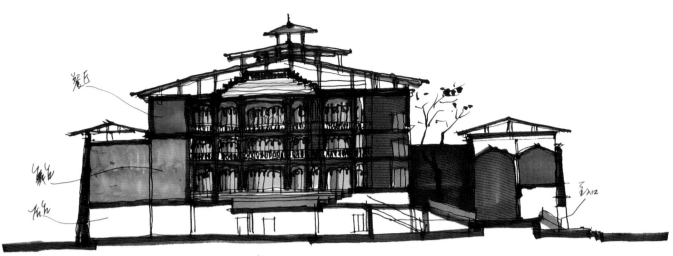

剖面图 1:100

设计构思草图 陈可石

藏式表演艺术中心正立面 1:200

藏式表演艺术中心南立面 1:200

陈可石
2012.9.7

为了区别于藏式演艺建筑，该建筑采用了厚重的墙体，墙体本身也是一个单跑楼梯，一直到了二层，然后再从二层进入到展览大厅，从展览大厅的二层平台进入到展览大厅的一层，形成一种空间上的体验。这些廊道、楼梯间和整个过程创造了一种富有变化的空间，它的墙面上也是展览空间，这些都是表达藏式建筑的一些手法，特别是楼梯间，是藏式建筑浓墨重彩的地方。楼梯间和光的效果结合在一起，使光影的变化和空间上的立体感能够体现出来。

在室内设计上，经过仔细研究，设计团队采用印象派和时尚品牌中使用较多的柠檬黄、粉绿这样的颜色，借以表达传统西藏的颜色符号。

另外，屋顶采用林芝地区工布藏族的三坡。由于它的形制比较高，根据传统建筑的做法，它一定是三重檐，设计团队做成三重檐再加一个顶，四重檐。这样在整个鲁朗建筑中形成了一个最高的形制。

鲁朗国际旅游小镇

鲁朗珠江国际度假酒店

鲁朗珠江国际度假酒店是鲁朗国际旅游小镇唯一的宫殿式五星级度假酒店。宏伟的酒店主体、华丽的会所、庄严的金色佛堂，游客在鲁朗珠江国际度假酒店可以深刻感受与体会到雪域高原的神秘与圣洁。

酒店项目位于鲁朗国际旅游小镇南区，规划总用地面积13公顷，总建筑面积2.7万平方米，酒店总共拥有120间客房和7间套房。酒店东临鲁朗湖，西靠被誉为"中国最美景观大道"的318国道，近可依水欣赏田园牧歌风光，远可眺望林海雪山，拥有完美的自然景观。

鲁朗珠江国际度假酒店建筑是我们在有着严格的规划条件限制与建筑风格要求的情况下，进行的一次有策略的适度创新和突破。酒店的设计立足于西藏传统文化，力求以独具特色的藏式宫殿和院落空间，以及与众不同的设计细节，使其在鲁朗众多的豪华度假酒店中独树一帜，赢得游客和度假者的青睐。

设计构思草图 陈可石

建筑本身就是一种空间的艺术，而作为讲求品位与居住感受的度假酒店，空间的艺术性尤为重要。我们吸取传统藏式宫殿式建筑的代表性石砌墙体、传统木构门窗和四坡屋顶等建筑特色，以当地的木材、石材为主要建造和装饰材料，采用木质门框、窗框、地板、装饰柱等建筑构件，体现当地原生态的生活环境；石材主要运用于建筑基座、商业界面、花池、室外路面等处，突出建筑与自然地面的联系，体现建筑自然生长并与自然融合的感受；搭配玻璃、涂料等新型材料，采用现代手法演绎和提升区域时尚感，塑造符合藏式民族特色，又不失现代风格的独特建筑形式。

鲁朗珠江国际度假酒店以一条面向鲁朗湖和南迦巴瓦雪山的临水景观主轴线，连接了会所、宫殿式酒店及商业区。酒店由主楼和院落式客房组成，入口处为大水池，与入口大堂佛塔塔楼交相辉映，仿佛整座酒店都矗立于水上。入口庭院的水景向内延伸，引导客人进入水上连廊通往大堂，廊桥踱步也别有一番滋味；站在酒店主楼前，眺望古朴塔楼，气势恢宏，十分壮观。

整个酒店建筑以佛塔为核心，向四周展开，按照"闹静分区"的原则，餐饮宴会区和客房区分开布置于南北两个庭院，往南为后勤、餐厅、娱乐和会议区，餐厅除了提供美食，还特别重视对视觉景观与环境的营造。

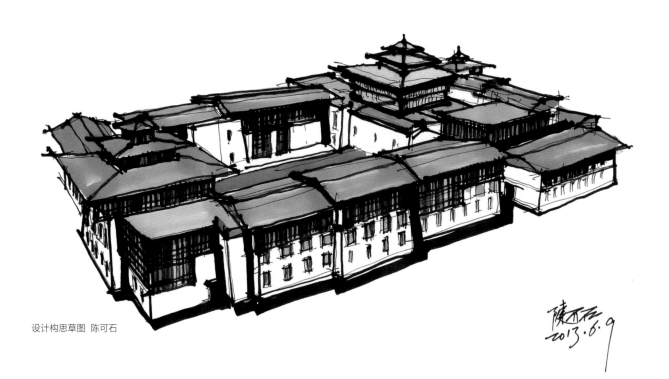

设计构思草图 陈可石

陈可石
2013.6.9

北边是客房区，呈环抱之势围绕形成内院，庭院景观、藏式建筑和高耸佛塔结合当地林海雪山背景，呈现出丰富的层次效果。对于大型酒店而言，主体建筑不同部分保持不同的朝向，可以为不同区域的客房带来不同方向的景观视野。沿着弯折的廊道前行，呈现给客人不同特点的建筑空间，让客人在廊道的行走中逐步远离喧嚣，享受一个安静、放松和安全的居住空间。

酒店的东侧拥有大面积的临湖空间作为景观广场，是区内重要的景观展示区，也是酒店的第一重庭院。这充分利用鲁朗湖天然护岸环境，设立滨水漫步栈道和亲水平台，拉近游客和雪山融化的河水的距离，打造层次丰富的滨水景观空间。第二重庭院由一条四面回廊环绕而成，经过第一重庭院的过滤，更深处的第二重庭院的氛围愈显宁静安详，令人进入一种超凡脱俗、宁静致远的境界。

酒店南部是商业区，主营藏式特色商品和民俗餐饮，满足广大游客购物、休闲与饮食的需求。商业区为小体量木构坡屋顶造型，采用了藏式建筑的门窗、尖顶方塔等元素，形成丰富的建筑形态，突出藏式建筑特点。酒店与商业街之间以特色景观形式衔接，景观小品和小型绿地形成最柔和的过渡带，是游客闲暇休憩、观湖赏景的最佳场所。

酒店北侧矗立着高端会所，使酒店整体圣洁宁静的意境得到升华。会所濒临雅屹河和鲁朗湖，两面环水，与周边环境融为一体，建筑圣洁大气，是藏式建筑风貌的核心体现，也是游客观光、高级娱乐、养生体验的目的地。

旅游度假酒店的文化创造，要掌握当地旅游度假资源的本质特征，并将顾客所需的度假特质加以提炼、包装，并融合到酒店的服务产品中去，才可形成酒店独特的文化，体现出生态、环保、天人合一的文化感受。旅游区整体空间形态和景观布置均以游客的使用要求以及城市环境的景观要求为重点，采用点、线、面结合的手法最大程度利用藏区本身的特色资源，使建筑物与自然景观相互渗透，形成协调、和谐的空间格局，为游客提供舒适高雅并具有地域生活气息的传统藏式建筑群体和视野开阔、层次丰富、宁静安详的游赏体验。

鲁朗珠江国际度假酒店大堂设计，体现了西藏建筑空间的核心特质，它充分体现出西藏建筑艺术的特征，特别是天窗的阳光从四坡顶底下的下沿从四个立柱间射进来是典型的西藏意象。酒店大堂首先是在东面的休息空间等待入住办理手续，这样游客到了酒店的第一个印象就是通过酒店的落地窗看到鲁朗的雪山和湖面。这样的景色和体验非常令人震撼。

鲁朗珠江国际度假酒店和政务中心的体量正好相互呼应。最抢镜的也是这种高矮不一、双坡和四坡屋顶构成的画面感。同时，底层小、二层中等、顶层最大的窗户形式倒逼设计把每层的客房做出差异化，最高档的客房设置在顶楼。设计中这个建筑把经堂作为一个很重要的建筑空间，放在酒店的正中央。经堂可以成为酒店的一个重要的公共空间，可以作为图书馆，也可以作为祈祷的场所。

鲁朗国际旅游小镇

藏式养生古堡

在藏式养生古堡设计中，我们力求让藏式养生古堡与自然环境之间形成和谐的对话。在尊重周围环境和资源的基础上，继承和发展藏族传统建筑艺术，赋予藏式养生古堡现代生活的必备要素，体现其所在的价值。古堡临近鲁朗珠江国际度假酒店东侧，总用地面积2057.27平方米，与鲁朗珠江国际度假酒店主楼和鲁朗恒大国际酒店主楼遥相呼应。

藏式养生古堡整体设计成一个城堡的形式，以围合的形式布局，坐落于湖泊中。外看似个孤岛，内部却是另一个小天地，其与岸上密集的建筑群分隔，有足够强的私密性，成为极具神秘色彩的建筑物，有一种可望而不可即的感觉；整个鲁朗国际旅游小镇的自然人文环境得天独厚，加上围绕古堡四周的湖泊，沉沉的湖水，美得如诗如画，宛如人间仙境。

设计构思草图 陈可石

藏式养生古堡既是整个小镇的一个景观，也可从藏式养生古堡的平台上回看鲁朗国际旅游小镇，将来可能是一个很重要的游客参观项目。

藏式养生古堡的设计，源于藏北建筑的元素，也融合了古堡的一些形态特征。在设计上，我尝试把藏式建筑和欧洲的古堡做一个融合，产生一种新的建筑形态。从整个布局上看，它是在鲁朗国际旅游小镇南边很开阔的一个重要位置；从它的形态来说，它是唯一一个带有一些欧式做法的建筑。当然，团队在设计鲁朗塔桥时，也吸取了一些欧洲石拱桥的设计，参考了在法国的一座石桥的做法。

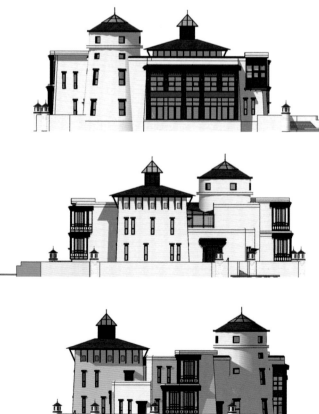

立面设计采用西藏传统建筑的元素，白色为建筑立面的主色调，门窗采用极具当地特色的木门窗，饰以传统特色花纹，屋顶有平屋顶、坡屋顶等。墙面色彩的轻盈、门窗细节色彩的跳跃以及屋顶色彩的沉稳，在立面上形成了和谐的色彩旋律。建筑立面的形状呈现圆、方的对比，使建筑在传承西藏传统建筑文化的同时赋予了新的时代审美特征，体现了设计的原创性、艺术性和地域性。

一层主要设置为接待和洗浴功能，其中接待作为整个建筑的主要空间，充当了公共空间和交通枢纽。在设计上通过大面积玻璃窗将采光透过传统藏式楼梯上的中空部分，使藏药展厅的空间更具韵味。二层主要设置为套房、藏式茶饮等服务设施，中间设有中庭花园作为开放的公共空间。局部高出的部分作为别墅为宾客提供更为独特的私密空间。在藏式养生古堡休息时，一边品尝草本香茗，一边欣赏俊美山景，聆听与自然沟通的声音，享受静谧的时光。

鲁朗国际旅游小镇

鲁朗镇商业街

根据广东援藏部门和项目组商议的结果，在鲁朗国际旅游小镇的南边另寻一块大约10公顷的空地，建设一个新的鲁朗镇。除了政务中心以外，商业街的建设对于鲁朗镇非常重要。回迁的牧民需要有可持续的生活方式，设计的目的是希望商业街的建成为当地牧民提供可持续生活的物质保障。设计之中需要为原住民考虑不只是还给他们有效的建筑物业面积，更重要的是让他们成为旅游小镇投资的直接受益人，能够在旅游小镇里面可持续地生活。

鲁朗镇商业街按照传统民居的布局和表达方式进行设计，强调出建筑语言的统一性，并在统一中追求多变，形成多元的表达。我在设计鲁朗镇商业街时，特别注重商业街传统的、有机的生长方式，按照有机的空间布局和建筑形态来进行设计。为此我做了多轮设计草图，仔细推敲研究广场的各个角度。在设计过程中，公共空间设计是很重要的一个因素，我特别地强调了水系在商业街的作用，设计了一条流经商业街的水道，这对于带动商业街的空间流动性和创造一种生动的气氛有很大的帮助。

门装饰构件立面色彩设计

设计构思草图 陈可石

鲁朗镇商业街重点营造了一条庭院式特色街道，通过空间与阵列的组合形成独特的旅游体验。建筑造型大致相同，临街道面以门窗形成序列，给游客强烈的街道延续感；临院落面以随机的立面组件排列形式突出自然、休闲的意境，使游客能在清新自然的氛围中完成购物休闲活动，达到身心放松的效果。

方案设计在商业街的北面安排了一个广场，这个广场和政府行政楼的前广场是连在一起的，从而形成了一个特别开阔的广场空间。西藏建筑在空间组织上首先是精神需求上的考虑，按照现代建筑对于空间的概念，很难理解西藏建筑空间实际上是一种对于神与人关系的追溯。这是一种精神层面的空间，这种空间的表达是一种人与神的对话，所以在设计这两个广场时设计团队特别考虑到了西藏传统的宇宙观对空间的理解。

栏杆、柱子装饰构件立面色彩设计

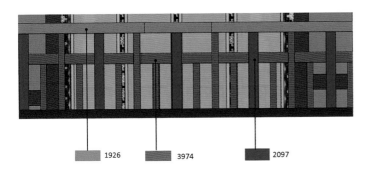

1926   3974   2097

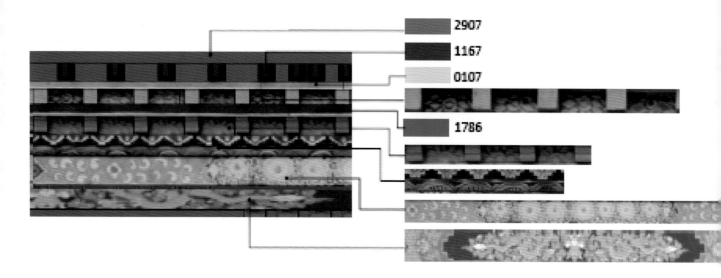

2907

1167

0107

1786

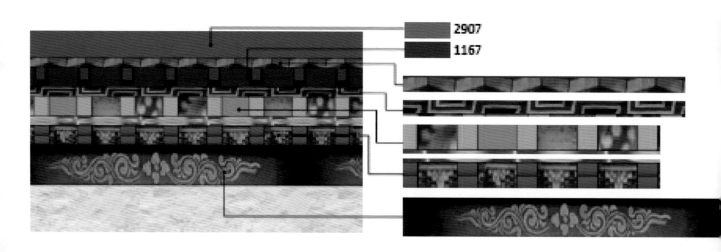

2907

1167

为了让广场和商业街有一个空间的分割,我做了一个门楼,对广场和商业街空间进行了分割。进入到商业街以后有四个主要的广场设置在商业街的中部,相隔100米左右,广场在空间形态上的安排也有所不同,从而形成了一个广场系统。商业街的建筑空间方面则是由17个院落组团形成。

鲁朗国际旅游小镇

鲁朗政务中心

鲁朗政务中心总建筑面积8209.97平方米，包含了镇政府行政办公、一站式服务大厅、法庭、派出所、文化广播、农推中心、乡镇职工保障房、卫生院、农业银行、电力邮政通信营业厅、消防站、公共厕所，为整个鲁朗国际旅游小镇正常运转提供公共服务配套。

鲁朗政务中心除了服务于约67公顷的鲁朗国际旅游小镇建设范围外，还包括罗布村（由朗木林村、崩巴才村和纳麦村组成）和扎西岗民俗村等8个行政村。鲁朗政务中心所在地原为村民挖沙的河滩地，镇区完整独立，地势平坦，靠近纳麦村和崩巴才村，西临鲁朗河，东靠山，北侧是湿地草甸和鲁朗湖。

设计构思草图 陈可石

正立面图 1:100

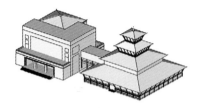
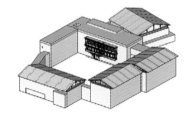
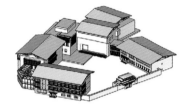

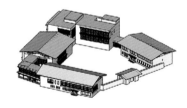

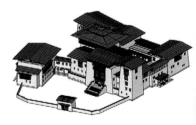

形体研究

四坡屋架颜色设计 (镇政府组团所有的四坡屋顶均参照此屋顶颜色)

四坡屋架颜色设计 (镇政府组团所有的四坡屋顶均参照此屋顶颜色)

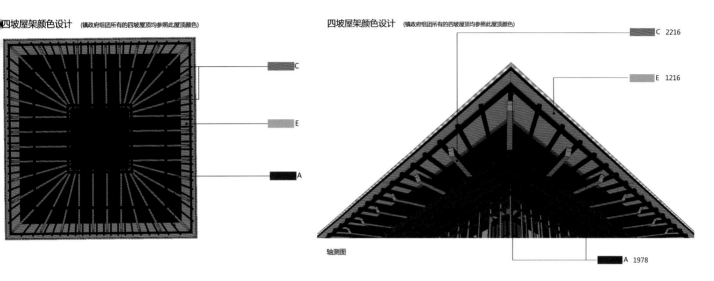

C

E

A

C 2216

E 1216

A 1978

轴测图

四坡屋架色彩设计

C 2216

E 1216

A 1978

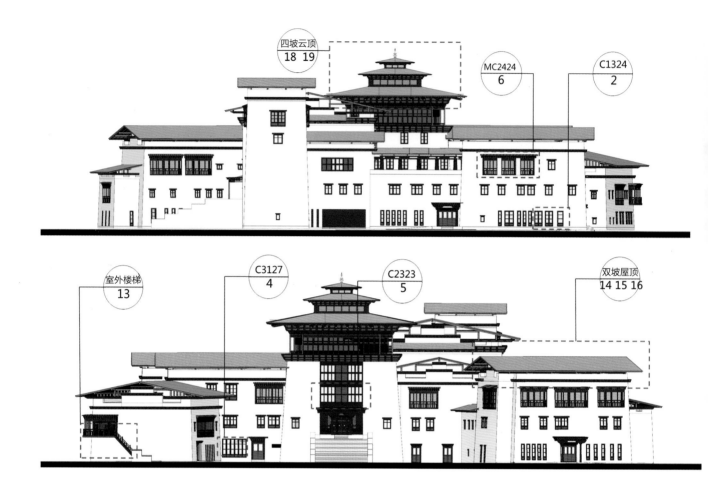

鲁朗政务中心组团设计时考虑到一站式服务大厅集中和对外功能较多，且方便居民使用，空间上多设置为大空间。镇政府办公楼和一站式服务大厅紧密相连，功能互补，镇政府、法庭、派出所、文化广播整体式设计，避免了独栋设计时设备设施空间的浪费，且互相之间有通道可抵达，为将来改造及使用上的多功能提供可能性。

工布藏族传统民居都有一个相对私密的院落，用木柴或石头砌筑，设计团队借鉴其空间组织形态，镇政府、法庭、派出所、文化广播共享一个院落空间，当地毛石砌筑院墙，在南侧设步行入口大门。镇政府组团的入口门厅在功能上是人员集中、疏散的区域，对外办公用房主要集中在一二层、便于向外部人员提供服务。内部办公用房主要集中在三四层，是政府人员的办公区域。此外，在文化站顶楼，为工作人员提供了环境优美、生态的用餐环境。

此区域是鲁朗镇区重要的精神空间节点，建筑立面设计采用传统藏式形制较高的公共建筑风格结合现代手法，利用西藏传统建筑在空间布局与立面造型上表现出灵活、不对称的特征。设计师在立面设计时精心安排建筑体量形态，采用木构架承屋结构系统，墙体采用收分斜墙，外廊局部采用灰空间的处理方式，充分考虑气候特征。建筑采用厚重墙体，除局部疏散楼梯外，主要楼梯均采用西藏"回"字形、"L"形和直跑楼梯。在主要公共空间、楼梯设置顶光，营造出西藏特有的光影效果。

我一直很喜欢西藏建筑的一个处理手法就是在建筑前面有一个大台阶能够直接上到二层。比如布达拉宫的白宫有一个楼梯是从外侧直接上到二层。在很多西藏建筑之中都可看到这种做法，从建筑学上来说是增加了建筑的雄伟感和仪式感，从空间上来说是一个非常重要的建筑空间序列的设计。因此，镇政府建筑的南侧和西侧都设有高大的台阶直接可以上到二层，二层是镇政府大堂，一层包括报告厅和车库。

色彩设计较为纯粹简洁，白色为主色调，然后是红色、黑色、绿色和土黄色。门窗多用原木色。外墙采用西藏传统建筑中的石砌外墙外刷白浆的做法。整体建筑设计体现出藏式传统建筑结构坚固稳定、形式多样的总体特征。

鲁朗国际旅游小镇

鲁朗游客接待中心和规划展览馆

在设计过程之中修改最多、耗时最长的是游客接待中心和规划展览馆。这个建筑原来是两个不同的建筑，一个是游客接待中心，另一个是规划展览馆。为了营造建筑前的一个广场而把两个建筑合起来考虑——这个广场在318国道的旁边，是游客最容易接近的公共空间。现在的建筑形态是两个分开的建筑中间有一个大的通廊并且上面的屋顶连在一起。

规划展览馆和游客接待中心都是全新的功能，我认为这个建筑的设计重点表现的是"现代的"这个概念，应该以一种全新的表述，塑造一个现代版的林芝工布建筑。游客接待中心和规划展览馆建筑设计一共出了19次修改方案，但还是不令人满意，我自己也非常困扰，因为这个建筑的位置很重要，却一直拿不出一个令人满意的设计方案。有一天我路过一个

工地，看见一台红色的龙门吊，就是在海港常见的那种吊车，巨大的红色梁柱使我产生了联想——能否用吊车的悬挑钢结构来表现林芝传统民居屋顶的那种飘逸感呢？正是基于这一灵感，做了现在的实施方案。这是一个非常重要的突破。除了屋顶外，这个建筑的墙身仍是采用林芝民居的传统处理手法，墙体是倾斜的，是一种很厚重的表达。屋顶虽然采用了钢结构，但是在设计上采用了长达10米的悬挑，并在屋顶和建筑的墙身之间进行了架空的处理，这是林芝传统民居屋顶建筑处理手法的一种全新表达。

鲁朗游客接待中心和规划展览馆建筑形态的创新性处理，完成了传统工布藏族建筑学现代表达在语言上的突破，是西藏传统建筑现代诠释的成功案例。

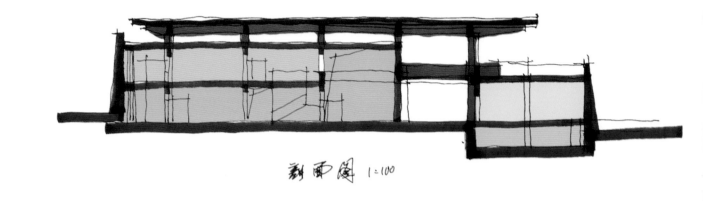

剖面图 1:100

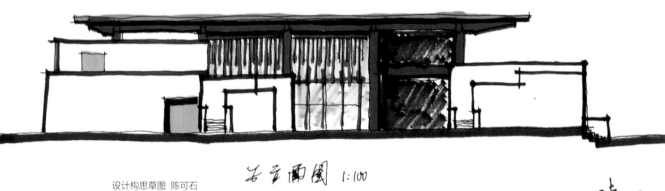

设计构思草图 陈可石

苦立面图 1:100

陈可石
2012. 9. 7

鲁朗国际旅游小镇

东久林场商住楼
与西区花街

位于鲁朗国际旅游小镇西区的东久林场五个院落式的商住建筑，一部分房子是返还给林场职工的，被设计成商住型，一层是商业，二层、三层局部用于居住，以后改建成游客接待、旅馆等其他一些功能。首层设置了商业和餐饮等，形成一条商业气氛浓厚的步行街——花街，使得西区成为功能齐全的后勤服务区。

东久林场商住组团五栋建筑的设计，我们参考了大昭寺周围八廓街的商住建筑。八廓街的每一个院落都是不平行的，有一定的错角，它的朝向一定不是统一的。特别值得一提的是八廓街的四合院内部空间围绕院落的布局，包括中庭、四合院天光和外部楼梯的处理。另外还有一些廊道，采用了充满变化的布局。借鉴八廓街的做法，东久林场宿舍组团的外立面和内院立面没有一个是重复的。每一个外立面、每一个内院立面都是富有变化、富有个性的，可读性比较强，甚至每一个窗子都不重复。设计力求做到体现出每一个院落在平面布局、空间布局和立面设计上的多元化。这种丰富性体现了西藏建筑和自然的关系，以及藏族的审美独特性。

装饰构件立面色彩设计

1978
2615

1786
1167

4814
1978

1786
1167

2934

1786
1167

装饰构件立面色彩设计

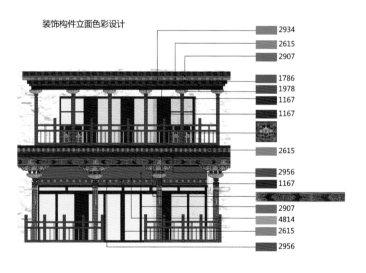

2934
2615
2907

1786
1978
1167
1167

2615

2956
1167

2907
4814
2615

2956

色彩研究

设计构思草图 陈可石

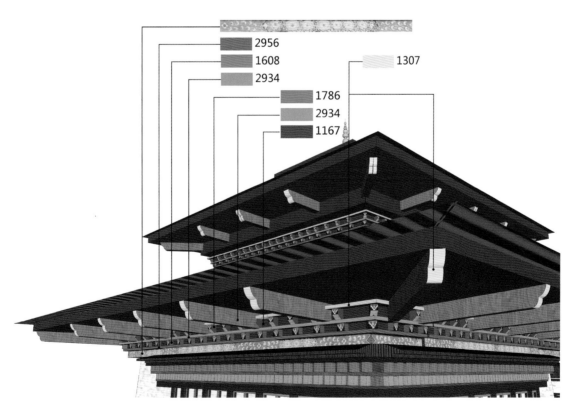

西藏传统色彩设计

东久林场商住组团墙体为西藏传统的斜墙，体现出藏式传统建筑结构坚固稳定的特征；每个建筑单体内都有围合而成的庭院空间，内部庭院采用西藏传统语言，色彩明艳的木质内廊充满了藏式传统的地域风情。外侧的平整坚实与内侧的丰富热情形成对比，自然地把商业与居住的环境分隔开来。东久林场商住组团的立面设计采用西藏传统建筑元素与现代建筑风格相结合，临花街面大面积的玻璃窗使得底层商业内部有良好的采光通风与景观渗透，北侧面向雅屹河，自然景观怡人，因此开窗也较多。

西区花街的设计有意地在沿街的部分采用比较多的大木构窗门。这方面借鉴了一些欧洲商业街的模式，因为欧洲的商业街，面对商业街的立面采用很多玻璃、木构和装饰。西区花街也采用了内院木构的处理，使整个商业街更具备商业氛围，在藏式建筑设计上这是一个创新的想法。特别是这种在二三层的立面上采用大片的彩画、装饰、木构、玻璃的形式，这种新的立面形式，为藏式建筑增添了一种新的元素。

鲁朗国际旅游小镇

鲁朗小学

鲁朗小学位于西区端头，是整个小镇较为独立和安静的区位，总建筑面积约7400平方米，整个学校用地（加操场和活动场地及预留发展用地）1.7万平方米，建筑内部功能包括学生宿舍、食堂、教室、公共卫生间、老师办公室、图书阅览室、多功能厅、美术班、实验班等。室外空间包括篮球场、200米标准跑道、室外活动场地、内庭院等。

主要建筑包括教学用房、教学辅助用房、行政办公、生活用房（食堂、教职工宿舍、学生宿舍等）以及公共交通与辅助空间等。小学主体3层，局部4层。鲁朗小学目前有学生150人，老师15人，7个班（其中1个学前班），项目按200个学生、每班30人设计。

鲁朗小学整体建筑设计体现出了藏式传统建筑结构坚固稳定、形式多样的总体特征。鲁朗工布藏族地区民居取材十分原始，主要以石木结构为主，采用石块砌墙和木质梁架相结合的方

式建成。设计中，鲁朗小学结合采用了工布藏区的传统材料和做法，例如，小学运动场院落用草筑墙，即用当地的一种荆草晾干平铺进行固定；在屋顶平台等老师与学生的活动场所设置亭子，采用当地的木构架承屋结构系统。

在建筑外观上，也吸收了工布藏族外墙传统工艺特点。工布藏族修建房屋时，石材砌筑的外墙会涂以白色和灰色为主的颜料，再用泥巴抹墙，藏民戴着手套，以纯手工作业抹出自然的手抓仿羊角纹效果，这种纹理象征着吉祥。但是考虑到林芝当地日照非常强烈，白色在日照的情况下太过刺眼，为避免日照反射对学生眼睛产生的不适，设计团队把小学建筑外墙颜色涂成了土黄色；同时，因施工难度，对传统手抓纹的做法做了调整与改进，即在外保温完成后，以白水泥内掺腻子粉和纤维胶的混合材料取代了传统泥巴进行涂抹，用刮刀手工做出深浅不一、不规则的凹凸纹，实现与自然融为一体的效果。

设计构思草图 陈可石

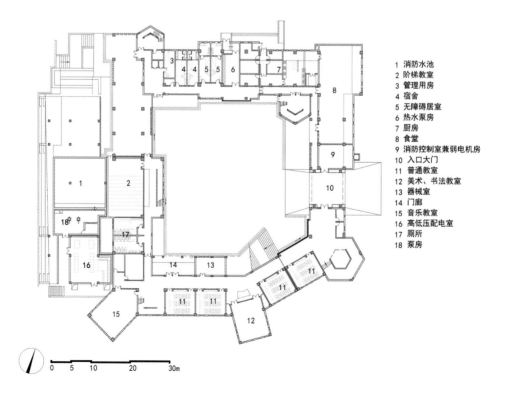

1	消防水池
2	阶梯教室
3	管理用房
4	宿舍
5	无障碍居室
6	热水泵房
7	厨房
8	食堂
9	消防控制室兼弱电机房
10	入口大门
11	普通教室
12	美术、书法教室
13	器械室
14	门廊
15	音乐教室
16	高低压配电室
17	厕所
18	泵房

0 5 10   20   30m

一层平面图

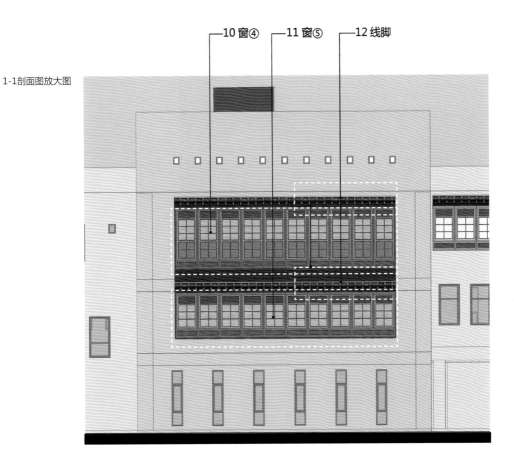

1-1剖面图放大图

立面①放大图

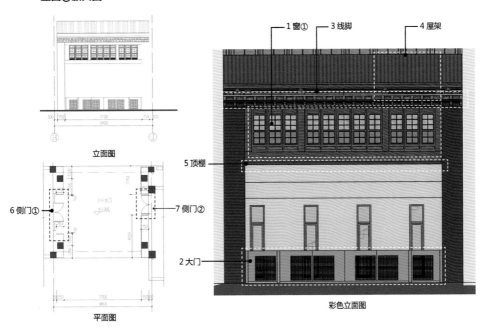

立面图

平面图

彩色立面图

国际友人参观鲁朗小学

负责鲁朗国际旅游小镇工程的广东
省援藏干部王瑜主任和黄志明副县
长与陈可石教授在工地

陈可石教授与鲁朗小学校长合影

在内部空间组织形态上，在塑造藏族独特精神空间的同时，也注入了许多现代性的人性化功能。鲁朗小学所有的楼梯间都没有采用普通的折返楼梯，而是用西藏传统建筑中的"回"字和"L"形顶部采光楼梯。楼梯间和顶部采光的使用加强了精神空间的艺术感染力。室内设计采用西藏传统建筑中常用的顶光，特别是走廊公共空间的设计上，顶光创造出西藏特有的神秘、圣洁的建筑艺术效果。色彩设计方面，学校首先采用土黄色做建筑的主色调，然后是红色、黑色和白色。土黄色是夯土墙的颜色，是西藏民间最常用的颜色；红色是一种高贵的色彩，门窗多用红色；白色是石材的颜色，也是现代建筑的象征。

考虑到当地气候特征，建筑的外廊局部采用灰空间的设计处理方式。鲁朗当地六、七、八月为雨季，经常持续下雨，为通行便捷，避免下雨天淋雨、阻挡寒气、保温和安全，宿舍、食堂、教学通过连廊连接，整体呈现出围合式院落布局，学校主入口广场朝东，正对花街。学生宿舍每间均设独立洗手间，方便学生在寒冷季节时使用。在学校临雅屹河的南侧，留出了较为宽敞的绿化带，一是能够起到防洪作用；二是可以种植西藏林芝地区植物，成为室外植物实践基地，让学生从小认识大自然。北侧靠道路和山体一侧主要是后勤出入口用地，教师宿舍独立出入口以及厨房卸货口等。西侧台地为活动操场，结合地形和雅屹河，设计为优美的景观运动场，运动场特意结合地形设计，摒弃了传统的圆形加长方形造型，顺应现有的地形和树木河流等。

鲁朗国际旅游小镇

鲁朗保利酒店

鲁朗保利酒店位于鲁朗国际旅游小镇的北侧，为独栋酒店区，主要服务于高端消费人群；西边临318国道，东侧为风景优美的雪山与湖泊，地块狭长。地块分一二两期，一期位于地块南部，北部则为二期。故设计时把主楼与水疗放置于一期地块南边，与小镇中区相邻，使地块与小镇其他区域联系得更紧密。

酒店由主楼、酒店SPA、联排别墅及独栋别墅组成，内集餐饮、接待、温泉SPA和住宿等功能于一体，服务设施高档齐全。酒店主楼是在原传统藏式建筑基础上加以演变，强调私密空间和共享空间。

为了强调建筑和自然景观完美融合，酒店主楼设置在地形较高，视野开阔，有湖景和雪山的壮丽景观视线上。主楼建筑风格简洁大方，立面主要采用石材和木材，石砌墙体收分处理。

为尊重当地的传统，在酒店主楼和SPA的墙体用石材砌筑好后在墙体外面刷白浆，其余建筑均为夯土质感的土黄色。门窗、屋顶采用传统木构件的制作方式。客房根据林芝地区村落分布形式与肌理被布置成组团形式，沿湖岸而设，兼顾景观与功能。

加拉白垒雪山处在鲁朗国际旅游小镇地块东北边，气势雄伟。因此北区有着绝佳的雪山景观。酒店建筑朝向以东北向为主，结合地形呈"品"字形错位布局，访客可以在酒店中随时方便地欣赏到加拉白垒雪山壮丽的景色。方案在传统布局基础上，结合现状地形，在核心地段布置节点建筑，形成大体量公共空间，次要部位散布小体量私密空间，营造层次丰富、空间灵活的酒店区域。

鲁朗国际旅游小镇
水上祈福塔

设计构思草图 陈可石

刘顺江 摄

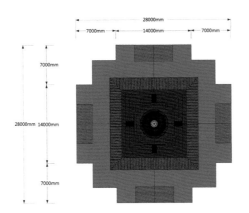

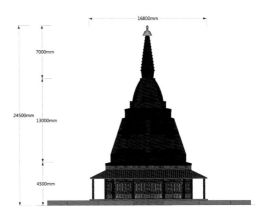

陈可石 绘

四川·甘孜藏族自治州
河坡民族手工艺小镇

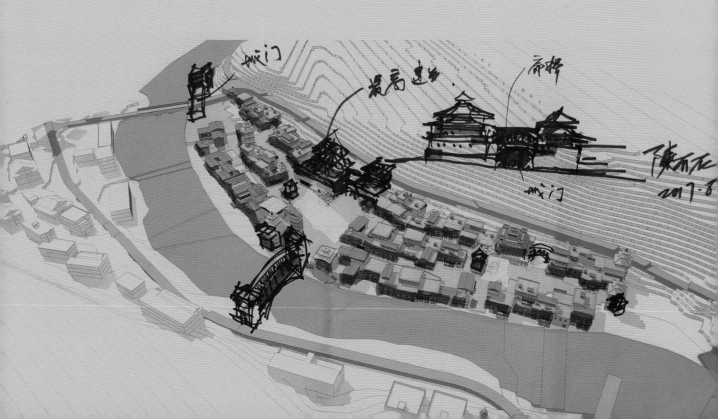

2017年，我们完成了四川甘孜藏族自治州河坡民族手工艺小镇的规划设计。河坡民族手工艺小镇位于四川省甘孜州白玉县河坡乡，相传曾为格萨尔王的兵工厂所在。河坡的藏民族手工艺产品工艺精致，已有1300年历史，是当地铁艺、金银铜器等金属手工艺文化遗产的传承地。"河坡造"产品远销印度、尼泊尔等国家，是别具一格的民族艺术瑰宝和国家级非物质文化遗产，其中，更以"白玉藏刀"闻名中外。坐落在河坡境内的嘎拖寺已有800多年历史，是藏传佛教宁玛派的六大寺院之一。

方案设计注重对当地特色文化、藏区传统建筑的传承，并结合当代发展现状予以现代诠释。以白玉手工艺文化产业为重点，从历史传统、生态环境、区位条件、人文风貌等几方面出发，设计团队对河坡民族手工艺小镇进行了系统的设计和完善的规划。规划方案以打造白玉文化休闲旅游地为发展内涵，深入挖掘以河坡民族手工艺为主代表的特色文化，依托周边资源打造文化体验、手工传艺和休闲度假旅游三大产品内容，拓展文化产业链，增加旅游经济支撑，使片区成为文化体验、商业休闲、旅游度假三驱动的"白玉艺术汇聚地/旅游精华篇"。

秉承城市人文主义的设计理念，方案提倡保护当地特有的自然环境，保留当地民居宜人的形态与尺度，深入挖掘当地的历史文脉，打造有藏区地域特色的、别具一格的旅游体验。规划方案以白玉县中心为依托，偶曲河两岸为发展重点，打造由藏药养生度假区、民族特色餐饮区、民族手工艺集聚区三大特色分区。

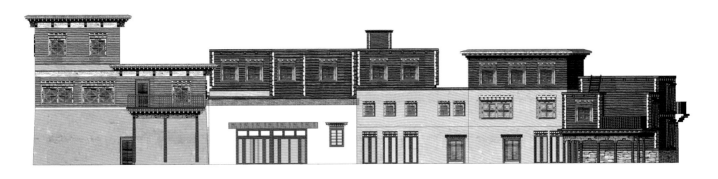

景观配置以高原常见的开花乔木梨树、桃树、火棘等为主景，高山杜鹃、格桑花、鼠尾草、驴蹄草等开花草本植物及灌木为配景。在此基础上，规划方案以偶曲河两岸自然风光为纽带，形成了连续通达、高低错落、疏密有致的建筑、景观空间形态，将河坡民族手工艺小镇打造成街道尺度宜人、环境优美、业态丰富、可持续发展的藏族特色文化旅游目的地。

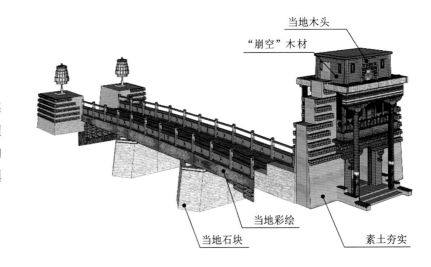

当地木头

"崩空"木材

当地彩绘

当地石块

素土夯实

甘肃 · 甘南

（敦煌）国际文博会帐篷城

帐篷城是为配合"一会一节"举行，于活动主场地及篝火晚会场地区域，设置以组装式房屋为单元，顶上盖以帐篷的组团，提供相应的配套服务设施：旅游介绍、文博宣传、餐饮宴会、土特产展销、纪念商品出售等。这些组装房屋于文博会结束后，改造为汽车旅馆，为前来甘南藏族自治州自驾游的旅客提供住宿设施。在国道旁为文博会设置大型地面停车场、服务站，方便往来的驾车人员及乘客。

我和设计团队经过对甘南当地文化的深入研究，提出帐篷城首先应该是甘南的、现代的和时尚的，并由此确立帐篷城的设计构思主旨为：草原文化与现代建筑相结合，展现甘南自然地理、人文地理魅力。

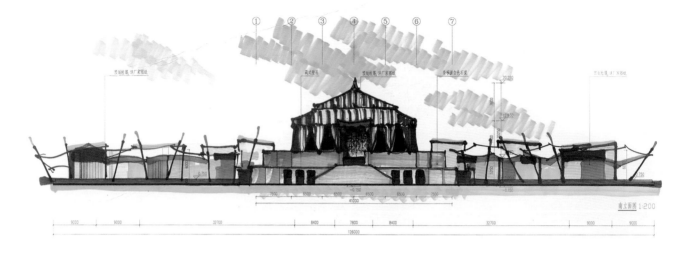

① ② ③ ④ ⑤ ⑥ ⑦

设计构思草图 陈可石

帐篷城定位为藏族文化的展示与传播中心，设计团队在设计中注重对西藏传统建筑学予以现代诠释，体现出当地的藏式艺术特有的厚重与华丽气质，体现地域特征、甘南特色，使之成为民俗文化融合景观建设的生态工程。

主体建筑主帐篷宴会餐厅遵循地域性、原创性和艺术性的设计理念，以预制帐篷为主体，采用混凝土与钢的混合结构，同时在建筑材料的使用上多采用当地材料，经济实用，并体现藏式特色。平面功能设计上，主帐篷宴会餐厅采用了简单明了的空间布局，以方便灵活使用。主帐篷宴会餐厅位于建筑的最顶层，是整个地块内的视觉焦点；配合藏式传统色调，凸显大气、简洁、明朗、高雅的特点。

餐饮单元的设计是主帐篷宴会餐厅设计理念及精髓的延续，两者在建筑意向、形体、功能及空间形式上相互呼应，相辅相成。餐饮单元采用几何形体环绕主帐篷宴会餐厅布置，并在建筑风格和材料的选择上参考主帐篷宴会餐厅设计，采用木材、藏式涂料等当地材料。总平面布局结合场地现状与当地藏族传统民居院落布局形式，采取多朝向、多方位的手法布置，呈现出多样化的景观资源。

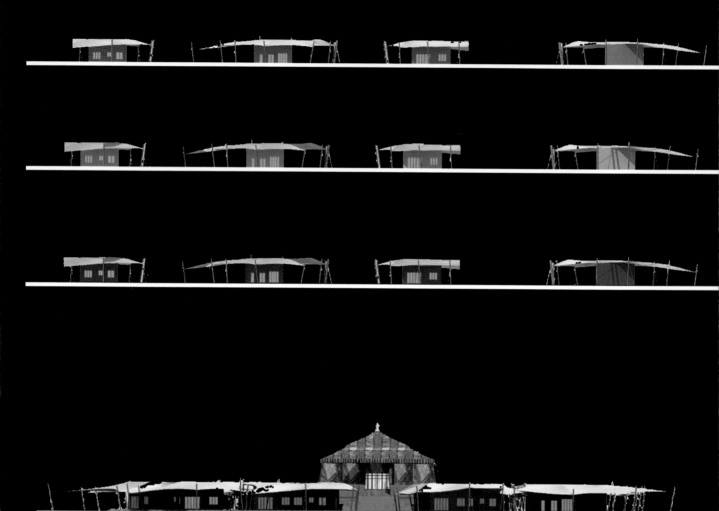

小帐篷南立面图

大帐篷南立面图

帐篷城位于甘南藏族自治州合作市的甘南（敦煌）国际文博会主场馆东侧，规划总用地面积为24182.15平方米，主帐篷宴会餐厅建筑面积为2153平方米，建筑通过连接基地西侧的景区道路与外界联系。帐篷城整体布局呈簇拥对称式，即四个组团的小帐篷以相互簇拥、对称的形式，围合中心的核心建筑——大帐篷宴会餐厅，形成一主四次的布局模式。

甘肃·甘南

（敦煌）国际文博会主席台

构思特点：考虑地域环境，不失现代风韵

位于当周草原风景区内南侧的主席台也是为配合文博会举行，并作为当地每年在此举办赛马表演、歌舞等重大节庆活动时的核心建筑物而设计。主席台居高临下，视野开阔，是纵览整个当周大草原优美风光的最佳位置。其基本功能包括了露天看台、主席台、公共厕所、储藏间、化妆室等。

我和设计团队在主席台建筑形态的设计过程中反复考虑了甘南藏族的地域文化特点及建筑周边场地环境，力求主席台的整体造型既体现出藏式传统建筑结构坚固稳定、形式多样的总体特征，而又不失现代风韵。六根硕大的藏式瓜棱柱支撑起端庄大气的弧线形屋顶。墙面采用收分墙体，下宽上窄，厚重粗犷，使主席台表现出独特的藏区地域特征，成为具有甘南特色的片区文化地标。设计过程历经数个阶段，反复斟酌推敲其造型，最终定稿。

主席台提供台阶式的看台，看台下部设置公共设施，方便游客及与会群众，看台顶上设置帐篷，提供一定的挡雨遮阳效果。节会期间，主席台功能区划分为音响区、佛乐区、转播区、走马道、背景墙、LED屏幕等。

主席台规划总用地面积为9205.84平方米，总建筑面积为6212.59平方米，现状道路呈"U"形围绕在主席台南侧，主席台主入口位于南侧，贵宾入口在其西侧，方便与现状道路联系。主席台整体为"一"字形布局，由于基地地势南高北低，主席台刚好位于地势较高的南侧，其弧形屋面向北侧略有弯曲，对北侧表演区域呈迎合态势，观赏效果极佳。主体建筑为地上1层，局部2层，建筑总高为21.3米。

西藏·拉萨
西藏工业博物馆

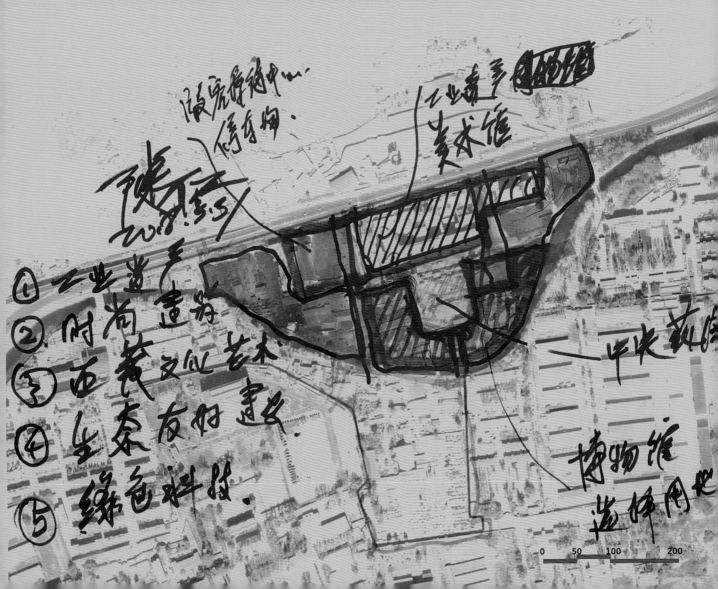

西藏工业博物馆的创建，其目的就是挖掘和整理能够充分体现西藏工业企业从无到有、从小到大、从弱到强发展历史的相关历史资料，征集和展示反映工业企业在新西藏各个历史时期辉煌业绩的展品。项目位于西藏拉萨文化创意产业集聚区内。

设计方案在继承传统西藏建筑学的基础上，结合文博场馆当代发展现状，对西藏工业博物馆的设计予以现代诠释。

西藏工业博物馆主体利用工厂旧仓库改建而成，使新旧建筑物相互融合，相得益彰，部分保留了西藏工业建筑的原真性、历史感。水泥

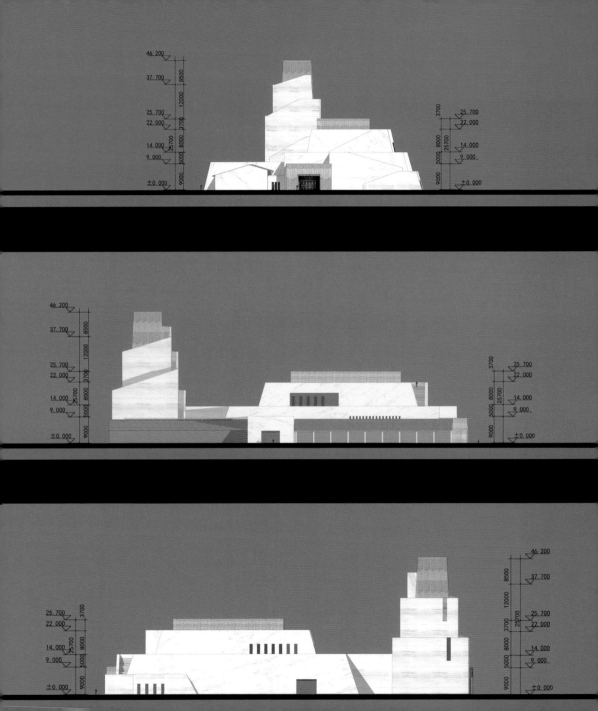

厂原来的两座仓库是整个厂区重要的组成部分，现状结构保存完好，钢架无损，设计保留此两栋建筑并将面积较大的北库房改造成展厅，南仓库改造成藏品库区，极大地利用原有建筑，节约了项目的建设成本。

传统藏式建筑的墙体采用下宽上窄收分的形式，塑造稳定坚固向上的建筑形象，方案设计继承了这一做法。方案按照西藏建筑学的传统设计方法，注重公共空间的营造，包括室外的连续台阶和室内的大小不一的中庭空间，注重垂直交通的设置。

西藏工业博物馆建筑主体以白色为主色调，土黄色为辅色，同时以金色及红色作为点缀。西藏传统建筑色彩分五色：白色、红色、金色、土黄色和黑色。其中白色和土黄色是藏式建筑最常见的颜色，而西藏的建筑艺术元素中最引人注目的是金色，布达拉宫和大昭寺的金顶、金饰创造了独特的艺术效果，以金色作为点缀起到画龙点睛的作用，金属色也是对工业建筑的一种呼应。

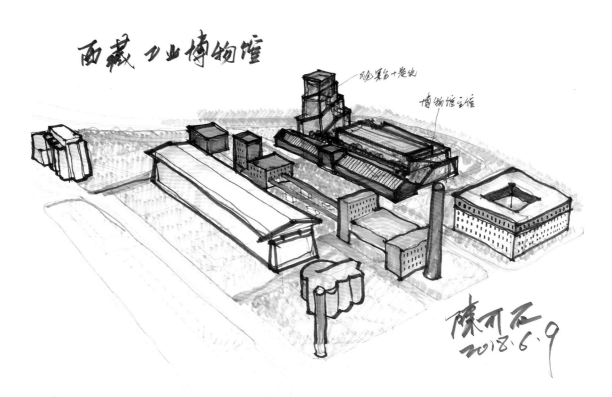

设计构思草图 陈可石

西藏大剧院

金色乐坛——西藏大剧院位于拉萨城区西面拉萨市金珠西路，毗邻罗布林卡，距东北面的布达拉宫约2.7千米，距大昭寺约4千米，是拉萨第一座省级标准大剧院，代表了拉萨新的城市文化，是西藏当代文化和艺术的物质展现，也是日常生活与世界旅游的交汇点。未来将良好地融入拉萨固有的文化体系，与布达拉宫、大昭寺、罗布林卡等原有精神核心空间紧密相连，并通过对拉萨这片土地的深刻认知与独具匠心的设计方法，巧妙串联西藏的文化故事，成为拉萨新的精神核心与西藏当代文化艺术新地标。

项目总用地面积6.9万平方米，总建筑面积4.9万平方米，其中主体建筑综合艺术中心（西藏大剧院）面积3.4463平方米，配套建筑艺术酒店建筑面积8500平方米。

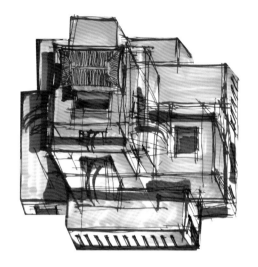

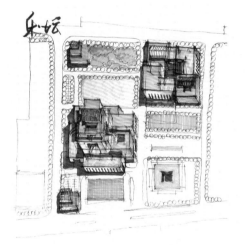

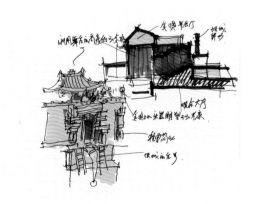

设计构思草图 陈可石

通过对西藏自然地理和人文地理的深入研究，结合西藏传统建筑学，将"金色乐坛"确立为西藏大剧院项目的核心品牌。"金"是最高贵的西藏建筑材质，是最典型的西藏建筑艺术元素，也是最时尚的西藏现代审美；"乐坛"代表最欢乐的西藏歌舞，代表最神秘的西藏戏剧，也代表最迷人的西藏坛城。"金色乐坛"将成为当代西藏最大的艺术中心、最新的拉萨城市客厅和最重要的现代城市新名片。

金色乐坛是对传统坛城的现代诠释

金色乐坛的构思灵感源于西藏文化中"坛城"的意向。在西藏的传统宇宙观里，"坛城"是世界的中心，是香巴拉，是欢乐的天地，而在金色乐坛中的金顶是"坛城"的核心。方案巧妙地利用不同功能的建筑空间，根据"坛城"的意向构筑了一座现代西藏艺术乐土——金色乐坛，是对传统坛城的现代诠释。

大剧场和酒店设计的首要原则是建筑的实用性、经济性和功能合理性。大剧场作为整个建筑的主体部分，布置在建筑中央。建筑设计在合理布局舞台、观演等主要空间的基础上梳理了后台、服务等辅助功能空间的位置，形成了功能合理、实用的大剧院建筑。

金色大堂位于西藏大剧院的东侧，金色大堂是观众主入口，承担综合接待的功能。内凹的藏式传统大门和两侧收分墙形成独特的入口空间。大堂内采用围和式布局，正对主入口的是问讯处，背后设计了一幅充满藏式风情的画卷，两侧墙面采用金色带有藏文的金属板。

金顶餐厅（宴会厅）位于建筑最顶层，是整个地块内的视觉焦点。金顶餐厅代表了拉萨传统艺术的现代复兴，是西藏城市的新名片。金顶餐厅（宴会厅）的位置可以遥望布达拉宫、大昭寺、罗布林卡和拉萨河，凸显其优越的地理环境和卓越的景观视线。

西藏传统建筑学最大的特点在于强烈的地域性。蓝天、白云、旷野和雪山，西藏独特的自然条件和风土民俗创造了独特的西藏传统建筑语言，流露出对自然的尊重和对历史的传承。

地域性首先是西藏建筑语言的现代表达。金色乐坛如同从西藏的土地上生长出来一样，带着本土的气息，是独特并有根可寻的。这种独特性正是金色乐坛建筑能够为城市创造出最大艺术价值的原因。

西藏大剧院前厅设计图

地域性还表现在地方材料和传统色彩的运用，其中包括金箔、夯土、石材、木雕以及最具代表性的西藏传统建筑五色——金色、红色、白色、黑色和土黄色。金色乐坛设计体现出西藏自然地理的特征，采用自然通风是室内设计的重点之一；作为交往休闲空间的室外长廊，采用灰空间的处理方式，反映出设计对当地气候特征的考虑。

整体建筑设计体现出藏式传统建筑结构坚固稳定、形式多样的总体特征。建筑采用收分墙体，下宽上窄，降低建筑重心；适当增加墙体厚度，维护建筑的稳定性，更使大剧院整体表现出独特的地域特征。

现代建筑，特别是剧院建筑的原创性是最为重要的。金色乐坛将成为全世界独一无二的建筑艺术杰作，因为原创是其最首要的设计理念。坛城代表了西藏传统建筑学的设计理念。在西藏传统中，"坛城"是宗教理想国，而金色乐坛将成为西藏当代艺术的理想国。

艺术性是剧院建筑最大的追求。剧院建筑本身就是一件伟大的艺术品，而精神空间的艺术感染力正是西藏建筑的魅力所在。金色乐坛突出表现了西藏传统建筑四大艺术元素：

光　西藏艺术元素中最大的亮点是光和影，金色乐坛利用光塑造了建筑形体、表达出建筑的宏伟之美；室内设计采用西藏传统建筑中常用的顶光，顶光创造出西藏特有的神秘、圣洁的建筑艺术效果。金色大堂的天顶四边开条形天窗，阳光透过天窗洒在黑色的反光地板上，反射到建筑内其他地方；天顶中央是经过现代演绎的白色经幡，整个大堂内明暗黑白的对比，提升了空间的神秘感和丰富度。

色　西藏的建筑艺术元素中最引人注目的是金色，布达拉宫和大昭寺的金顶、金像和金饰创造了"金碧辉煌"的艺术效果。金色有"珍贵""富足"和"第一"的意向，金箔也是西藏建筑中最高级别的建筑材料。金色乐坛首先采用金色作为建筑的主色调，然后是土黄色、红色、黑色和白色。土黄色是夯土墙的颜色，是西藏民间最常用的颜色；红色是一种高贵的色彩，金色乐坛的室内设计就采用了红和黑的主色调；白色是石材的颜色，也是现代建筑的象征，建筑基座采用白灰色大理石，表达出金色乐坛最现代的建筑气质。

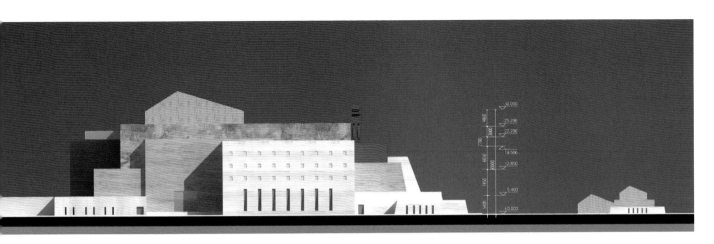

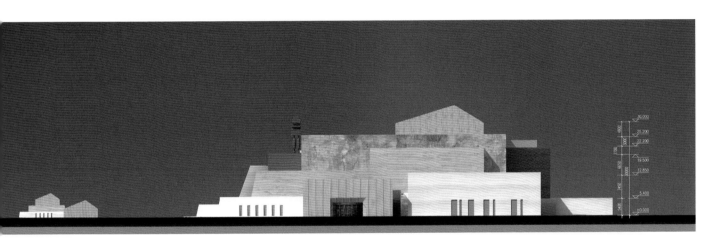

空间 空间是西藏建筑艺术的载体，也是西藏传统建筑艺术最神秘深奥的部分。在光和色的作用下，西藏传统建筑艺术空间表现出宏伟、崇高和神秘的艺术效果。金色乐坛以现代的建筑空间，结合光与材料共同创造出现代西藏建筑空间的艺术魅力。特别是在室内空间的设计上，对金顶宴会厅、大剧场、艺术长廊、小剧场、金色大堂的空间处理均突出表达了西藏现代空间设计的艺术性。

图腾 西藏的装饰运用了丰富的图腾，特别是在室内装饰、门、窗、柱上，图腾随处可见。金色乐坛的设计方案特别考虑到现代感，因此并未强调传统建筑图腾的运用，而是用"坛城牌坊"作为西藏"坛城"图腾的抽象表达，使其作为连接传统与现代的桥梁，成为大剧场建筑的标志。

金顶凸显崇高地位

金顶是西藏传统建筑的最高形制，也是西藏当代建筑艺术最崇高的象征。拉萨市内布达拉宫、大昭寺以及罗布林卡内的建筑均使用金顶以凸显其在城市中的崇高地位。金色乐坛的金顶是西藏当代新建筑最崇高的象征。

金色乐坛金顶部分采用金箔、黄铜、金属板和仿金面砖等建筑材料。金顶由两部分组成，一部分是金顶餐厅和宴会厅，有专门的电梯直达，是未来当地市民、游客宴请最尊贵客人的场所。另一部分是大剧场上空的观光平台——"坛城牌坊"。大剧院墙面的金箔上刻有藏文和汉文的藏族长诗和歌曲。傍晚在金顶平台上远眺布达拉宫和拉萨河，将成为拉萨旅游的一个重要节庆活动。

金色乐坛的艺术酒店为世界各地的表演艺术家提供住宿。艺术酒店的设计延续大剧场设计理念，沿用"坛城"意向，采用几何形体环绕中庭的方式布局，并在建筑风格和材料的选择上参考了大剧场的设计，与大剧场共同组成金色乐坛的建筑群和城市广场。

设计方案注重关心自然环境，节约资源，根据使用功能的需要选用最经济的结构形式，以降低成本。金色乐坛的建筑采用最简单的钢结构和混凝土结构的混合结构，便于预制和现场安装，以便缩短施工时间。

外部景观设计整体延续"坛城"的概念意象，并将其进行抽象化表达。结合功能，形成城市广场和露天剧场两大主要景观功能区，动静结合，尺度相应。同时注重从西藏传统艺术中提取景观元素进行现代演绎，如在植物造景上多用水平、垂直线条并结合树阵布置，铺装上均采用从传统藏服中提取的条形肌理为景观元素，呈现出风格协调、功能各异的景观特色。同时利用水系联结各建筑单体，形成灵动诗意的景观效果，并设计从坛城中提取圆环元素对场地内的景观元素进行串联以形成视觉整体，以求在满足场所的休闲聚会功能和游憩观光需要的同时，打造独具西藏神韵的现代景观，使之成为大众的文化广场、城市的艺术客厅、藏文化的浪漫演绎地。

四川·甘孜乡城
香巴拉国际旅游小镇

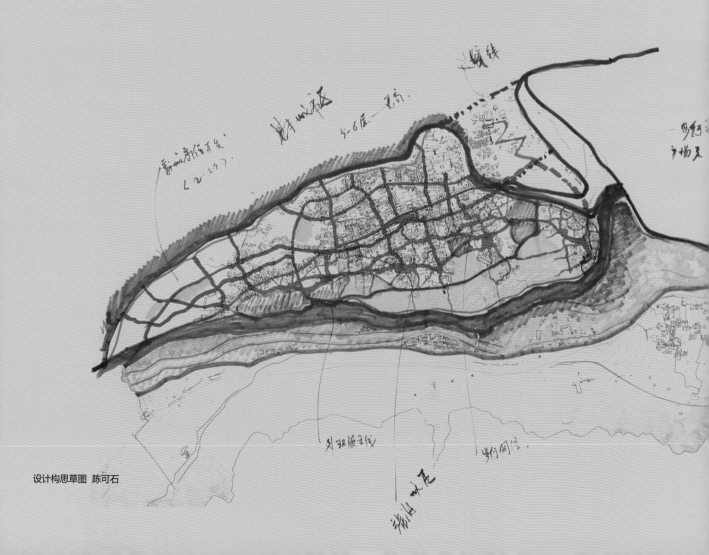

设计构思草图　陈可石

香巴拉镇位于四川省甘孜藏族自治州乡城县中部，大自然的神力与厚爱，造就了乡城山水风光极为鲜明的个性。境内山地由北向南，气势磅礴的硕曲河、玛依河、定曲河，从高山峡谷奔腾倾泻而下，一泻千里；诸多大小不等的高山湖泊，镶嵌在高山草地之中，湖水湛蓝，清澈见底，四周水草茂密，雪山相围，有如明境，藏民称之为美丽的"天湖"；星罗棋布的原始森林、无处不有的神秘峡谷、宏伟壮丽的连绵雪山、鬼诞怪异的岩溶洞穴、随处可见的高原温泉，无一不让人流连忘返，构成了乡城独特而极具魅力的大地景观。

面对具有独特美丽自然景观和丰富藏民族人文源流的乡城香巴拉镇，如何根据当代经济社会发展要求提出新的特色规划？我们深入田间、村头及藏族村民家中调研，获得大量的香巴拉镇现状第一手资料。土木结构的"白色藏房"是乡城县"三绝"之一，是乡城香巴拉镇最为重要的一大人文品牌。其藏式建筑独具一格，是乡城人在长期的生产生活中，积累了丰富的建筑实践经验，在康藏地区建筑基础上，融合了纳西族、汉族等民族建筑艺术特点，形成了与康巴高原其他地方乃至整个藏区相比都独具特色的建筑风格和建筑体系。香巴拉镇的藏式民居在造型、色彩、装饰技艺和视觉要素的构成上都体现了自身的艺术特色，而其中又保留着传统藏式建筑的基本特征，充分体现了个性与共性的有机统一。

此前，乡城香巴拉镇主要以发展过路旅游为主，而今川滇藏三省区正在联合打造"大香格里拉生态旅游区"，这是香巴拉镇旅游业发展面临的重要机遇。

巴姆神山下的"四姑娘乡"

四川省甘孜州乡城县香巴拉位于藏族著名神山之一"巴姆山"山脚，"巴姆"在藏语中意为母亲。我们设计了四个结合地域特色与旅游产业的小村落，代表为母亲的四个女儿，"四姑娘乡"由此得名。并在此基础上提出了香巴拉镇的品牌定位——巴姆神山下的四姑娘乡。设计团队将四个"姑娘乡"组成的香巴拉镇建设目标确立为香巴拉国际旅游小镇，重点突出三大设计理念：

圣洁的白色藏居 康巴文化有着历史积淀丰厚，内涵博大精深，形态多姿多彩，地方特色浓郁的特点，以及不可替代的、独特的、持久的人文魅力。甘孜州作为康巴地区的主体，集中了康巴文化的精粹，康巴文化作为甘孜州的宝贵资源，具有极其广阔的开发前景。以充满神奇魅力的康巴文化与壮丽秀美的自然景观相结合，融合现代理念，创造蕴含丰富底蕴的新康巴文化。

诗意的田园风光 塑造以优美的田园景观与森林公园为主体的环境形象，崇尚自然的美学观，将绿色生态与城市发展有机结合，建设现代化的田园小镇。尊重并保护现有的水资源、森林资源和动植物资源，巧于因借，将城镇发展融入自然的山、水、田、林，促使森林公园和田园景观向城市内部渗透，形成独特的小镇城市景观格局。

魅力的旅游小镇 以生态宜居的藏族风情旅游小镇为目标，积极拓展生态旅游产业链，在发展生态工业的同时注重宜人居住环境的营造，实现产城融合、良性互动的城市环境。在小镇发展中注重绿色、低碳、生态技术的应用，将传统产业发展与现代生态技术相结合，使经济活动对城市环境的影响降至最低。将合理的规划设计与现代科学技术相结合，打造绿色低碳、舒适健康的生产与生活环境。保护自然生态，注重人文关怀，实现人、自然、城市的和谐共生。以文化为依托，结合安置与旅游建设新城。

注重形态完整与景观优先

在对香巴拉镇传统建筑的现代诠释中，我特别注重形态完整与景观优先理念在实际操作中的运用与贯彻。

形态完整理念是指特定时空条件下，城市空间系统内部各要素的结构稳定、功能正常、组织有机、系统开放的一种相对景气状态，表征为各种元素之间的不可或缺和相互和谐，体现出一种互存共生、相互关联、整体有机的形态构成原则。香巴拉国际旅游小镇将保持人文老城区的形态完整和传统文化理念，增加公共建筑与服务类建筑。在保持自然景观原始风貌的同时，满足发展所需的配套功能需求，构建环境优美、生活便捷的生态新城。以生态宜居的藏族风情旅游小镇为目标，积极拓展生态旅游产业链，在发展生态工业的同时注重宜人居住环境的营造，实现产城融合、良性互动的城市环境。

五大片区

在小镇空间形态设计上，将全镇分为五大片区：桑披寺片区、大姑娘片区、二姑娘片区、三姑娘片区、四姑娘片区。桑披寺片区为宗教文化区，位于区域中最高处，行使宗教功能。在设计中，利用其绝佳的视野位置，将在此区域增加豪华酒店区和酒店式公寓区域，满足高层次消费人群的需要。并且设计城墙增加桑披寺区域的厚重感，凸显此区域庄严的、神圣的宗教氛围。

大姑娘片区为香巴拉民族风情区，在未来规划中成为商业购物、传统手工艺品作坊的聚集地，在建筑设计中尽量使建筑满足商业需要，同时保证建筑的艺术性，以避免过于商业化。大姑娘片区内建筑现状大多数为原始夯土结构，具有当地特色，一般为普通民居；有少部分混凝土砖木及其他简易结构，这些大多是近期加建，用作储物及牲口棚。

二姑娘片区为养生度假酒店区，建设度假酒店、养生会所、精品客栈、藏浴、温泉SPA。整个建筑规划重视适度。二姑娘片区建筑现状大多为传统藏式夯土结构，少部分混凝土砖木及其他简易结构，建筑密度低。适合规划为舒适度要求较高的高级养生类酒店或者会所。

三姑娘片区为香巴拉餐饮休闲区，建筑现状大多为传统藏式夯土结构，少部分混凝土砖木及其他简易结构，建筑密度低。改造后提供娱乐休闲、餐饮、演艺主要功能，以入口广场、餐饮街、酒吧街、中心广场等为主要景观轴线，融入藏乡特色民俗。

四姑娘片区为艺术集散区，片区建筑密度低，建筑现状大多为传统藏式夯土结构，少部分混凝土砖木及其他简易结构。改造后作为游客集散之地。方案设计区域内增加大量新建建筑，提高建筑密度，以保证游客容纳量。

上述四个姑娘片区中，建筑结构完整且属于传统藏式的建筑，在设计中予以保留；而建筑结构完好，但是立面已经现代化处理的建筑予以改建；拆除部分没有艺术价值或者是阻碍道路及其他公共空间的建筑，以保证区域内的形态完整。

博物馆北立面

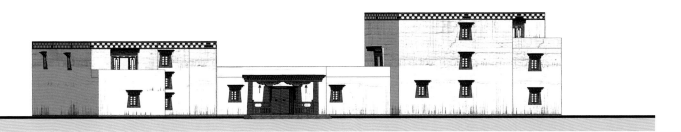

博物馆南立面

四川 · 甘孜

甘孜县城康北中心
总体城市设计

甘孜县位于甘孜州北部，境内山环水绕。总规划范围980.38公顷。项目的建设用地面积约为498公顷，总建筑面积约为600万平方米。

为进一步加快城镇建设步伐，改善城镇环境面貌，提升综合服务能力，甘孜县按照"立足甘孜，辐射康北，承接青藏"的总体思路，倾力打造"宜居、宜旅、宜商"康北中心城镇。

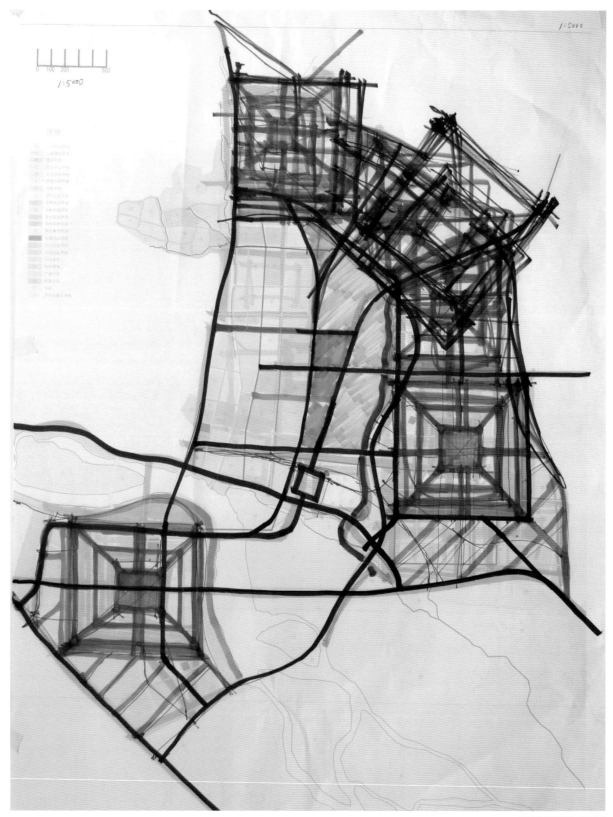

设计构思草图　陈可石

型立面改造示意

呆留二楼木质墙面

一层白色墙面修改成暖色调土墙

一层更加通透，营造商业氛围

1.保留二楼木质墙面

2.修改二层柱子和扶手样式

3.一层白色墙面修改成暖色调土墙

4.一层更加通透，营造商业氛围

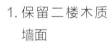

1.保留二楼木质
墙面

2.增加坡屋面

3.二层改为木质
材质

4.一 层 更 加 通
透，营造商业
氛围

西藏·林芝

林芝市总体城市设计

林芝市中心城区规划是将林芝打造成为一个具有雪域高原森林生态景观的国际旅游城市和区域旅游服务中心城市，并且重新定位其在藏区及西南大区域发展格局中的战略地位，给林芝的未来发展提供了一个非常独特的机遇。规划不仅将凸显高原藏区和林芝地域风格内涵，同时结合了城市开发强度、交通便捷、宜居环境和生态活力的考虑。

遵循依法规划、资源节约、可持续发展、区域协调、统筹兼顾的原则，在总结和借鉴国内外旅游发展经验的基础上，依据现状情况及总体规划确立的远期城市发展规模，明确林芝未来旅游服务设施建设标准、发展规模和城市空间形态布局以及城市服务设施配套建设标准及其相互间的关系，不断改善旅游居住环境、就业环境，营造商业区和文化区的区域活力，形成人与自然协调发展的城市发展框架。将林芝打造成为"世界旅游目的地"战略的重要承载地、区域中心城市和旅游服务中心城市，促进林芝由旅游资源市向旅游经济强市转变，实现人流、物流、资金流、信息流的聚集。

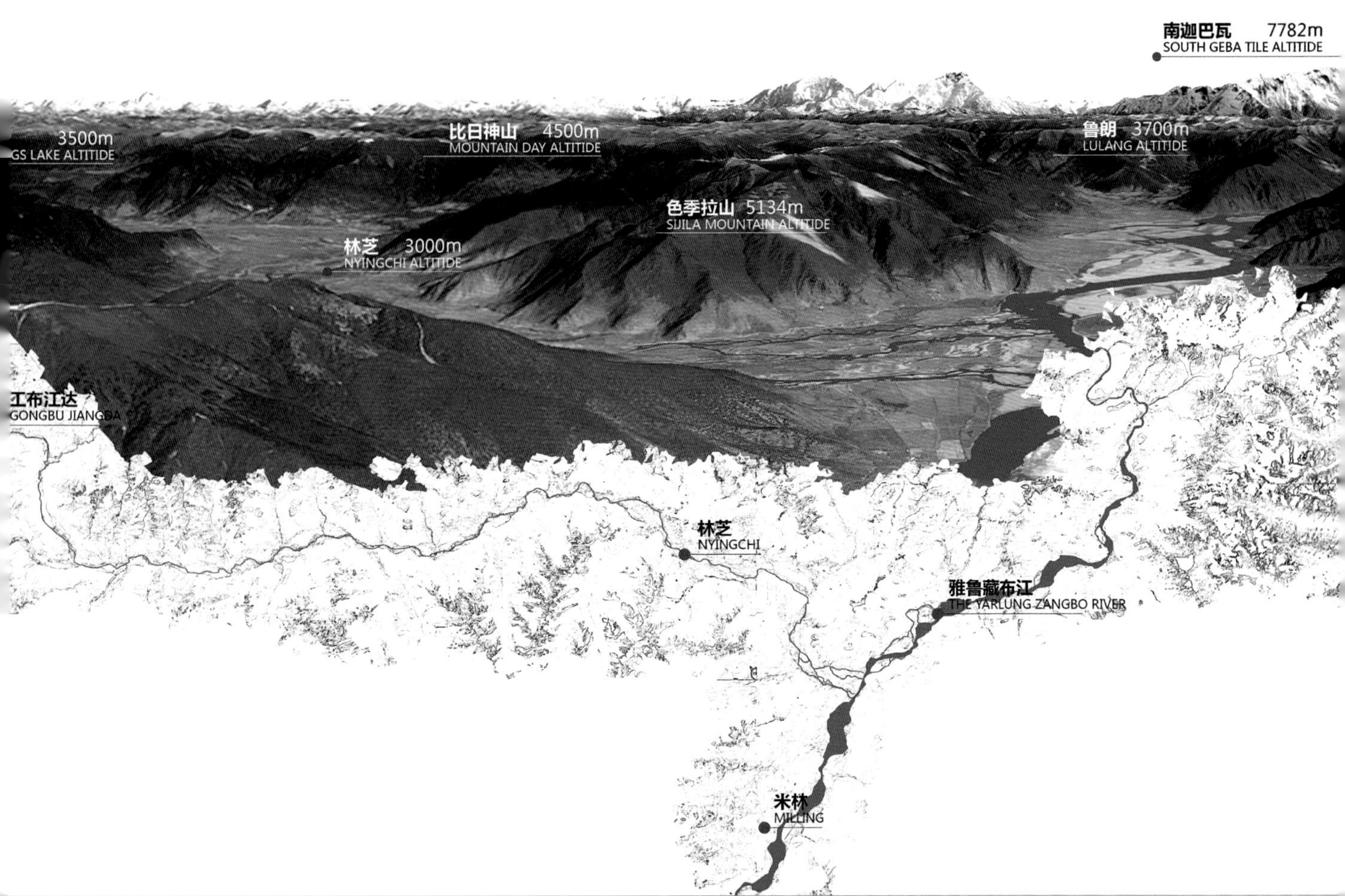

南迦巴瓦 7782m
SOUTH GEBA TILE ALTITIDE

3500m
GS LAKE ALTITIDE

比日神山 4500m
MOUNTAIN DAY ALTITIDE

鲁朗 3700m
LULANG ALTITIDE

色季拉山 5134m
SIJILA MOUNTAIN ALTITIDE

林芝 3000m
NYINGCHI ALTITIDE

工布江达
GONGBU JIANGBA

林芝
NYINGCHI

雅鲁藏布江
THE YARLUNG ZANGBO RIVER

米林
MILLING

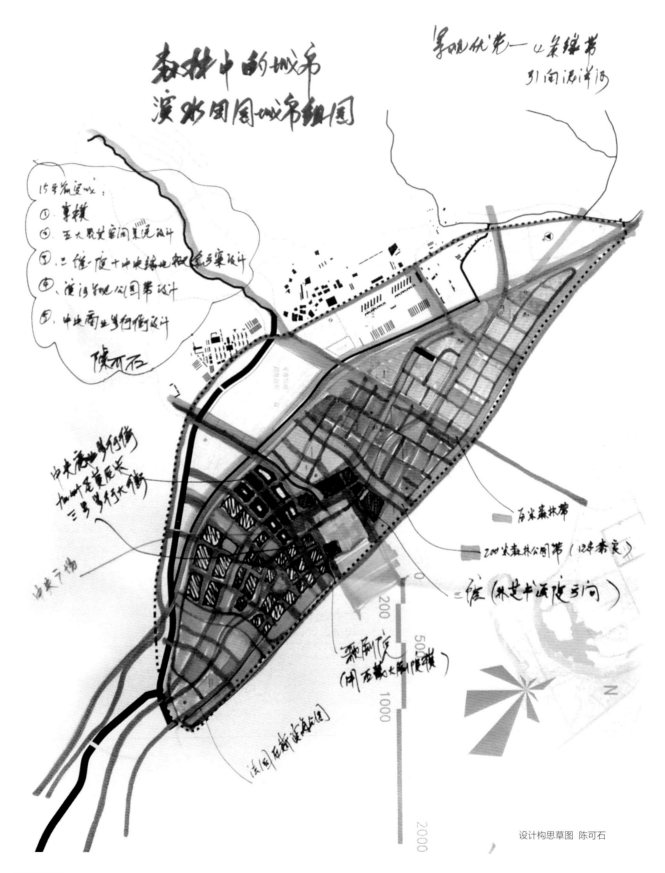

设计构思草图 陈可石

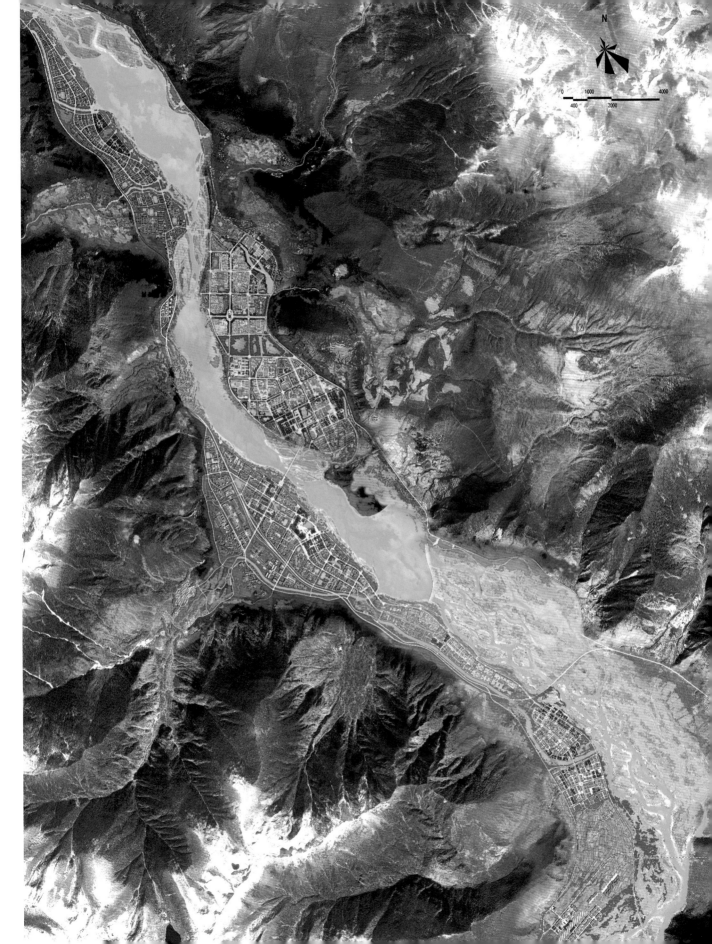

依据建设林芝"世界旅游目的地"的发展目标，全面分析和识别林芝城市及周边区域的自然环境和人文特征，坚持地区可持续发展战略，构建让人看得见山、望得见水、人与自然和谐共生的"山-水-城"空间发展格局，塑造凸显高原藏区文化内涵和林芝地域风格的特色城市形象，使城市具有高度识别性，打造别具一格的城市形象名片。

云南 · 香格里拉

独克宗古城
灾后重建城市设计

独克宗古城是中国保存得最好、最大的藏民居群，而且是茶马古道的枢纽。中甸即建塘，相传与四川的理塘、巴塘一起，同为藏王三个儿子的封地。历史上，中甸一直是云南藏区政治、军事、经济、文化重地。千百年来，这里既有过兵戎相争的硝烟，又有过"茶马互市"的喧哗，亦是雪域藏乡和滇域民族文化交流的窗口，汉藏友谊的桥梁，滇藏川"大三角"的纽带，还有着世界上最大的转金筒。

2014年1月11日凌晨1时37分，独克宗古城发生火灾，此次火灾烧毁大量古城民居，对居民财产造成较大损失。古城基础设施严重破坏，大量文物古迹、唐卡等付之一炬。为了科学地组织和实施灾后重建，编制本次修建性详细规划，以指导独克宗古城过火区域恢复重建工作的开展。

规划目标　完成古城过火区域的恢复重建工作，同时使古城基础设施全面提升、公共服务管理能力全面提升、防灾减灾能力全面提升、文化传承与保护开发能力全面提升、长治久安水平全面提升、再造宜居宜业宜游、安全和谐的新家园。

规划构思　规划在保持现有街巷空间骨架的基础上，通过梳理部分街巷空间，强化古城"八瓣莲花"的建城构图意匠。民居的建设以恢复古城原貌为主，保留居民原有庭院空间并进行景观环境的提升。

通过科学审慎和有序的恢复重建与提升完善，独克宗古城仍可凭借其丰厚的历史文化底蕴和独具特色的藏式风情传承后世。

云南迪庆藏族自治州

香格里拉·月光城

香格里拉藏语意为"心中的日月",位于云南省西北部、迪庆藏族自治州东部。日光城与月光城是香格里拉传说中对应的两个姊妹城。

日光城　　明代,丽江木氏土司在奶子河畔建大年玉瓦寨,藏语名为"尼旺宗",意即日光城。现在尼旺宗已经没有了,原址上是一座白塔。

唐代,滇西北(包括迪庆地区)为吐蕃王朝所属之地。唐676—679年,吐蕃在维西其宗设神川都督府,在今大龟山建立官寨,垒石为城,城名"独克宗"。

月光城　　项目基地紧挨独克宗南侧,规划方案结合当地历史,以当地特色藏式文化为核心,进行概念构思,提出香格里拉月光城这一设计理念。整合当地原有的历史文化资源,设计出富有竞争力和差异优势的藏式文化旅游小镇。

策划从月光城旅游整体发展出发,保留既有旅游优势资源,以"坛城式"的空间格局为基础,形成"独克宗古镇观光旅游区、健康养生旅游区和运动休闲旅游区"三大核心片区。

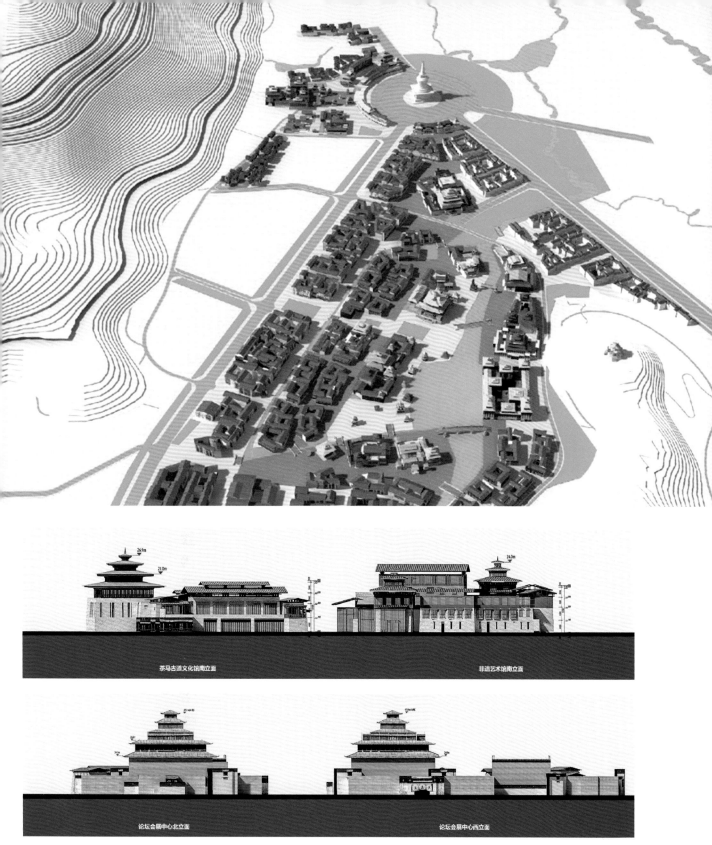

沿湖建筑天际轮廓

布达拉宫周边
城市空间与环境提升

西藏·拉萨

布达拉宫是世界物质文化遗产,借鉴国际历史文化名城文化街区的成功建设经验,将其周边3平方千米地段建设成为拉萨市的文化、艺术、旅游核心城区,我们建议:

1.构建拉萨城市文化、艺术、旅游核心城市。对布达拉宫东西两侧地块进行城市提升,建设藏剧院、布达拉宫博物馆、美食艺术商业区和布达拉宫美术馆等配套设施,建设低密度、极富活力的藏式风情商业休闲街,提升旅游综合服务配套功能。

2.药王山历史风貌恢复。深入挖掘药王山历史文化,延续药王山与布达拉宫红山一脉相承的文化脉络与城市景观格局;作为保护布达拉宫世界物质文化遗产工作的重要部分,恢复1938年药王山原有古迹。

3.打造传统手工艺商贸街。将林廓西路、林廓北路进行建筑立面风貌改造,结合藏式民族手工艺传统技艺,将传统民俗艺术、民族手工艺与现代旅游结合,涵盖民间工艺、文化博览、纪念品商店等以文化为底蕴的业态功能,打造

集研发设计、展示贸易、创意作坊与"非遗"手工艺体验、旅游休闲于一体的藏式传统手工艺体验街区。

布达拉宫周边3平方千米是西藏未来文化、艺术和旅游产业的核心，通过规划设计，借鉴国内外的成功经验，使布达拉宫周边3平方千米成为世界著名的旅游品牌，使之成为华夏文化伟大复兴的成功实践。

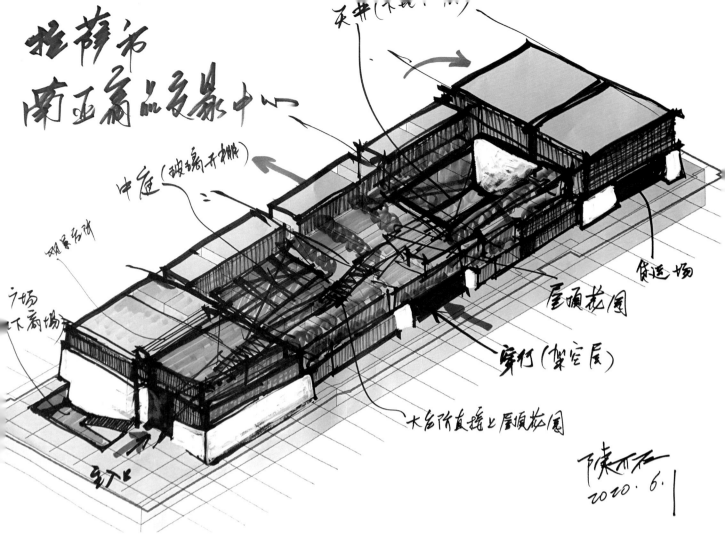

拉萨市
南亚商品交易中心

天井（采光、通风）

中庭（玻璃天棚）

观景平台

广场
下沉场

屋顶花园

货运场

穿行（架空层）

大台阶直接上屋顶花园

引水上

陈可石
2020.6.1

设计构思草图 陈可石

项目紧邻布达拉宫。距拉萨火车站9千米，距拉萨东郊汽车客运站和北郊汽车客运站均不到5千米。地理位置优越。占地面积为12163平方米。用地性质为商业用地。

设计最大程度地尊重藏族建筑文化的特征，引入最具地域文化特征的元素加以利用。在建筑造型、空间、色彩上吸取藏族建筑文化的精髓部分，利用先进的科学技术修建营造，将本案建造成为科学、生态、节能、高效的大楼。

瑞丽·南亚商品交易中心

陈可石
2020.6.7

南立面 1:200

北立面 1:200

设计构思草图 陈可石

西藏·拉萨

绿色新动能产业园

西藏达孜工业园区位于达孜县城以西1千米处，紧邻川藏公路(318国道)，工业园区距拉萨市仅20千米，是拉萨通往林芝地区的必经之路，交通区位优势明显。

园区规划总面积6.01平方千米，规划了三个功能区，分别为高原生物区和藏医药产业功能区、民族文化和手工业功能区、新能源和机电制造业功能区。

积极贯彻"产业强市、工业强区"发展战略，坚持高端、高质、高效发展态势，纵深推进特色产业集聚发展，以"高新科技、文化创意、新媒体"三大产业为引擎，以"文旅"为驱动，构建集行政办公、工业生产、商贸、文化、娱乐、休闲旅游等功能于一体的复合发展模式，促进产业融合发展，实现以工业转型升级的新突破，打造区域经济新的增长点。

第三期

第二期

第一期

拉萨新动力教育产业园

陈可石
2020·9·3

建筑设计构思草图 陈可石

第一期　　　办灾大厅(东)　　　第二期　　　办灾大厅(中)　　　消防通道

招商新动力数字产业园建筑设计

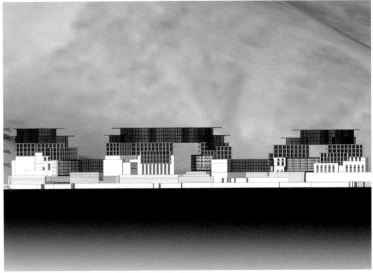

第三章

传统建筑
现代诠释

建筑设计既要传承人文历史，也要面向未来。

人类身处在一个时光连续的历史文明长河之中，传统建筑学使人获得人文精神的滋养，而现代时尚的设计又是将时光从历史带向未来，所以建筑设计既要传承人文历史，也要面向未来。地域性的建筑学传递了人文地理与自然地理的信息，这些信息由建筑师通过现代建筑设计诠释出当代人们对生活空间的理想和美感，这就是地域性、原创性和艺术性设计所带来的巨大价值。

岁月更替和人世变化之中，建筑师的创造要让建筑体现时代的光芒，使建筑艺术在光阴的延伸中变成永恒，人文精神也在永恒的建筑艺术中得到传承。

现代与传统的关系始终是一个非常重要的学术问题。实际上，传统与现代所表达的是两种不同的文明基础。我们今天所说的传统建筑学源于农耕时代人类所创造的文明。以中国为例，农耕时代有完整的宇宙观，这种宇宙观是经过数千年农业社会农耕文明的洗礼，农耕文明的世代传承，它是完整的体系，也是完整的客观上人类艺术创作活动的反应。工业时代伴随着科学技术的出现首先打破了传统的宇宙观。

文艺复兴以后，自然科学作为一种研究自然现象和过程规律性的重要思想学说和技术，对传统的观念产生了巨大冲击，特别是随着工业文明的到来，形成了一种大规模机器制造时代——现代机械美学。这种现代的科学观和新的世界观的出现，使得现代建筑在表达方面产生了革命性的变革，最主要的代表是现代主义，代表性的推动者是现代主义的早期设计师。这些设计师反传统，强调功能，顺应了20世纪早期工业化所带来的需求。现代主义建筑的出发点就是反传统，这也影响了整个建筑的制造工艺和人类对建筑审美的习惯。风行一时的极简主义导致了建筑语言的平淡。后工业时代之后人们对装饰的意义又重新进行了反省，传统建筑再次受到尊重。

现代主义的误区是认为工业革命以后就应该割断传统，割断传统建筑学，割断传统建筑语言。这一弊端早已显露无遗，值得引起当代建筑师深入思考。建筑学是延续千年的一种语言体系，我们现在是在它整个体系当中的一个部分。建筑师应该置身于上千年的建筑传统，而不是对传统视而不见，从零开始的一种设计。为什么很多现代建筑贫乏、雷同？其原因就在于现代主义观念下建筑师缺乏深邃的历史意识和深切的人文主义关怀。

一、传统建筑
继承与创新

以人文主义的价值观来思考当代的建筑设计和城市设计，以城市人文主义作为出发点来进行当代城市设计和建筑设计。这条路应该怎么走？这就涉及如何看待传统建筑学，以及如何处理传统与现代的关系。正确的方法是对传统建筑予以现代诠释。

1. 建筑学是一门语言学

建筑学是一门语言学。很多人把建筑比喻为音乐，叫做凝固的音乐，但实际上建筑学更像是一门语言学，就是说我们以不同的语言在表达每一个民族对于历史的演绎。

回顾中外建筑史我们会发现，西方建筑学的语言体系是非常完整的一个发展历程。从古希腊到古罗马的公共建筑，这种被称为classical古典建筑语言有一条明显的承传线，从古到今的一条完整的发展路线。另外一种叫做Vernacular地域性的，我们可以理解成地域性建筑学或者一种方言的地域性建筑语言，在各地又有独立的一种发展体系。在宗教建筑历史中包括古希腊的神庙、基督教的教堂、东正教的教堂、伊斯兰教的教堂，建筑作为一种宗教文化的传播符号，同时也产生了独特的建筑语言。

在中国的建筑体系中，Classical体系是一个连续不断的完整建筑语言。从现在考古发现的商周宫殿的遗址，到后来汉、唐、宋、元、明、清宫殿式建筑，都有一种长达两三千年的连续形制或法式。我们今天看到的中国古典建筑最完整的表达就是北京的紫禁城，世界现存最大、最完整的木质结构的古建筑群，明、清两代的皇宫。紫禁城的语言体系代表了中国古典建筑学的一个高度。

我们今天已经看不到唐宋时候的宫殿，现存的紫禁城承传了中国宫殿式建筑的工程材料、技术以及具体的做法和工艺。因此，在古典建筑语言当中紫禁城是最能代表中国古典建筑艺术成就的现存案例。

同欧洲的情况相同，中国的宗教建筑也是一个非常独特的体系。宗教建筑又分为代表儒家的文庙，代表佛教的寺院，还有代表道教的道观，以及很多宗祠。比如现在我们仍能看到的五台山的佛光寺，应县木塔，大同上华严寺、下华严寺，蓟县的独乐寺，都是古典建筑的杰出代表。

地方建筑学在漫长的发展过程当中带有很多地域因素，是建筑语言的地方化，也是承传自然地理和人文地理信息最重要的建筑语言体系。从中国地方建筑学我们可以看到当地的气候、自然条件、建筑材料、传统工艺和审美取向的不同，形成了非常重要的流派。如中原四合院体系；以江浙民居为代表的水乡四合院，包括苏州、杭州，以及在这个派系影响下的一些建筑体系；安徽的山地四合院，在历史的发展过程中形成徽派建筑体系，甚至影响到了江西、贵州。

穿斗式是另外一个非常独特的建筑体系，以贵州的苗、侗地区的杆栏式民居，云南四合院的山地民居，还有四川特别是川西民居为代表的乡土建筑成为很重要的建筑语言体系。

除此之外在藏族聚居区，有很多藏族的地方建筑，有五种典型藏式建筑，包括藏南的藏族建筑，甘孜的白藏居，陇西、青海一带的藏居和林芝、迪庆一带的藏居。

上述地方建筑语言代表了自然地理和人文地理的一个漫长的历史形成过程，正是地域性建筑带来了更为广泛的文化的多元性和审美的多样性。

地域性是建筑设计的重要原则。在建筑设计中要十分重视地域性的作用，也就是要考虑如何把自然地理和人文地理在地域性上形成的这些历史上的信息，带到今天甚至带到未来。地域的材料、传统的工艺和它所承载的历史信息造就了地方建筑语言，为世界建筑艺术这个美丽花园带来不同的花朵。所以很难想象，如果这个世界上的建筑学被理解为现代主义，会造成什么样的一种枯燥的语言表达结果。正因如此，传统建筑的现代诠释，实际上更重要的是传统地方建筑学的现代诠释。

2. 传统建筑现代诠释的方法

谈到"传统建筑的现代诠释"的方法，我们首先要从城市人文主义价值观出发肯定传统建筑的存在意义。传统建筑包括古典建筑学和地方性的建筑学。我们要进一步认识到地方建筑学和古典建筑学具有同样的价值，当然我们也要区分古典建筑学和地方建筑学是不同的语言体系。从实践的角度，我认为地方建筑学和古典建筑学在建筑艺术成就上拥有同等的意义。

在这个意义上，需要看到的是地方建筑学带有更多的地域性的一些价值，有待今天的建筑师去洞察、研究和提升。值得注意的是重要的公共建筑、官方建筑在古代中国通常采用古典建筑语言，因为古典建筑所代表的是一种中央集权下一种统一的建筑语言和它的表达方式。对此，《宋营造法式》和《清式营造则例》早有详述。

那么重要的就是我们如何区分古典建筑学和地方建筑学它们所带有的不同的信息和表达方式。作为今天的建筑师，我们需要研究的是如何在这两种建筑学的基础上的现代诠释，也就是现代表达方式。如何进行传统建筑的现代诠释，是实践人文主义价值观和传统建筑现代诠释的一个方法论。

我们需要重新反省现代主义。我们理解的现代建筑不是人类共同的一种世界语言，现代建筑语言需要带有地方语言，需要有一种文化的根源。

我们要看到今天人类生活方式和传统生活方式的差别，今天的建筑材料、技术和传统建筑材料、技术的差别，今天人类审美意识和传统社会的审美意识的差别。这就带来了"时尚"的概念，时尚是一个非常重要的概念，因为我们需要生活在时尚当中，我们不可能回到300年前。更不可能回到300年前的生活方式，我们需要延续传统的建筑材料和建筑技术，我们也反对另外一种设计的观念就是现代的建筑师企图去复制古典建筑。

今天我们人类的审美和生活方式的改变，也呼唤我们对于建筑的使用、建筑的空间和建筑的审美的现代化，也就是我们所要追求的时尚。时尚是一种现代生活的表达方式，时尚的特征就是现代人所需要的一种简洁的表达。流行色彩、现代艺术和畅销品牌所代表的一些审美趋向、潮流，代表了现代人的审美意识。

3. "传统建筑的现代诠释"含义

人类身处在一个时光连续的历史文明长河之中，传统建筑学使人获得人文精神的滋养，而现代时尚的设计又是将时光从历史带向未来，所以建筑设计既要传承人文历史，也要面向未来。地域性的建筑学传递了人文地理与自然地理的信息，这些信息由建筑师通过现代建筑设计诠释出当代人们对生活空间的理想和美感，这就是地域性、原创性和艺术性设计所带来的巨大价值。岁月更替和人世变化之中，建筑师的创造要让建筑体现时代的光芒，使建筑艺术在光阴的延伸中变成永恒，人文精神也在永恒的建筑艺术中得到传承。这也许正是"传统建筑现代诠释"设计理论的核心理念。

建筑师要以城市人文主义价值观作为出发点，以传统建筑的现代诠释作为一种设计的重要方法，对地域性建筑作为地域性文化元素加以提炼，运用地方材料、传统工艺，用现代时尚的审美观加以融合，创造出带有自然地理和人文地理信息的现代新的建筑语言。这就是我所强调的"传统建筑的现代诠释"。

二、传统建筑的现代诠释五准则

准则一　要建立在现代技术、科技和现代空间需求和审美意识基础上，做出传统建筑无法取得的建筑成就。比如钢结构的出现取代木结构，混凝土的出现取代石材，以及现代新的装修材料、装饰材料取代传统的装饰材料。

准则二　表达方式需要简化、提炼，表达一种现代的时尚美感。简洁化的处理也是一种时代的潮流，就像我们过去行走的速度是马车的速度，当我们乘坐在马车上看待一个城市和建筑的时候，是每小时10千米的速度，我们看到了很多细节，甚至建筑通体都充满了细节，我们可以很从容地去看这些建筑设计的细节。而今天我们是以汽车的速度，以每小时100千米的速度，甚至更夸张地说，以飞机的速度，也就是每小时1000千米的速度来看待我们所处的城市和我们所看到的建筑。因此我们需要的就是现代审美意识下的一种简洁的审美观。

当代建筑外形强调的是比传统建筑更简洁的外形，通过现代材料、现代技术、现代工艺，表达一种现代时尚的美感，这就是我们所看到的机器时代美学。我们看到今天的产品和古代的产品，明显的差别就在于手工制造的审美和今天机械制造审美的不同，这是非常重要的现代诠释的一个理念。所以我们需要现代表达，但是我们又要保留很多传统的艺术元素，更重要的是在现代审美意识下如何传承传统的建筑材料、传统的工艺，以现代的方式加以表达。

准则三　地方材料和传统工艺的运用。地方材料是传统建筑非常重要的艺术元素，因为地方材料像是夯土、石材以及传统的粉刷，甚至包括我们常见的青砖、青瓦、红砖这样的材料，有很多细节代表了一种地方建筑学的延续。

准则四　传统空间肌理的延续性。由于城市空间带有地理、气候因素，即自然地理的一些特征，我们今天在现代建筑的表达上要考虑到这些地理特征，延续传统的空间肌理。

准则五　古镇里面一定要有现代时尚建筑。在建筑设计实践中，古镇当中也要有时尚的新元素。但是在这些古建筑里面一定要有新的建筑、代表今天的现代时尚建筑，这些建筑就需要进行传统建筑的现代诠释。

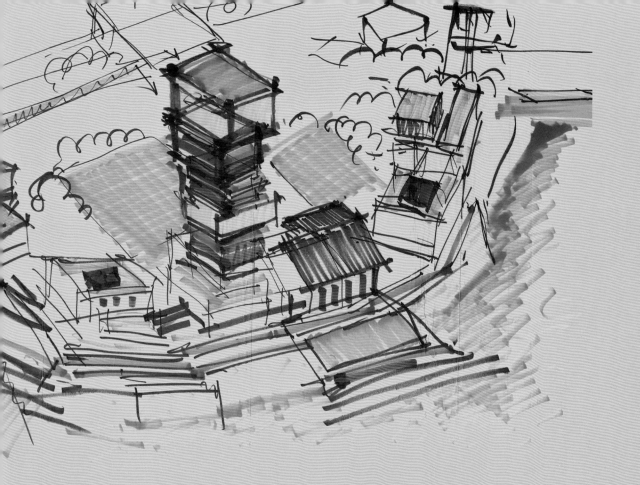

UWC
世界联合书院

世界联合学院是世界上唯一面向全球提供国际预科学历的教育机构，以"增进国际了解、促进人类和平、实现可持续未来"为教育理念，提倡将来自世界各地不同种族、宗教、政见或贫富背景的青年精英择优选拔、汇集在一起生活学习，先后在英国、美国等14个国家和地区建立分校，学生遍布全球140多个国家。UWC中国常熟世界联合书院坐落于江苏常熟昆承湖畔。

常熟地处江南水乡，素有"江南福地"的美誉，是吴文化发祥地之一。UWC中国常熟世界联合书院致力于提供围绕学习中国语言文化、培养社会公益创业精神及推动环境保护为核心的转型性教育。

我在设计UWC中国常熟世界联合书院时，结合学校的国际化特点、常熟地域特征，运用传统建筑现代诠释及生态美学设计理论，设计出一所既具浓郁中国传统建筑风韵，又颇具时代风尚元素、充满环保生态理念的现代学校。

UWC学校的使命是——通过教育的力量团结不同国家、文化和种族，从而实现一个和平与可持续发展的世界。根据这一使命，我将设计理念确立为：和谐、可持续、均衡性，使年轻的生命在中国的土地上健康茁壮地成长。为此，我确定其设计哲学为：地域性——融合象征主义的设计语言，艺术性——抽取古典的中国建筑元素，原创性——运用因地制宜的风水理念。围绕这一设计哲学，创造一个优美的环境和空间系统以充实学生的精神空间，让传统和经典的中国建筑艺术带给学生特殊的校园情怀。

在中国传统建筑中，中轴线的设计具有特别的意义。古代中国的文庙是学习儒家经典的学校，地方文庙通常沿南北向中轴线排布建筑，将影壁、泮池、棂星门、戟门、大成殿等核心建筑与景观置于中轴之上，次要厢房、配房则分列轴线两侧、对称布置。设计方案将学校书院头门、大门、二门、讲堂、文庙、斋舍、御书楼等建筑沿中轴线排列，南北对称，文庙形制与书院并置。而讲堂则是书院的核心部分，是书院讲学、讲会、宣教等重要礼仪活动的中心场所。在建筑设计中，注重中国传统建筑元素在UWC的活化，将中国古典建筑式样繁多的设计元素进行抽取和提炼，应用到设计方案中。

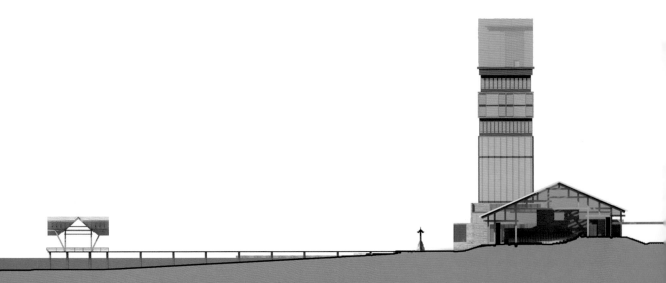

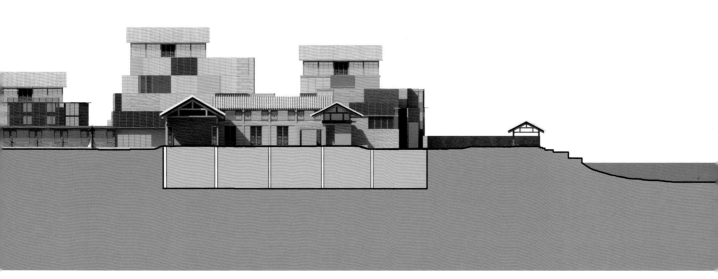

中国传统风水理念以河曲之内为吉地，昆承湖环绕基地，依据"曲则贵吉"的风水理念，设计方案将空间环境布置为"背水、面街"的风水格局。主体建筑背河而建，在基地左右两边分别用两组建筑充当护山，中央辟出中庭，创造出"湖环绕于外，校包涵于中"的格局。天时地利的风水理念，使整个校园系统更为绿色、可持续。风水学中的适中居中原则要求次要建筑要紧紧地围绕中心，以达到众星拱月的风水格局。因此，设计方案采用中轴对称的传统建筑布局模式，将重要建筑以一条纵轴线为主轴排列，次要建筑则分布于中轴线两旁。古代城市社会生活中，由于儒家学说的倡导，十分注重文化建筑。丰登堂即为典型的文教建筑，是书院的核心。设计方案遵循文东武西的风水原则，将其设在基地的东面。设计方案中，建筑由若干单体围合形成天井，屋顶内侧坡的雨水从四面流入天井，成四水归堂的风水格局，同时起到通风和排水的作用。

UWC中国常熟世界联合书院将推动环境保护为核心的转型性教育列为学校重要教学内容之一，而我提出的生态美学设计理念与之不谋而合。方案设计将学校建设成为一座可持续绿色校园，为师生提供健康、高效的工作、学习、生活环境的同时，也最大限度地节约资源、保护环境。设计中

创造了大量灵活的多功能的空间以保证每个空间都能发挥其最大的效用，使用被动且自然的手法来保持环境舒适，尽量减少建筑的进深以提高建筑的自然通风和采光。方案设计基于绿色生态绿色校园建筑标准，并致力于将该校区打造成为中国第一座黄金级别的LEED校区。

方案秉承传统的设计理念，宣扬中国古代"渔樵耕读"的学习生活方式。结合农作植物构建特色的屋顶花园，同时强调校园景观的功能属性，着力打造可供师生交互体验的校园农耕环境。使用中国传统农作物和地方特色植被作为景观基底，凸显了中国农耕文化的地域特色。方案注重生态设计，通过复合式路网，形成贯穿稻田、绿地及庭院的辐射式景观组团。通过环形栈道与生态湿地相结合的景观表现形式，打造校园生态运动跑道，创造别具特色的校园运动环境体验的同时，保护土壤绿地，形成良好的校园生态环境，引自然气息入新校园景观之中。春华秋实的中国传统田园景观设计不仅带来斑斓的四季，也让师生们亲近自然，感受多彩的田园意趣。

汶川水磨镇

设计构思草图 陈可石

2008年，陈可石教授和阴劼副教授带领研究生和设计人员在水磨工地踏勘

2008年5月12日汶川大地震发生后，由我主持完成的汶川水磨镇重建方案首先提出了"以文化重构实现小镇灾后可持续发展"的核心理念，建立起安置—文化—经济—生态的复合模型，改善自然生态环境，并创造长久的就业机会，统筹居民安置与可持续发展。借鉴英国的经验，我在汶川水磨镇设计中提出采用"总设计师负责制"，以城市设计为先导，多种设计手段并行，将川西民居、羌族和藏族建筑结合，以山地小镇丰富的空间形态、亭台楼阁和湖面形成独具特色的景观和传统"风水"格局，再现了中国传统诗意小镇之美。

设计团队用手工模型研究
山地建筑的形态

如今，水磨镇已经从一个工业重度污染地区转变为环境友好、独具特色的著名旅游小镇，成为国家5A级风景区，受到中国政府的高度肯定并获得国家最高设计奖，同时水磨镇还被全球人居环境论坛和联合国人居署评为"灾后重建全球最佳范例"。作为水磨镇灾后重建总设计师，我受邀在纽约联合国总部向多个国家的代表介绍灾后重建的成功经验。

水磨镇位于四川省阿坝州汶川县东南部边缘山区，岷江支流寿溪河畔。水磨镇历史悠久，生活着藏、羌、回、汉等多个民族，各民族文化相互交融，形成独具特色的地域文化景观。

2008年5月12日，发生在中国汶川县及周边地区的地震灾难震惊全球。地震发生后，中国政府马上组织全国各省市对口支援灾区的重建。经过两年多的规划和建设，汶川灾区重建成绩举世称赞。由广东省佛山市对口援建的水磨镇重建了禅寿老街、寿西湖、羌城三大区，水磨镇被认为是汶川灾后重建第一镇。

设计构思草图　陈可石

水磨镇的规划设计倾注了我的城市人文主义价值理念，也是我对传统羌藏建筑艺术予以现代诠释的成功实践。在重建过程中，尊重当地传统文化和历史文脉、关注羌藏民众未来的可持续发展，从传统的藏族和羌族民居中吸取设计元素，着力于传统羌藏建筑艺术的现代化表达。规划设计中通过建构完整的文化空间序列，在建筑体量、色彩、材质和符号方面，寻求现代与传统的呼应，创造了极富羌藏民族特色的精神空间与生活空间。

中国历史上的那些美丽小镇，最大的特征是整体形态完整性，道法自然、依山就势、因地制宜并寄予诗情画意。水磨镇规划设计从整体形态和景观入手进行小镇的设计，如同回到中国传统的风水理论，小镇的设计首先考虑到自然地理的因素：风、水、阳光、山形地貌。方案提出了以"寿溪湖"为中心的小镇总体形态和采用坡屋顶的山地建筑形式。

以湖面作为城市的核心景观。在城市设计中以湖面和绿地作为城市的核心景观，充分利用湖面进行城镇建设的经验，结合水面空间进行水磨镇整体风貌的打造，塑造依山傍水的生态新城形象。

再现人文历史和传统建筑学价值。水磨镇的规划设计再现了小镇人文历史和传统建筑学的价值：恢复了禅寿老街，严格采用传统材料和传统工艺；在震后的废墟上重建了800米长的传统商业街和历史上曾经有过的戏台、大夫第和字库等建筑；在居民安置区的设计上采用了传统羌族建筑学，并为当地居民提供了发展服务业的机会。

创新建筑风格和建筑语言，以羌藏传统文化为基础，以现代的手法予以新的诠释，使水磨镇未来整体建筑风格体现出西羌传统建筑艺术的特征和风格。

汶川地震前，水磨镇只有一条老街保留了传统的川西建筑风格，其他建筑基本无明显的地域特色。因此，在水磨镇的城市设计和建筑设计中，设计团队以羌藏传统文化为基础，从传统的藏族和羌族民居中吸取设计元素，着力于传统羌藏建筑艺术的现代化表达。在重建的过程中，设计团队充分结合西羌的深厚文化内涵，继承与发展西羌文化，通过建构完整的文化空间序列，寻求现代与传统的呼应。

为实现水磨镇整体文化风貌的和谐，方案提出了总体控制的要求。方案结合水磨镇的自然条件和历史文化，对建筑高度、建筑材料、建筑色彩和立面提出控制要求，以尊重地域性，保证整体风貌的和谐。水磨镇的几个标志性景观，包括寿溪湖、羌城、春风阁、水磨中学、西羌汇、禅城桥等，都诠释着传统羌藏之风。

羌城位于水磨镇规划区东北部、禅寿老街的东部，北部为连绵起伏的自然山峦，南面面临寿溪河，是灾后集中安置区。羌城将老街的肌理与商业氛围延续过来，共同组成区块内的主要道路与商业步行街。羌城所在地本是一片梯田，高差变化大。根据地形总体走势为北高南低、西高东低的特点，方案在18米的南北高差下将整个安置区划分为数个地块，地块内设计前后两户，它们之间结合地形存在一定高差，以此使建筑单体组合形成优美的层叠围合感。建筑的总体走势与原有地形充分贴合，建筑高度控制在10米以内，创造出羌城高低错落的风貌与宜人的街道空间。羌城的设计体现了现代生活方式与羌族传统建筑形式的完美结合，并成为旅游的热点。

2008年，陈可石与学生和设计师在汶川灾后重建工地现场设计

在建筑单体设计上，最初以藏族传统的红色、白色为主色调，而后充分吸取羌族民居的特点，采用建筑局部退台、坡屋顶，以及羌族民居传统的土黄色系，创造出颇具羌族风情的文化景观。羌城建成后，又参考茂县坪头村羌族民居的做法，在建筑的外立面运用水泥、谷草和铁环创造出类似黄泥的效果，不但防晒、防雨，而且耐用性持久；利用羌族传统的白石拼贴出各种羌族传统图案，极具民族特色。在运用传统元素的同时，设计也对羌城进行了较多的改造和创新，建筑内部布置已经不同于传统羌族民居。

民居是传统文化的浓缩与具体体现，在设计中设计团队关注极富羌藏民族特色的民居、碉楼的传统结构，力图用现代的建筑语言进行表达，在建筑的体量、色彩、材质和符号方面，寻求与传统的呼应。川西民居的建筑特征是以庭院式为主要形式，基本组合单位是"院"，即由一正两厢一下房组成的"四合头"房，立面和平面布局灵活多变，对称要求并不十分严格。羌族的房屋布局紧密相连，建筑与建筑之间仅留出可供通行的走道。羌族传统建筑背山面水，坐北朝南，布局严密工整。所有建筑均以石块垒砌而成，远远望去，一片黄褐色的石

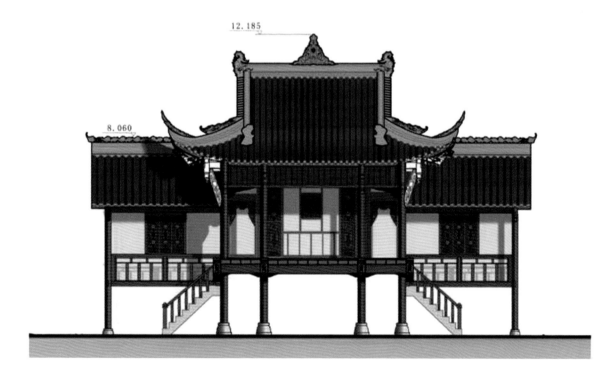

整体立面改造

街道立面现状照片

街道立面现状实测图

街道立面改造设计图

屋皆顺陡峭的山势依坡逐次上累，或高或低，错落有致，其间碉堡林立，气势不凡，风格独特。羌族建筑工艺精湛，构思独特，为防御敌人入侵，所有住房都互相连接，进入巷道，古羌先民引山泉修暗沟从寨内房屋底下流过，饮用、消防取水十分方便。在建筑设计中，设计团队充分提炼羌藏建筑形式和色彩，合理利用地方建筑材料，融合现代设计语言，以创造出具有地域文化特征的现代建筑。

禅寿老街是水磨镇现存最完好、最具有传统川西民居风格的建筑群，设计团队以"保存、修复与重建"相结合的原则改造老街，按照川西风格设计建造。在禅寿老街空间肌理的设计上，充分尊重老街已有的空间肌理，并结合自然地势加以整理和改进。老街的原有传统建筑布局紧凑工整，高低错落有致，所有住房都互相连接，形成了独特的聚居肌理。设计延续了原有的弧形主街，对内部巷道进行整理，而新建、重建建筑依照外部空间进行约束，以保持古镇空间形态的原真性。

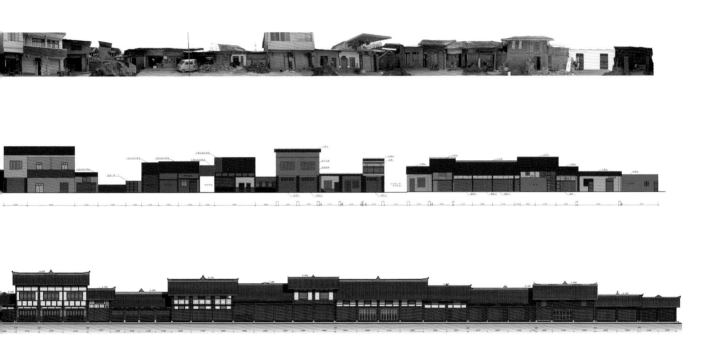

汶川第二中学

汶川第二中学强调"传统"建筑语言的运用，比如采用传统材料、传统色彩和传统装饰图案等。建筑设计的处理手法是在新建筑中保留70%~80%的传统建筑艺术。这种方式能够最大程度地保持传统建筑语言的延续。

在汶川第二中学的设计过程中，我对如何体现西羌传统建筑艺术进行了大量的研究，做过十几个不同的设计方案，有比较现代的做法，但带有一些传统羌藏的符号，总之，要在一个全新的建筑群中反映出现代意识又有传统精髓十分困难。最后设计团队采用比较现代的做法，从设计上突出"创新"，但在材料和色彩上参考了一些羌藏建筑的做法。汶川第二中学的立面设计反映出明显的"现代羌藏"特色，在色彩方面，参照了"唐卡"中的颜色处理，并从敦煌壁画里找到了设计灵感。作为传统羌藏建筑学的现代诠释，汶川第二中学的立面设计有很多创意。

春风阁

春風閣 陳可石題

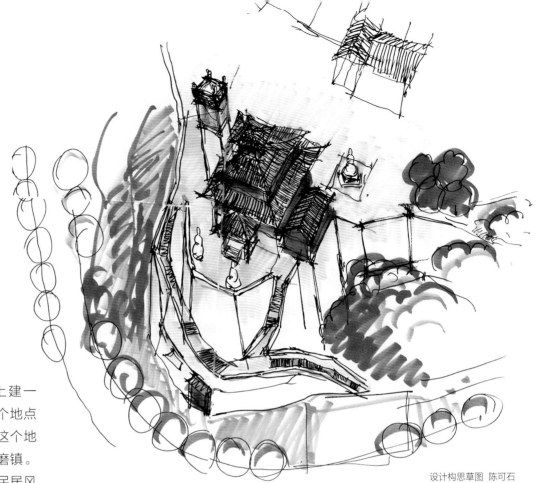

设计构思草图 陈可石

在禅寿老街南面的山丘上建一个"春风阁",是因为这个地点是水磨镇的视觉中心,从这个地方可以看到湖面和整个水磨镇。一开始也设计了一个川西民居风格的阁楼,采用了比较传统的羌藏建筑风格,可能90%的风格依靠传统建筑语言。开始主要参考了藏式的宫殿式建筑做法,后来发现这种做法与禅寿老街的建筑风格反差太大,最后又再改成现在的风格。我根据中国传统小镇十分注重亭、台、楼、阁等文化景观的特点,充分融合川西建筑和羌藏建筑风格,以一座三重檐阁楼和一座近25米高的碉楼为主体,利用当地毛石砌筑台基,台阶踏步沿高台边缘自然而上,以朱红、白色和青灰色为基调,将两种风格的建筑形式协调为一体。

西羌汇

灾后人们在哀伤与悲痛中迷失自我，让精神需要慰藉的人们尽快找寻到心灵的归属是灾后重建的首要任务，这就是西羌汇的意义所在。西羌汇则以展览、纪念等公共活动功能为主，采用敦实的羌塔式建筑，建筑色彩采用了当地最常见的红白色调，在实际建设过程中改用土黄色，与羌族民居传统的土黄色系相呼应，营造出颇具地域民族风情的景观。夜晚，临湖面的玻璃体投射出奇幻的五彩斑斓的灯光效果，倒映在波光粼粼的湖面上，寓意生命将在这里延续……

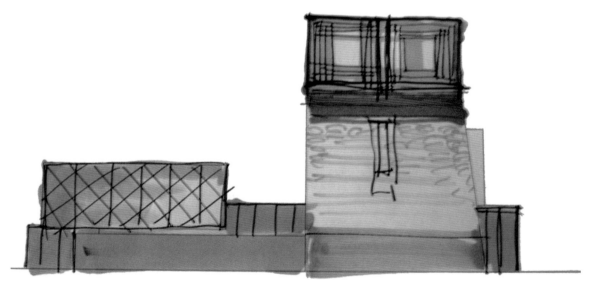

设计构思草图 陈可石

陈可石 绘

安徽绩溪
上庄胡适博物馆
和游客接待中心

2018年，受安徽文旅集团委托，我完成了已故前北京大学校长、中国近代著名的学者和思想家之一胡适先生故乡——安徽绩溪上庄胡适博物馆和游客接待中心的设计方案。

上庄胡适博物馆和游客接待中心的规划设计，是我从城市人文主义价值观出发，结合胡适先生的生平与思想背景，对安徽绩溪地方传统建筑现代诠释的成功案例。方案注重提炼当地传统建筑的基本元素，选用地方材料与现代钢木构架和谐连接组合，并加以简化、提升处理；特别是屋背的曲线设计受到当地自然山景的启发，线条简洁、流畅，极富时尚感，把人们的思绪从胡适先生故里引入现代，并导向值得期待的未来。

方案构思突出表达"新"意，胡适先生是"新思想"的代表，而地处上庄这样一个传统农耕乡村，传统建筑学和地方材料也需要作为设计的组成部分。在吸取安徽传统建筑基本元素的基础上，方案设计博物馆依就地段坡度的变化，由10个单体建筑组合成为一个大概念的四合院。每个单体建筑都有自己独立的使用功能，建筑形态内部又互相连接组合成为一个活泼灵动的现代建筑空间。10个单体建筑形成内部观光的环线，屋顶花园供游客休息。

中庭由一个钢木构架的屋顶覆盖，这也是采用现代建筑简捷的手法。中庭的一边向外开放方便游客进入，而另一边的屋檐与建筑之间留有一个带状的天井暗合了安徽传统民居天井的做法。

预制混凝土片

东立面图 1:100

旧马炮

靖本衣
2019.7.5

屋背的曲线设计灵感来自周边山峦起伏的韵律，立面门窗的自由设置又源自徽派建筑传统的做法。传统材料选用历时千年人们喜爱的材质和色彩，但又不能完全采用传统的小青瓦、木梁架和门窗做法，需要用现代审美观念对传统材料进行简化、提升和机械加工，达到手工不能达到的简约和时尚之美。

2017年，陈可石在胡适故居考察

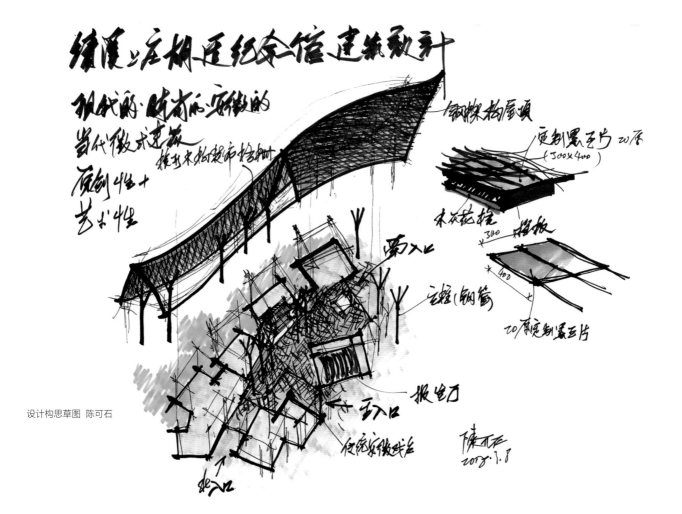

设计构思草图 陈可石

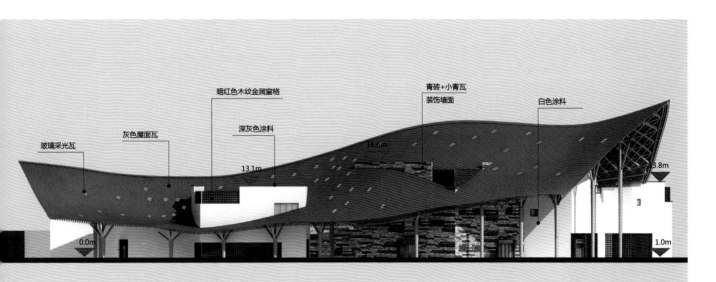

游客接待中心西立面图

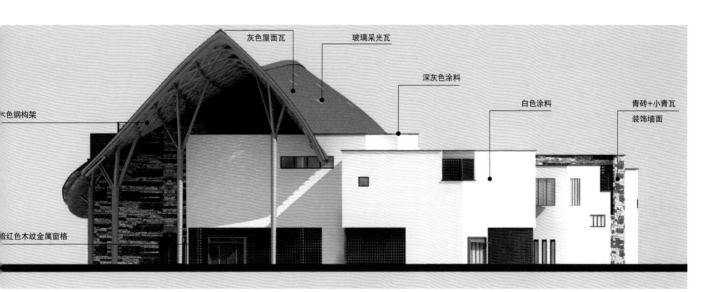

游客接待中心南立面图

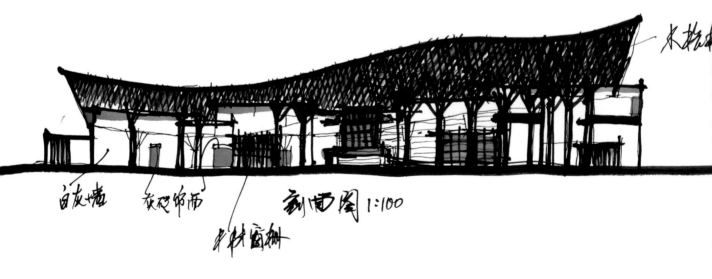

白灰墙　　　瓷砖装饰　　　剖面图 1:100

木材窗栅

石 绘

安徽·黄山黟县
黄山中国书画小镇

黄山中国书画小镇位于安徽省黄山市黟县，东北侧靠近宏村，东南侧是西递古村落。黟县是"徽商"和"徽文化"的发祥地之一，也是安徽省省级历史文化名城。境内存有大量的明清民居、祠堂、牌坊、园林，更有世界文化遗产西递、宏村古村落，黟县又被称为"中国画里乡村""桃花源里人家"。

黄山中国书画小镇的设计中，我注重对小镇地域性特点的研究，延续徽州小镇传统的空间肌理、起承转合的空间序列以及宜人的街巷尺度，以传统的院落为基本的单元模块组织整体规划布局，实现书画小镇人文气息、当地元素与现代风格的融会贯通。

设计方案以书画交易为契机，整合区域书画产业，传承徽州建筑独特的文化，将黄山中国书画小镇打造成为一个以书画交易为主业，集高端酒店、书画创作、书画展览以及餐饮娱乐等为一体的国内知名的文化旅游小镇。小镇按不同的功能和规划条件划分成四个分区：酒店及书画展馆区、书画交易区、滨水商业区、大师工坊区。

小镇主体建筑是在继承当地传统建筑基础上予以现代诠释，以体现现代徽派建筑风格。小镇内建筑以院落作为建筑形态，打造具有地域性的、以书画创作为载体的徽式院落。皖南民居的外形为一四方体，外面白墙高耸，里面的房子沿四周布置，都是两层以上的楼房，屋面向院内倾斜，形成"四水归堂"的形式。墙的上端，有层层跌落的马头墙，白墙与黑瓦形成鲜明的色彩对比。方案以当代的建筑材料，还原徽派建筑青瓦粉墙马头墙质朴典雅的色彩。

酒店及书画展馆的外观简洁、谦虚、平和，外立面由整面的木色铝构架及洁白的墙面结合而成。与安徽当地的民居交相辉映。同时在布局上呼应了徽派民居的特点，形成内院。整个酒店拥有151间客房，动静分区明确，功能合理，具备五星级酒店评级标准。书画展馆立面由设计感极强的钢构架及玻璃组合而成，与酒店对比强烈，整体虚实结合。

从街巷到广场，徽州传统村落空间有着明确的起承转合关系，小镇的空间骨架依托于对传统空间的理解，延续徽派传统空间肌理。

黄山中国书画小镇景观结构规划以入口景观广场、景观水池等重要的景观要素，贯穿规划区南北；以原有水系为载体，丰富周边滨水步道，形成有趣味的亲水空间；中心广场为整个规划区的中心位置，人群聚集地，将其打造成最主要的景观节点；以主要景观节点与次要景观节点相结合，散布于规划区内，丰富区域的景观体系。

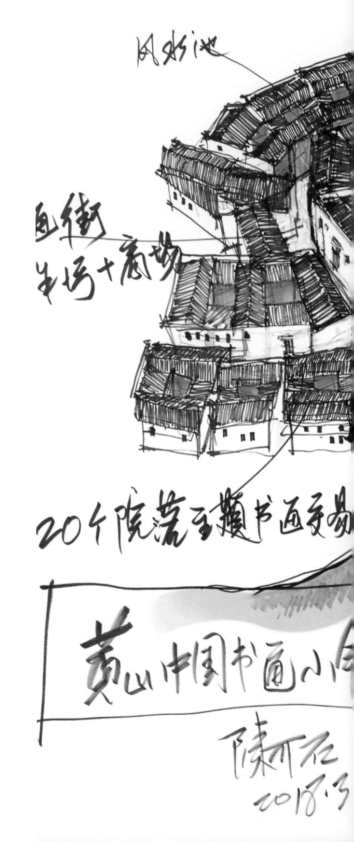

6 大精品馆

兰亭

入口

披掲展厅
玻璃房

宝塔

回、以书画交易为主业。
装饰酒店书画二期同

戏台

商街

藏库房

设计构思草图 陈可石

黄山中国书画交易中心

地下车库入口 6大精品馆

酒店入口

主厅

玻璃房
中央展厅

风水池

主入口 主入口

陈可石
2018.3

传统风格
装饰

宝塔

剧台

总平面图1: 400

传统风格装饰街

设计构思草图 陈可石

加快建设中的黄山中国书画小镇

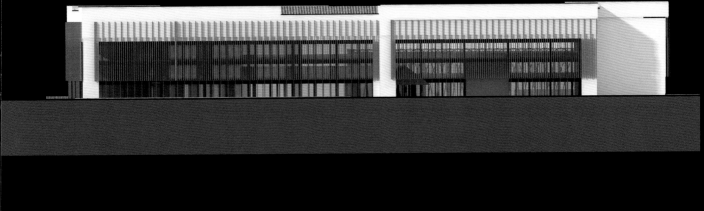

重塑活力滨水商业街区，打造汇聚文化、休闲、娱乐等多元复合功能的徽派特色滨水步行街。水是人与自然共生的重要介质。在规划范围内，尽量保留了现有水系，并恢复徽派民居滨水建筑的传统空间，构筑有机的城市水系。结合地形特点和规划条件建设了公共空间节点，在中央广场建设风水池及景观池，沿水岸建设商业步行街。

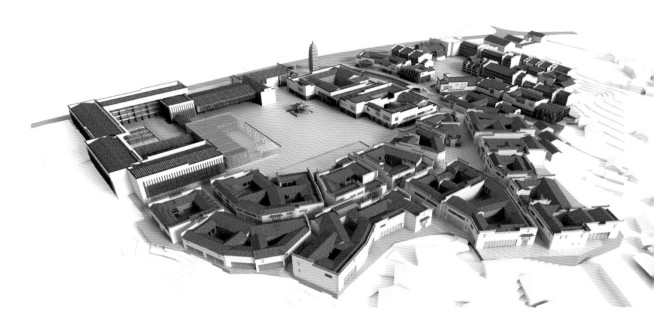

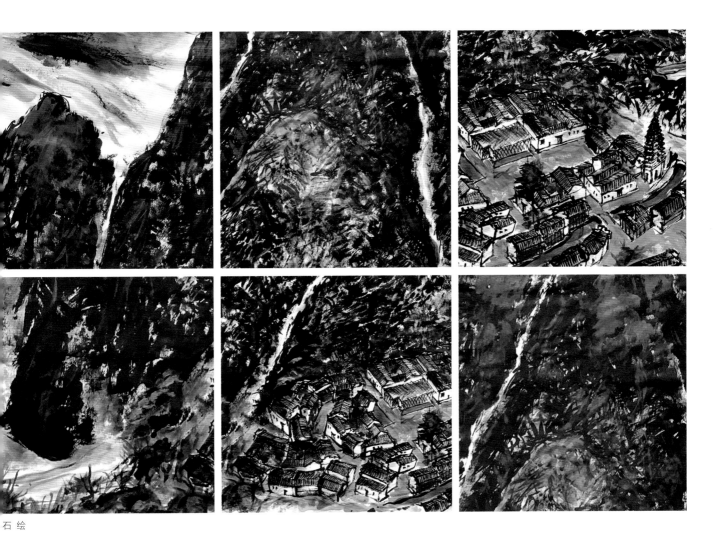

石 绘

IV

第四章

城市人文主义

将"城市人文主义"理解为不断继承传统文化，创造新的文化；实现人的价值，迈向绿色新田园城市。

城市人文主义价值观是指以人文主义为主导的城市设计，以城市空间为载体，强调城市人文价值取向，主张将人与人的交流、人与城市的对话，将社会生活引入城市空间，增添城市活力；延续和发展城市的历史和文化，创造包含人文内涵的城市特色和物质形态。城市人文主义应该成为每个建筑师设计实践中的坐标系、出发点以及主体意识。我们将"城市人文主义"理解为不断继承传统文化，创造新的文化；实现人的价值，迈向伟大的城市。

城市人文主义就是建筑师应该具有的价值观，以城市人文主义价值观来对待历史、尊重历史，就会珍惜传统城市和传统建筑，保留传统城市的空间肌理，保留城市的老建筑，保留城市的记忆。以城市人文主义价值观作为城市设计与建筑设计的出发点，尊重人文地理，保持传统建筑语言的原真性。城市人文主义是古镇复兴和旧城改造的重要设计理论。古镇复兴和旧城改造中如何对待传统建筑，如何在古镇当中做出现代、时尚的新建筑，城市人文主义价值观是成败的关键所在。

建筑师如何致良知

从今天我们可看到的那些古代的遗迹，无不赞美那些美妙绝伦的伟大设计作品，从古希腊的神庙，到古罗马的城市，到中国汉唐宋元明清的那些伟大的宫殿再到意大利文艺复兴所产生的宏伟的建筑，直到近现代我们看到的那些新的材料和结构所创造的伟大的艺术杰作。所有这些不同时代的伟大杰作背后都有设计师的故事，是设计师对宇宙观的理解和奇思妙想。

无论人类社会向何处发展，现代的建筑技术向何处发展，建筑设计的艺术境界永远是人类追求的一个目标。就像原始时期人类追求艺术导致艺术史的起源，以及今天的艺术在各个方面的创造，追求艺术是人类的天性，而追求建筑设计的艺术境界则是建筑师的天职。

"致良知"引自王阳明的心学，所谓设计致良知就是追求设计的本质、追求设计的真理，核心议题是如何创造艺术。致良知的理念就是希望思考在众多设计因素下什么是核心因素，那些成功的设计作品的后面最核心的思想是什么，是什么思想造就了那些建筑的成功。致良知是让我们探索那些伟大的建筑艺术背后的思想和真理，正是那些隐藏在设计作品背后的思想和真理造就了那些伟大的作品。致良知也是对设计师自身的拷问，拷问自己从事这个行业的良知所在，也就是价值所在。

毋庸置疑，在一个传统的宇宙观中设计师的价值观是非常清楚的。因为在传统的宇宙观当中，一个民族，或者是国家大多持有共同的宇宙观和价值观。但工业革命之后，特别是全球化的到来使价值观开始变得多元化，全球化也使我们很难看到一个统一的价值观的形成。而城市人文主义价值观正是基于这一新的变化对于建筑所作出的新思考。正像希腊古典时期伟大的政治家伯利克里所说："我们建造了城市和建筑，而城市和建筑培养了我们的道德和民主精神"。"城市人文主义"认为，人与建筑和城市是一种互动的关系，这种互动就是我们创造的人文思想。建筑师把人文主义思想通过

城市人文主义
设计价值观

建筑表达出来，而建筑和城市又会反过来影响人类的思想和行为。城市人文主义的设计理论十分重要的一个落脚点就在于把建筑设计看成是一条漫长的历史长河，这条历史的长河从远古的文明开始，涓涓细流，一直不间断地流淌到了今天。我们今天的城市和建筑的设计，是身处在这条漫长的历史河流当中，我们并没有离开这条河流，而城市人文主义的历史河流将带领建筑和城市流向未来。

所以作为当代建筑师，理应在这个河流当中不断地创新，在城市人文主义价值观的出发点上不断创新。如果我们把城市和建筑设计看成是一条漫长的不间断的历史长河，就不应该回到过去，不应该模仿三五百年前，或者更久远之前，过去历史中那些建筑师的建筑作品。我们应该带有原创精神去努力地创新，运用当代的建筑材料、建筑技术，努力创造当代城市的建筑艺术。同时人类也应该生活在一种时光的隧道之中，在这个时光隧道可以经历古代的城市和建筑，今天的城市和建筑，以及未来的城市和建筑。城市人文主义设计的价值观应该成为每个建筑师设计实践中的坐标系、出发点及主体意识。

人类文明滥觞于原始社会，并随着人类的演化，认知能力的不断提升而日益发展。古希腊、古罗马创造了西方古典建筑，诞生了苏格拉底、柏拉图以及亚里士多德等众多著名的思想家、哲学家，闪耀着人文主义的思想光芒。这些先哲们努力探寻着人文主义的思想和理想国家（城市）的形态，开启了西方人文主义思想的新源头。古罗马文明在欧洲的延续，最终催生"人文主义"为核心的文艺复兴运动。欧洲文艺复兴运动高举"人文主义"的大旗，提倡尊重人，以人为中心的新的世界观。而以法国为代表的启蒙运动则把西方人文主义的发展引入成熟。从古希腊、古罗马，到文艺复兴和启蒙运动，"人文主义"思想由此开启了崭新的文化艺术和城市生活，创造了理想王国的城市图景与和谐完整的城市景观。

近代以来，随着工业革命的不断推进，城市进入急剧"爆炸"的时代。在功利与实用主义的态度下，现代机械理性的思想逐渐主导了城市设计。然而，随着文明的不断进步，多元性、差异性、参与性、公正性、以人为本的思想不断深入人心，城市的发展不再以单纯的经济的增长为核心目标，更加注重人类自我价值的实现，更加注重城市的人文主义与文化内涵。

城市人文主义的核心思想

什么样的城市才是终极追求，什么样的价值导向才是城市追求的最终归宿？追溯城市的本源，可以看到，人是城市的根本，文化是城市发展的灵魂。城市人文主义正是这样一种以人为本的价值观。城市因文化而生也必将由文化引领城市未来发展。人文价值导向才是城市设计的最终归宿。

城市人文主义价值观是指以人文主义为主导的城市设计的价值观，以城市空间为载体，强调城市人文价值取向，主张将人与人的交流、人与城市的对话，将社会生活引入城市空间，增添城市活力。延续和发展城市的历史和文化，创造包含人文内涵的城市特色和物质形态。

以人为本是城市人文主义的核心。从古希腊的城邦时代开始，城市的每一次历史性变革都是以为人类提供更好的居住、生活为目的。14~16世纪的文艺复兴充分地展现了人的价值和尊严，讴歌人性，主张人对幸福生活的追求。城市人文主义为人的自我完善提供了空间载体，城市中的文学、艺术、哲学等领域达到难以企及的高峰，并创造出令人赞叹的成就，也诞生了人类城市发展史上伟大的城市。

今天，当我们再次审视城市，城市的选择应当再一次回到人文主义的价值观上：城市的每一次革新必须以尊重人的个性、尊严、情感为基础，生命体是主要的，而不是物和建筑物，应当创造一个以人为本，以自然美学为原则的城市，允许城市的自然生长，让市民感受到城市的人文关怀。

从世界城市的发展史看，城市的经济地位、经济社会发展健康与否，直接决定于城市的文化选择，包括城市文化精神的导向。城市人文主义包括三个特别重要的方面：一是强调城市设计应以人为本，注重对人的生活环境的改善；二是注重对人的精神空间与场所的营造；三是注重城市的文化内涵，尊重并发扬传统文化。纵观人类文明的进步和城市的发展过程，就是一部不断发现"人"，不断继承并创造人类文化的过程。在此，我们将"城市人文主义"理解为不断继承传统文化，创造新的文化；不断发现"人"，陶冶"人"，实现人的价值，迈向伟大的城市。

城市人文主义
与形态完善

1. 三个维度的"形态完整"

城市的空间形态是历史文化的载体，是复杂和多义的有机体，透过城市物质的空间形态可以体验到社会、经济和文化的历史积淀。塑造城市空间形态是城市设计诠释当地城市历史文化的有效途径。

城市形态是指城市的形式和结构，它既包括城市的布置形式、功能格局、建筑空间形态组成和建筑风格等。对一个城市而言，拥有完整的形态非常重要，完整就意味着协调，意味着内在逻辑与外在表现形式的统一，意味着时空的连续性。城市形态的完整体现在时间、空间和人三个维度上——时间的连续性、空间的整体性和活动的多样性。

首先是时间的连续性。

要尊重历史，保留时间的印记。在塑造城市整体形态时保留和延续历史空间和当地文脉。

每个地区都有一些老建筑，比如老街、古镇、旧厂房等。即使没有列入历史文物保护名录，它们对城市而言也是不可或缺的一部分。老建筑对小商业、零售业、小企业有着非常重要的意义。

古老的建筑往往承载着当地居民的生活方式，某些看似微小、平淡无奇的旧事物往往生命力长久。人们可能记得最清楚的仅仅就是一堵土墙，一尊石雕，或一块方砖上的特殊纹路，这些细部组成了最有力的记忆，甚至成为一个地区最具标志性的特征。

一些老建筑或景观实用功能早已不复存在，但其形象布局依然对城市形态有重要意义，可时刻唤醒人们对历史的记忆。在改造或更新这类已丧失功能和作用的建筑和空间时，必须注意保护。

另外，在塑造完整形态的过程中还需关注一些历史自发形成的城市格局和形态，例如街道和运输系统的建设形态，自然生态环境与人工建造环境间的关系，房屋建造的方式和材料，人和各种动植物在城市中的生活方式等。只有了解了形态形成的过程，才能让其在未来的发展中保持完整。

第二是空间的整体性。

注重区域、道路、节点、边界、标志物的塑造，组成整体、可识别的空间形态；尊重自然，将城市空间融入大生态环境中。

塑造城市的空间形态就是在塑造城市的个性。空间的塑造应该遵循自然的标准，如：安全、公平、美，与自然连成一个大的整体，城市的空间形态充分结合地域性特征进行布局，体现出因地就势、因势利导的空间格局。

城市空间设计应注重对阳光、空气、水等所有生物都赖以生存的基本要素的保护和利用，例如：在城市中央设置公园，实现动植物对空气、阳光、水的需求；完善城市水网结构，实现自然的正常循环等。同时，还需注重对城市三维空间的塑造，需加入立体紧凑式的发展，只有将平面和三维空间有机地统一起来，才能实现城市空间的整体性。

第三是活动的多样性。

城市的形态不仅仅是由自身存在的物质所决定，它在很大程度上也与人的活动相关。城市要为人们提供进行多种活动的可能性，适宜的空间和场所、良好的氛围都是必不可少的。城市的空间和形态为人提供一个整体的框架，当人们穿梭在这些空间中，可以感受和体会到这些空间所传达出来的意义，人在领会和理解了空间的含义后，便会做出回应，在空间中进行各式各样的活动，而人的这些活动和行为又会对空间产生反作用，或改变了空间原来的意义，或为空间增添了新的内涵，使城市空间更加完整。

形态的完整是每一个具有人文主义情怀的城市所追求的，它既能彰显城市的特色，让城市的环境意向更加明晰，它也能为城市增添活力，使城市拥有一种蓬勃的朝气。

2. "景观优先"的设计理念

"景观优先"是城市人文主义重要的设计理念，强调最大化地考虑景观的价值，以生态可持续和景观功能为出发点，在平衡其他的因素后以景观为主导。同时"景观优先"也可以理解为时间顺序上的优先介入。

"景观优先"这一设计理念要求在明确了主要的绿化、廊道、交通绿地、保护绿地、水体规划等之后，才开始进行建筑设计。

城市人文主义是关于城市空间和环境品质从城市的整体环境出发的城市设计。其主要目标是通过形态设计来改进人们生存空间的环境质量。将景观优先设计理念引入城市设计意味着设计要结合自然山水，维持城市生态结构的完整性、连续性，同时强调注重景观体验。从景观和整体形态入手进行城市设计，如同回到中国传统的风水理论，城市设计首先考虑到自然地理的因素：风、水、阳光、山形地貌，丰富景观的异质度，从而达到良好的视觉效果。

中国古代城市设计强调与自然的和谐，紧密结合自然景观进行创作是中国古代城市设计的优秀传统。中国传统的天人合一、尊重自然、道法自然的思想，也是对今天的城市发展具有重要价值的基本理念。

城市设计中的文化重构

传统中国城市十分注重文化特征和形态设计，我们可以从文献中设想出一座座伟大城市的繁华景象，展现一个个东方文明的盛景。

从历史文化和地域发展的角度来看，中华文化和传统城市是比较幸运的，在完整的文化体系下发展城市和文脉在世界上是独树一帜的。当然这里也包含与外来文化的融合。

创造新的城市文化。

中国城市设计的根基应当是中国的文化传统。我们古代的城市和建筑是在中国文化这棵大树上生长出来的。这里面有很多可以讨论的地方，比如中国文化自身的发展等，但从城市文化重构的角度出发，我们不能不明确中国城市的传统文化是我们创新和走向未来的起点。

我们应当明确东方文化和艺术与西方文化和艺术有各自不同的起源和发展历程，这两种伟大的文明都应发扬光大。而在城市文化重构过程中，未来中国城市复兴的基础应当是中国文化自身。

当今中国城市文化重构的价值观应当放在两个层面上。第一，保护古城、古镇、旧城和老建筑，让城市复兴延续城市的历史而不是割断城市的历史；第二，以中国文化为基础，在学习世界上最优秀的城市复兴理念和方法的基础上，努力创造新的城市文化。

城市改造不应破坏旧城已经形成的空间"肌理"，这一点在目前中国城市的实际操作上尤为重要。尊重历史，就应当保持城市千百年形成的肌理。城市文化重构的结果，应当把自然的河床、水系和森林恢复起来，发展绿色产业和走绿色城市之路。

城市人文主义
价值观下的
历史街区复兴

1. 城市人文主义价值观下历史街区文化重构的意义

城市人文主义倡导从物质空间、精神空间、城市文化及居民就业等方面来关注城市的复兴。而历史街区往往保存着城市文化的历史信息，最能反映城市的特色和风貌。但目前大多数历史街区普遍面临着以下问题：

一是建筑破败，环境质量较差。历史街区的文物古迹比较集中，能较完整地体现出城市某一历史时期的传统风貌和地方特色，然而这些区域的历史建筑大多年久失修，逐渐破败，甚至存在安全隐患，且许多历史建筑的内部功能已无法满足现代人的生活需求，急需对这些建筑进行改造和修缮。

二是公共空间与基础设施匮乏。大多数历史街区内缺乏大片的公共开敞空间，尤其是富有历史韵味的小型街巷，同时，历史街区内的基础设施较为匮乏，且功能较为单一。

三是文化衰落。历史街区是城市文化的集中地，承载着老城的文化生活，由于建筑与场所的衰败，传统文化正丧失其空间载体和往日活力。

四是产业衰败，居民迁出。受城市经济重心转移的影响及历史街区本身环境质量的局限，历史街区内的产业不断萎缩，居民不断迁出，导致其丧失了往日的繁荣与生活气息。

由此可见，在城市人文主义价值观的指引下保护历史街区的整体风貌、特色建筑，以及改善历史街区的环境显得尤为重要；同时，也要保护历史街区的传统文化，关心人们的生活环境，并激发历史街区长久发展的潜力。因此，对待历史街区要不断地推陈出新，以使其焕发新的活力。

2. 城市人文主义价值观下的历史街区复兴策略

城市人文主义强调城市文化在城市设计中的引领和感化作用，以及强调打造文化气息浓厚的生活环境；同时，要真正实现城市人文主义就必须改变城市贫穷落后的局面，改善居民的生活环境，为当地居民提供长久的就业机会。

尊重并改善历史街区的环境。大多数历史街区面临着建筑破败、街区杂乱和绿地匮乏等诸多问题。城市人文主义强调为人们营造人性化的生活环境，并强调对历史与传统的尊重。因此，历史街区复兴的首要任务是改善街区的环境。一方面，将历史街区作为一个整体，保护街区形态的完整性；另一方面，改善街区的建筑、街道现状，对原有的历史建筑进行修复与再利用，恢复其功能，为居民提供高品质的生活环境。

营造人性化的公共空间和场所。历史街区所面临的另一个突出问题是公共空间匮乏、杂乱，缺乏具有地方特色的场所和人们交往的空间。因此，梳理并营造人性化的公共空间系统显得尤为重要。在对公共空间进行营造的同时，注重对富有地方感的场所进行营造，使当地居民真正拥有"乡愁"和"记忆"。

强调人文地理在历史街区复兴中的作用。历史街区不是单纯的旧城区，它往往有着独特的城市空间格局、优秀的历史建筑和丰富的文化传统。因此，在历史街区的复兴中，应特别强调人文地理的引领作用，结合地方文化与建筑打造文化馆、博物馆和艺术馆等，营造富有地方气息的精神文化场所，并举办各种文化活动，为城市居民带来文化盛宴。

注重产业复兴。历史街区往往是历史上商业或生活活跃的地区，因此应特别强调利用其独特的生活文化氛围，复兴地区的优势产业。应进行产业功能的转型与置换，利用历史街区独特的历史人文资源，发展旅游业、文化创意产业和休闲娱乐产业，注重业态混合。另外，应特别强调原住民的作用，一方面，重新引入原住民，使旧城区的发展有足够的人口支撑，并保持稳定的居住人群；另一方面，留住年轻一代，并为他们创造家门口的就业机会。

传统小镇是
农耕文明的载体

从当代人类学和社会学的角度，我们以往错误地认为农耕文明是低级的文明，工业文明是高级的文明，这使得相当多的城市在迎接工业文明的同时，摒弃了农耕文明的遗产。特别是在工业文明早期的欧洲，工业文明的创造者视农耕文明阻碍人类的进步，摧毁了大量中世纪和文艺复兴时期的城区和美丽的小镇，这种思潮和行动一百年后同样发生在工业化和改革开放时代的中国，我们在过去的60年间特别是近30年，拆除了城市中不计其数的有着千年历史的建筑。

如果说英国代表了伟大的工业文明，那么农耕文明的成就则主要展现在中国，农耕文明对我们国家影响深远，成就了东方伟大的文明古国。

在农耕文明的东方，人类聚居形成村落。历经世代发展，格局不断完善，建筑古朴美丽，是一笔巨大的财富，我们所能从传统农耕时代的小镇学到的是对自然的尊重和对历史的尊重，以小镇广场和宗祠、文庙为中心的小镇所形成的居住社区的基本结构，如同我们今天有幸保留下来的云南丽江古城、浙江乌镇和安徽宏村，这些古镇的形态、景观、公共空间系统和建筑风格对于我们今天的小镇设计有着重要的启示和借鉴意义。

希望在当代中国建筑师的努力下，中国传统的小镇能够不断地进步，能够被保护下来，能够不断地可持续地发展，能够通过美丽乡村体现我们的田园思想，体现我们中国人的伟大农耕文明，展现我们热爱自己的故土的情怀，让我们生活在中国传统文化里，生活在中国传统空间里。

以城市人文主义价值观设计小镇

城市价值最终体现于城市的人文价值。

城市是复杂的社会系统，是人们精神的家园，是人类文明的载体和城市文化的巨大容器，是人类文明成果的聚集地，是历史思想、政治、经济、文化、艺术以及市民生活形态的积淀，城市的深层内涵和最终体现在于其人文价值。从世界城市的发展史看，城市的经济地位、经济社会发展健康与否，直接决定于城市的文化选择，包括城市文化精神的导向。

城市设计塑造着城市的形态，也决定着城市未来发展方向。

第一，好的城市设计要关注人文地理。城市持久发展的核心动力来源于文化与智慧。在世界城市排名中，占据前排的城市无一例外都是文化引领城市发展的典范。人文主义城市首先应当是文化之都，这里的文化是有历史厚度，有生命力的城市文化。第二，好的城市设计要尊重城市的历史。一个有历史传承和文化底蕴的城市才是有价值的、可持续发展的、有魅力的城市。第三，好的城市设计要保护生存环境。在发展城市经济的同时，更加关心城市发展的均衡、平等和可持续性。第四，好的城市也要

发展现代服务业，促进城市商业文明与人文关怀交融。一座城市现代服务业水平的高低，可以直接折射出城市人文关怀的多少。

总之，城市人文主义不仅关心城市的经济发展，可持续发展的城市不再以单纯的经济增长为核心目标，而是更加注重人类自我价值的实现，更加注重传统文化的延续，更加注重城市文化内涵的发扬。当城市的人性化与人道化使城市能自觉地运用文化以教化为先，成为社会生活方式的核心时，城市人文主义才是真正意义上的完全复兴。

通过设计和创意
提升小镇的价值

我们可以从生态、形态、文态、业态"四态合一"的方式提升小镇价值，实现小镇的复兴。从文化景观构成要素的属性看，物质系统中的环境要素修复可以理解为生态复兴；空间结构和建筑要素的完善从不同尺度阐述了形态复兴；行为要素和历史人居等文化的传承与发展意味着文态复兴；小镇特色产业文化与现代旅游产业的结合发展则是业态复兴。

通过生态和形态的复兴，形成完整的空间方法论，体现小镇历史与风貌；通过文态的复兴，挖掘小镇自身的景观内涵，增强文化表达；通过业态的复兴，充实小镇生活，完善小镇的服务能力，提高小镇的吸引力。生态环境是文化景观形成的背景和基础。因此，在小镇设计中应优先考虑生态系统的保护和复兴，通过构建完整的绿地系统，完善植物配置。

形态是古镇所有物质实体的组合，是体现文态和业态的载体，也是小镇复兴空间方法论的主体。对小镇特有的空间－文化机制进行梳理是形态复兴的前提，也是接下来小镇空间结构和建筑两个尺度复兴的指导思想。

每一座城市的历史都会通过它的空间、建筑、景观、文字记载和地方习俗等进行传递，进而影响城市的文化氛围和精神气质。在众多媒介中，城市的空间格局最为整体和直观地记录了城市的文明发展，也最为直接地反映出空间和文化之间相对固定的机制。因此，梳理古镇的空间－文化机制是进行其他设计的前提和基础。

如果用生命体来类比小镇，那么生态和形态的复兴为小镇修复了骨骼，文态的复兴为小镇丰满了肉体，业态的复兴则增添了小镇生命体中流淌的血液。这些生命之液到达古镇每一个器官、每一个角落，输送养分，从而使生命体能够真正"活"起来。

城市人文主义
与古镇复兴

1.保持完整的肌理和古镇的内在秩序

单单保护几栋有价值的古建筑是不够的，必须保证古镇完整的形态、肌理和建筑学。强调古镇保护中的完整性是极其必要的。

仅仅保持单个建筑的完整也是远远不够的，拆除重要历史建筑周边对整体风貌产生要紧作用的建筑是非常不可取的。孤立地去看待一件古建筑似乎不可避免地要导致错误，所以从某种意义上来说，对待这些历史遗留下来的东西，应该将其置于更加广阔的空间和时间范围之内。

确保古城传统建筑语言的原真性。在经历或者自然或者人为的破坏以及时间所带来的衰败之后，同时也是基于城市发展的考虑，针对古镇的修复不可避免。在相当长的时间发展之后，传统古镇依然保持着其独有的特质以及可识别性，关键在于其自身发展的完整。这里所谓的原真性是指建筑艺术及建筑学观点上的完整性。保持历史的真实性十分重要。

原真性的意义还在于保持城市的整体风貌，也许在保护的过程中我们会忽略一些看似不重要的细小东西，或者说并无独立存在价值的东西，然而重要的是它们对于整体性的意义。

原真性的定义是针对一个古镇而言的，包括明确的古镇结构、网络、街道和轴线、城市广场以及市场和街道。如果不是人为的破坏，事实上诸多要素在古镇的发展过程中有着自我复制的功能，城市超乎我们预料的膨胀速度导致这种功能的丧失。当然这样并不是否定在城市发展过程中所存在的一些与旧区不同的所有元素，而是至少要保持同一种风格，保持一种城市给人的整体同一的印象。

建立完整的传统城市空间和街道广场系统。街道和广场通常是古镇中最为重要的组成部分，是与人们生活关系最为紧密同时对人们来说也是城市最为直观的外在表现。这两个方面的特征就是城市的建筑学价值观的直接体现。其建筑色彩、建筑形式、街道、广场的空间组合以及其他的各种物理属性都是需要关注的要素。沿街立面创造了街道空间，如果要实施街道改造，则应该采取发掘街道中的共同要素、细部、材料、建筑的使用功能以及街道环境的地区背景等，以最大限度保持其原真性和延续性。

2.古镇传统建筑的文物价值

真的建筑的价值是巨大的，所以传统建筑要求"真"。从美学的角度而言，用现代的材料比如混凝土来仿造木构是不真实的做法。

建筑物的形式很大程度上决定了建筑的风格，了解建筑构成需要理解作为基础的几何学、结构以及历史建筑和场地的装饰。

对损毁的地方修复应运用传统的建造工艺和材料，保留建筑物或者建筑场所的名字，并同与之相关的社会自然因素取得关系。

3.新城与老城在空间上的分隔

保持传统建筑语言的原真性前提是古镇在空间上与新城分隔开，最好是一个相对独立的区域，离新城有一个视线看不到的空间距离。为了保证古城形象的完整和社会结构的统一，做到新旧城区风格与形态的差异化是非常必要的。

4.生活形态的现代化——提升古镇活力

人们喜爱古镇老街，并非是因为它的陈旧与腐朽，而是通过窗棂砖缝中感受到了它的知足、宁静、恬淡、厚道、质朴，还有种种风俗人情的细节。它让人有所回忆，有所思考。然而远离现代也并非是大多数人的意愿，在这两点上取得很好的平衡，是古镇能否走向成功的最重要的因素。

在对古镇的建筑物、街道以及建筑物内部空间的改造中，应带入现代化的元素。古镇的保护和发展与现代生活和时尚的元素并不冲突。

5.传统文化和民俗在古镇中的延续

我们是生活在历史的长河中，过去与未来对于我们都同样重要。古城的传统文化有如一个水库，储积着人们依恋的历史保障。历史传统的文化有助于人们对自身以及自身与环境关系的理解。

对于遭受到毁坏和打击的历史城镇而言，城市设计要尽量满足古城建筑特征的延续和统一。但这还远远不够，通常的经验是在这些经过整治的历史环境和场所中注入城市的精神，即体现文化、风俗的传统和保有一种传统的生活方式，让人们感受到时代的变迁和文化的累积。

6.依靠规划和设计的技术来保证古镇复兴工程的成功

规划以及展开的相应的城市设计就是一个完整的系统论，只有制定合理统一的规划之后，才能保证解决历史城镇发展过程中所面对问题时的同步性和协调性。

旅游开发视角下的古镇复兴

人文主义古镇复兴路径将古镇转化为区域人文增长极，作为区域吸引力的所在，以古镇人文价值驱动周边区域经济发展。利用当代交通技术以及普及的自助自驾旅游模式，推动古镇周边空间和产业发展，承担旅游产品及配套需求，成为经济增长极，从而形成区域旅游发展合力。适时转换区域增长极，可以在保护古镇人文价值的同时，达到区域振兴的更高目标。

形态产品构成的古镇风貌是旅游吸引力的关键。塑造原真的形态，是要遵循传统建筑和古镇布局的文化哲学，对古镇格局和风貌加以改造和控制。在古镇复兴原真性的要求下，传统古镇哲学中的"天人合一"成为形态产品控制的出发点，将古镇地势景观格局控制优先于功能规划；尊重古镇原始形态，坚持修旧如旧原则，恢复具有历史文化价值的文化建筑和建筑群，避免随意增减和改造；回溯历史人文，在重要文化的空间节点植入特色建筑，在保证古镇形态完整的基础上深化人文价值。

文化产品开发是一种可持续的古镇资源转化方式，不仅是旅游产业收入的重要来源，还可以

延续传统文化，提升旅游吸引力。升级文化产品是提高古镇人文影响力，加快实现古镇复兴的捷径。通过打造节事活动，精细化现有产品等方式提升古镇人文价值，增强产品异质性，推广古镇的文化品牌。同时，文化产品在升级中也应与形态产品紧密结合，形成场所精神，为历史建筑、商贸空间、特色建筑群等场所注入文化内涵。另外，依托地标性建筑群与公共空间，适当引入非盈利性文化产品，包括当代人所需的交往、游憩功能与非营利性文化活动，将生活体验融入古镇公共空间，提高公众可参与性，塑造当代文化内涵和古镇记忆，提升古镇的人文价值与社会价值，丰富游客原真的生活体验，激发古镇活力。

旅游资源的高效、持续转化是旅游动力系统的核心目标，是旅游场域持续性扩展的关键。首先，引发动力系统在于打造旅游资源主导、其他功能完善、可自持的产业集群，提高旅游资源向旅游产品的转化程度，改善旅游资源粗放利用的现状。其次，优先建设古镇旅游的文化增长极，充分运用古镇人文价值，优化空间形态产品与文化产品，通过发掘人文内涵来探索

让原住民
共生共赢

新的产业聚集可能性，为旅游场域中的利益群体创造更多资本转化的机会，将古镇旅游资源持续地转化为优质的旅游产品丰富游客体验，刺激旅游消费。第三，旅游规划编制者应合理评估古镇旅游资源的潜力，提出合适的招商引资模式配合动力系统开发;政府在规划中应制定相关的扶持办法、优惠政策和发展战略，为产业集聚开创有利环境，培植区域增长极，保障古镇复兴动力系统的运作。

小镇在历史发展演变中形成了与原住民生活十分契合的空间模式和相对独特的风俗习惯。因此，小镇在发展中要满足原住民的生活需求，让原住民共生共赢。只有满足原住民的需求，才能使小镇可持续发展。另一方面，原住民的生活风俗是一种宝贵的人文资源，如果没有原住民的存在，小镇会因为缺乏生活的原有秩序而失去活力。

人文主义理念包括对人的尊重，对历史的尊重。它的核心是以人为本，包括人与自然的和谐，人与历史文化的和谐，人与人的和谐，以及对弱势群体的关怀。让原住民与小镇共生共赢，这也是城市人文主义理念的体现。

我们要以人文主义的理念来进行城市设计，改变缺失使用者的"精英设计"方法，促进社区参与，让原住民以主人翁的姿态和意识积极参与到小镇建设中来；从人的需求、人的尺度出发进行空间设计，尊重人的感受，提高原住民的生活水平，并适当保留小镇原有的空间特征，给原住民归属感。

从城市人文主义价值观思考建筑的未来

中国建筑师需要拥有建筑设计的文化自信，要立足世界坐标来思考中国建筑的未来。中华民族自信的分水岭在于鸦片战争特别是甲午战争，它摧毁了整个民族的文化自信心。今天，随着中国国力的日益强盛，我们要重新建立这种文化自信，回望历史，我们曾经也创造了敦煌、紫禁城、布达拉宫这样的世界建筑艺术杰作。

建筑虽然是视觉和触觉的对象物，但背后表达的是精神和文化。建筑师要更多地关注人文理想和心灵空间。通过建筑师和全社会的不懈努力，保护好历史遗存的优秀传统建筑，保护好城市中的旧城区，并保存一些成片的历史街区以保有历史记忆、保存城镇历史。建筑的终极价值在于集中代表一个国家和民族的精神与文化，反映一个民族和国家对自身文化的自强和自信心。在继承优秀传统建筑的基础上，建筑师们应与创新同行，与历史为伴，吸收和借鉴全世界的优秀文化，创造无愧于人类、无愧于民族的当代建筑。

四川·成都
洛带古镇

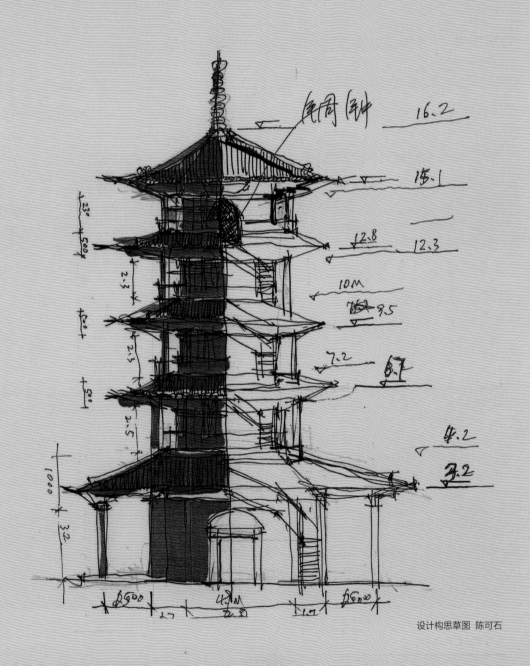

设计构思草图 陈可石

2005年世界客家省亲大会在成都近郊的洛带古镇举办，洛带古镇被确定为分会场。为迎接世界客家省亲会，成都龙泉驿区委和区政府决定对洛带古镇进行整治。我们在考察古镇的现状之后，提出了古镇保护与发展并举的策略，在发展的前提下，寻求古镇传统建筑的保护与利用。设计方案以"精装修"的理念，从广场、铺地、水景到建筑立面进行整体设计，实现古镇文物价值和艺术魅力的全面提升。

洛带古镇位于成都市东郊成都平原与龙泉驿山脉的交接处，一面靠山，三面临川，西距成都18千米，南到龙泉11千米，北距洪安火车站8千米，东邻双溪乡，西连西平镇，南接同安镇，北与黄土镇、文安镇接壤，是四川省级历史文化名镇。全镇幅员42.40平方千米，镇内农业资源丰富，商贸繁荣，历来就是成都东山地区的政治、经济和文化中心，素有"东山重镇"的美名。

洛带早在三国时期建镇,传说因蜀汉后主刘禅的玉带落入镇旁的八角井而得名。唐宋时,名排东山"三大场镇"之首。明清以来,这里成为外省移民的主要入籍地,特别是清初的"湖广填四川",相继迁入的有广东、湖北、江西、陕西和山西等省的移民。由此使得这里南北移民杂处,南腔北调共存。洛带古镇是一个有着千年历史的文化名镇,场镇老街以清代建筑风格为主,呈"一街七巷子"格局,广东、江西、湖广和川北四大客家会馆、客家博物馆和客家公园坐落其中,是名副其实的"客家名镇、会馆之乡"。

洛带古镇的人文魅力主要来源于客家文化的深厚积淀,在这个距成都仅18千米的小镇上,客家语言、文化、习俗、建筑等都被完整地保留下来。虽然它们正面临现代社会和强势文化的侵蚀、冲击,但因为客家人的自觉意识和长久经验却保持了自己文化的昌明。

首先,在语言上,洛带客家人所说的"土广东话",实际上是客家人从客家大本营带来的语言,虽然它同四川官话有少量的交融,但其精髓及风貌依然没变。这种古老的汉语,就像一条源源不断的河流,流淌在洛带古镇的田野乡村、集市茶馆,流淌在每一个客家人的生命中,不因时间的流逝而改变。

其次,在文化习俗上,洛带古镇所呈现给我们的客家风貌也十分明显,居民们"耕读传家"的生活方式仍无大的改变。善于垦殖开拓是客家人从北向南迁徙的过程中练就的一种生存本领。然而,客家人在并不肥美的土地上一直坚守儒家文化的理想,把耕读仕进视为最高的人生目标。

洛带古镇还保留有独特的会馆文化。外界对洛带的了解和认识,很多都来自客家人修筑的会馆建筑,它一方面反映出移民时期同族群若即若离的心态,也反映出不同族群不同的建筑传统与风貌。清代初期不同省份的移民进入四川以后,他们往往以来源地(省籍)来界定各自的归属,而不以语言来进行划分。于是就出现了不同地域风格的会馆建筑。

在洛带,广东会馆与江西会馆是洛带会馆建筑的代表,它们虽然是来自不同省份的客家人所修筑,建筑形式有所区别,但其精神实质是相通的。位于洛带老街上街的广东会馆,也已成为四川地区规模最大、保存最为完好的客家人会馆。在会馆别致而雄伟的建筑中,立柱上的楹联和檐间的雕花让人流连驻足。江西会馆则位于老街的中段,是清代末期由江西移居洛带的客家人集资修建,它虽没有广东会馆宫殿式的高大结构,但布局中显示了江西客家人居家的某些温馨动人的理想。除了上述两座客家人会馆,洛带古镇还有湖广会馆。

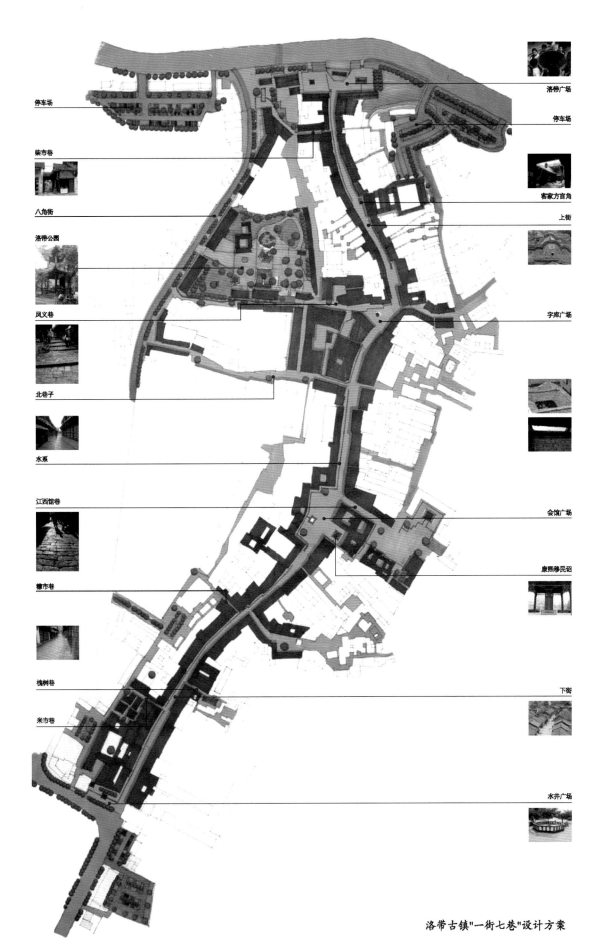

停车场

柴市巷

八角街

洛带公园

凤义巷

北巷子

水系

江西馆巷

糠市巷

槐树巷

米市巷

洛带广场

停车场

客家方言角

上街

字库广场

会馆广场

康熙移民诏

下街

水井广场

洛带古镇"一街七巷"设计方案

屋顶

屋面形式

屋架形式

屋脊

檐口

墙体

山墙墙头造型

墙体种类

墙体装饰

但是，像很多中国的古镇一样，洛带古镇明清时代的传统木构建筑在过去几十年间被一栋栋的现代砖混建筑所取代，这些贴白色瓷砖的多层建筑体量高大，背后的经济实力较大，那些弱小的传统民居势单力薄。很多古镇在这种一天天无声无息的建设中失去了自己传统建筑学的位置和固有的特征。

对于几乎所有的历史文化城镇而言，"新"与"旧"的矛盾都是困绕城镇发展的大问题。一方面，对于人文历史的保护必不可少；另一方面，为满足时代物质和精神需求而进行的时代文化的创造同样势在必行。

通过对洛带古镇客家文化的解读，对其自然、历史和人文资源的解读，提出为古镇进行"整体城市设计"的建议，其中包括镇域总体规划方案、控制性详细规划方案和古镇改造城市设计方案。在详细规划设计中，通过对古镇的形态、景观、公共空间系统、广场系统和绿地系统的设计，全面梳理和提升古镇的环境品质，同时对古镇的老街进行完整的设计。

上场口　栅子　　　　　　　　　　　　　　　　　　　　　　　　　　　栅子

栅子

湖广会馆　　　　　　　　　　　　　广场

栅子　凤仪巷

库　广场

栅子　　　　　　　　下场口

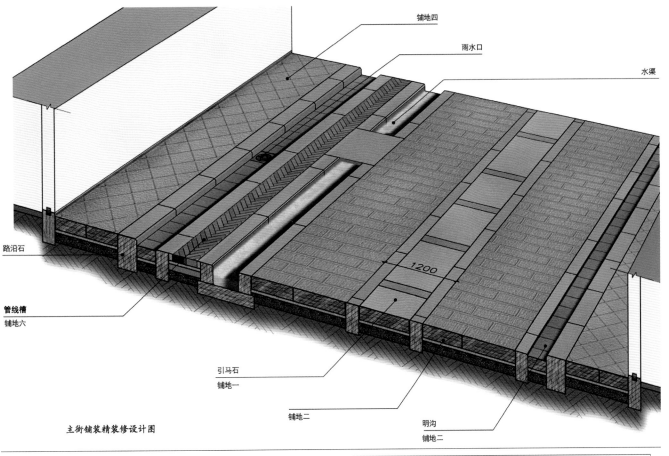

铺地四

雨水口

水渠

路沿石

管线槽
铺地六

引马石
铺地一

铺地二

明沟
铺地二

主街铺装精装修设计图

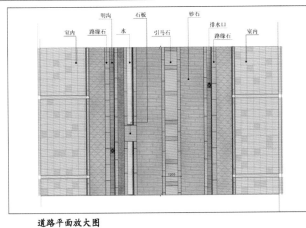

道路平面放大图

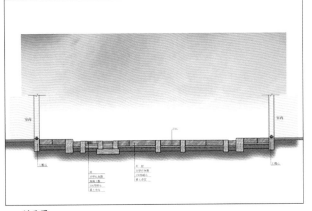

剖面图

在洛带古街的改造设计中，建议拆除部分旧建筑，建设四个广场及相应的广场建筑。虽然挑战了传统古镇老街改建设计的手法，但事实证明这次大胆的创意取得了极大的成功。在西方的城市建设中，起初的广场多是以城市形象的表征出现的，广场的周围集合了大量重要的建筑，这个特征是城市发展意识形态的突出体现；而与此同时，广场同时是多数城镇空间的最重要的构成部分，强化了城市空间的连续性与丰富性。洛带古街城市设计中营造的广场，大体是具备了这两个主要特性。

在整条古街的风貌改造设计中，最大限度地避免了对原有古建筑外形的一种简单模仿或者对一些古建筑元素的生搬硬套，而是从建筑语言的完整性入手制定出建筑整体的改造措施，以求让改造之后的成果反映出一种共同的宇宙观。

亲水是人的天性，自古人类喜依水而居。在洛带古街城市设计中，加入了一条贯穿整个古街的水系。潺潺流水为老街空间平添一种动人的生活情趣，融入老街的空间氛围，宛若天成。洛带古街水道的打造不仅契合了人们的亲水心理，同时这条"逶迤而行"的活水为古老的街道注入了生机，构成了古街一道独特的风景，强化了古街的人文风貌特色。

水系统的设计主要体现了两个方面的内容：将古街水道与洛带古镇原有的水系联系起来，形成网状布局；水渠的开挖充分展现了亲和性，考虑到人们"赏水、嬉水"的客观要求，力求掌握人性化的尺度。而在街道铺装设计中，以当地红砂石为材料，采用古制铺法图案，在细节之处营造老街的传统风味，保留和提升了古镇的文物价值。设计团队还总结了洛带客家的民俗文化元素，如龙、八角井、镇宅石、字库塔、水缸及一些客家民俗图案，反复运用于设计的细节中，以细节来见证历史、反映民俗，增强那一份浓郁的客家风情。

在洛带传统生活空间中，会馆、茶楼是城镇公共生活的主角，它体现了一种商业与休闲相结合的生活模式。如今，广东会馆已成为洛带古镇的标志性建筑，其黄色琉璃瓦建筑是古镇上最高的建筑物，远远望去，一片金碧辉煌。江西会馆同广东会馆在建设风格上大相径庭，它的格调更像是曲径通幽的华美民居，与宫殿建筑雄伟壮阔的气派迥然不同。作为客家人的聚居地，洛带给人更多的是背井离乡的一缕忧伤。如今，当我们徘徊在洛带古镇的街巷会馆时，仿佛依稀可见先民们杂沓来去的匆忙身影。

2005年10月古镇改造工程竣工后的洛带街景

贵州 · 黔东南
下司古镇

2012年，受黔东南苗族侗族自治州委托，我们对下司古镇及其邻近片区进行总体城市设计、概念建筑设计、核心区景观工程设计。方案成功避开了一条高速公路要穿过下司古镇的施工计划，提升了古镇人文地理和自然景观价值。

项目位于贵州省麻江县东北部，东距凯里市20千米，西隔麻江县城25千米。规划范围约6平方千米，包括下司古镇与清水江，北靠沪昆高速，南至沪昆高铁沿线，东至规划中的南北干道沿线。

规划以下司商埠文化为基础，以山水田园为依托，以"天造山水·人文下司"为主题，融合苗、侗、汉等民族文化特色，集旅游、休闲、文化、度假、娱乐、创意、艺术、居住、商务及办公为一体的国际化和复合型的休闲旅游度假名镇。

规划方案形成以清水江为纽带，森林中央公园为核心的空间结构，形成七星伴月组团式绿色田园城市布局，着重打造下司古镇、月亮岛旅游度假区、苗侗文化发展区等十大功能区。下司古镇启动区的面积约为8平方千米，包含建筑350余栋。

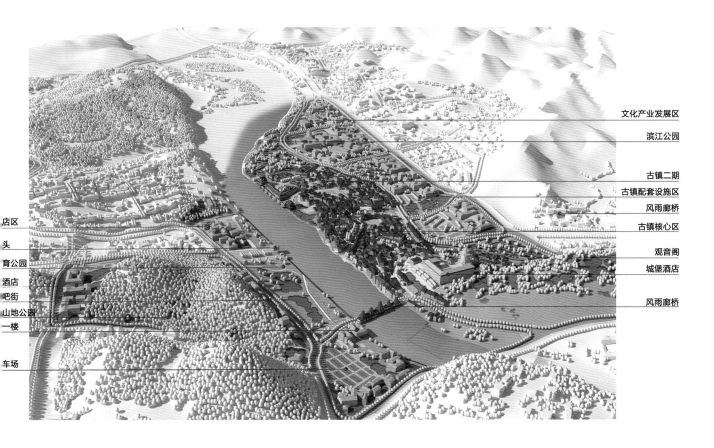

文化产业发展区
滨江公园
古镇二期
古镇配套设施区
风雨廊桥
古镇核心区
观音阁
城堡酒店
风雨廊桥

店区
头
育公园
酒店
吧街
山地公园
一楼
车场

黔东南下司古镇地处贵州省黔东南麻江县，紧邻黔东南母亲河清水江。早在明清时代，下司古镇便依托便利的交通和得天独厚的区位优势，成为清水江上游最为重要的商埠重镇，并拥有许多文化遗迹。民国时期曾是黔东南重要物资集散地，有水陆码头之称。随着经济的发展，古镇的容貌发生了变化，并逐渐失去旅游竞争力，古镇复兴成为下司古镇发展的必经之路。

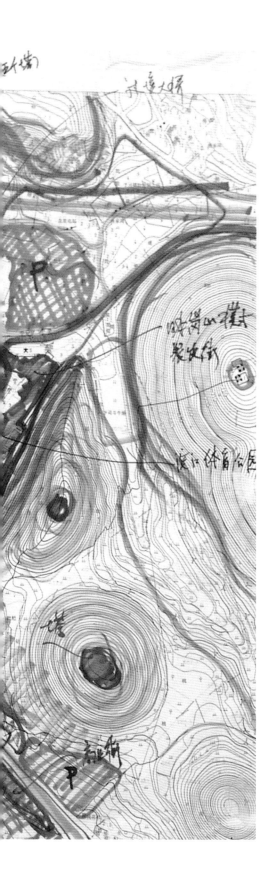

下司古镇的山水风光是不可多得的自然资源，沿河的农田、花田是其农耕文化的自然体现。启动区概念性城市设计将古镇内的绿地划分为滨水绿地、田园绿地、街巷绿地和庭院绿地四类，并形成以庭院绿地为点状要素、以街巷绿地和滨水绿地为线性要素、以田园绿地为面状要素的绿地系统。大面积的田园绿地不仅保证了生产需求，还有助于发展观光农业；连续的滨水绿地很好地突出了古镇的自然景观优势；丰富的街巷绿地塑造了良好的步行环境；点状庭院绿地作为绿地系统最灵活的部分，嵌入到整个地区中。在植物配置上，城市设计根据用地性质的不同，选择不同的方式。生态复兴的实施让游客既可享受风景如画的田园景观，又能置身于繁花的缤纷世界。

设计构思草图 陈可石

探究下司古镇的空间－文化机制是形态复兴的大前提。城市设计通过对地方风貌、地方史料的总结研究，梳理出三条线索：体现"天人合一"思想的典型布局与有机生长的空间肌理；完整展现民族商贸古镇生活的建筑体系；折射苗侗文化的特色空间体系。围绕这三条线索，城市设计从整体形态出发，规定启动区内所有建筑的层高在5层以下，以2~3层为主，所有建筑应采用小青瓦坡屋顶及木质立面；沿江界面的建筑则通过屋顶改造，增加栏杆、檐柱和装饰构件，形成连续、风格统一和特色鲜明的沿江建筑立面。同时，城市设计充分考虑古镇天际线与远处山体的结合，建筑高度错落有致，低处可形成到达山体的视线通廊，高处形成以山为背景的视觉景观；在尽量保留街巷肌理的前提下，将整个街巷串联起来，形成网络状的道路系统。

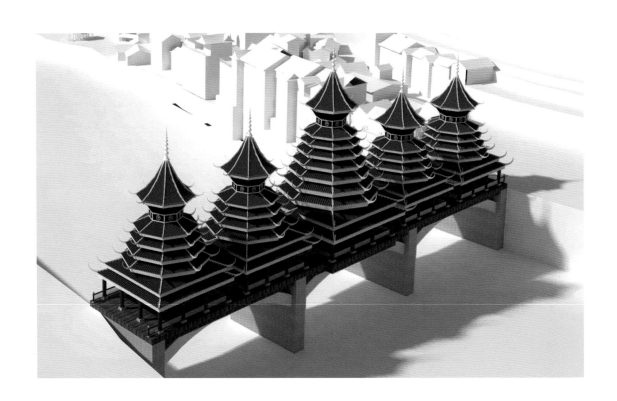

此外，城市设计还以恢复重要历史建筑、重塑公共空间为方向，从相对宏观的层面确定了下司古镇形态复兴的步骤。少数民族村寨中最重要的公共活动场所是芦笙场，即整个村寨的寨心。寨心的重要性不在于它所处的位置，而在于它具有民族观念中世代相传的象征意义。位于古镇中央的芦笙场是苗侗人民节日欢聚的场所，也是居民日常晾晒谷物的空间。经过城市设计改造后的菜市场、会馆广场和两个码头可以延续原有商贸功能，成为新的公共活动场地，与芦笙场一起竖向连接起街道空间，形成多层次、完整的公共空间系统。

在建筑层面，城市设计基于建筑结构特征、建筑材料特征和建筑风格特征三个要素对古镇整体建筑进行了安全与风貌评估，将启动区内的建筑按照综合评价分为五类，并根据重建的有效性与成本、历史建筑的价值与意义、传统街巷肌理三方面的内容制定了不同的解决方案。

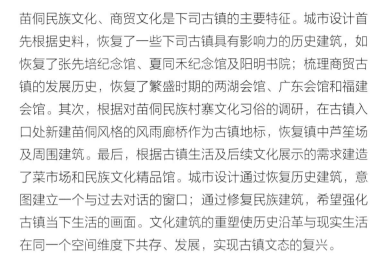

苗侗民族文化、商贸文化是下司古镇的主要特征。城市设计首先根据史料，恢复了一些下司古镇具有影响力的历史建筑，如恢复了张先培纪念馆、夏同禾纪念馆及阳明书院；梳理商贸古镇的发展历史，恢复了繁盛时期的两湖会馆、广东会馆和福建会馆。其次，根据对苗侗民族村寨文化习俗的调研，在古镇入口处新建苗侗风格的风雨廊桥作为古镇地标，恢复镇中芦笙场及周围建筑。最后，根据古镇生活及后续文化展示的需求建造了菜市场和民族文化精品馆。城市设计通过恢复历史建筑，意图建立一个与过去对话的窗口；通过修复民族建筑，希望强化古镇当下生活的画面。文化建筑的重塑使历史沿革与现实生活在同一个空间维度下共存、发展，实现古镇文态的复兴。

在文化活动的参与性营造上，城市设计通过提供舒适、具有带入感的文化活动场所，增加文化活动的吸引力，进而营造参与性。在下司古镇，芦笙场的恢复重建、风雨廊桥和菜市场等带有典型民族特征空间的新建，为苗族铜鼓舞和侗族大歌的表演提供了场地，使文化活动在恰当的背景和氛围中产生了更强的画面感。

无星级精品酒店　绿地　纳比信园　安全小学　中心广场(古井广场)　河边游憩餐馆　客栈　安置区　启信房

贵州·黔东南
隆里古镇

地处贵州省黔东南苗族侗族自治州锦屏县南的隆里古镇，由我对其进行了重点片区建筑景观设计。规划方案以打造"稻田上的古城"为核心，秉承景观优先原则，以田园风光为背景，以优美的环境及和谐生态为目标，重点打造八大片区：亮江河滨水景观区、隆里古镇保护区、旅游服务区、五马山文化公园、美丽乡村、新城公共服务区、风情酒吧区、新城综合居住区。这一设计完整地再现了明朝初年中原建筑风格，使隆里古镇成为今天贵州旅游的名片。

基于隆里独特的历史文化资源，设计团队从城市人文主义理念出发，定下三大设计理念，即洪武年汉文化孤岛印象、诗意田园城市构想和生态小镇。隆里古镇始建于明洪武十九年（1386年），由屯兵开始建城，其汉族文化意义远远大于军事文化意义，但无论是从军事的角度，还是从汉族古镇的角度，隆里的历史都是世间罕见的。隆里的建筑是王昌龄边塞诗派、京城建筑与当地劳动人民智慧的综合体现。虽然历经数百年风霜侵蚀和火灾劫难，但整个古镇保存完好，是我国南方高原保存最好的古镇之一。

在设计中，设计团队以600年隆里古镇为依托，大力弘扬汉族文化传统，塑造以优美的田园景观与森林公园为主题的环境形象，崇尚自然的美学观，将绿色生态与城市发展有机结合，建设现代化的田园小镇；积极融入业态经济活力，拓展生态旅游产业链，在发展生态工业的同时注重宜人居住环境的营造，实现产城融合、良性互动的城市环境；在古镇新区建设以现代汉族风格为主题的旅游新镇，创造一古一新城镇发展格局，形成集旅游商贸文化为一体的黔东南旅游品牌。

在古镇规模扩大的现状下，保留现存城墙及城门，将新建城墙向外围扩展。新建城墙绕城一周，设为环城路线，沿途可观看隆里古镇内外景观。另外其适宜的高度和紧贴城墙内侧的坡地花园景观更是人文景观和自然景观的完美融合，提升了整体景观环境。新建城墙设计中的城墙周长1360米，城墙高度为3.5~5.5米不等，完全按照传统工艺砌筑。外围设置护城河，4座跨河桥梁。城墙中设置4座城门、3座角楼，其中南门、北门、西门均设置瓮城，东门则设置为吊桥的形式，并在城墙内侧设置可以上下的梯步，提供更人性化的步行方式。

广东·河源

佗城古邑

一条上归国商业步行街.

二条花街

① 四大花园

花街西段

二十五星级酒店
50个精品酒店
500家民宿
1000家客栈

200个宗祠
200个博物馆
50个 非物质文化遗产

汉古城
南越阿房宫

西花园

东花园

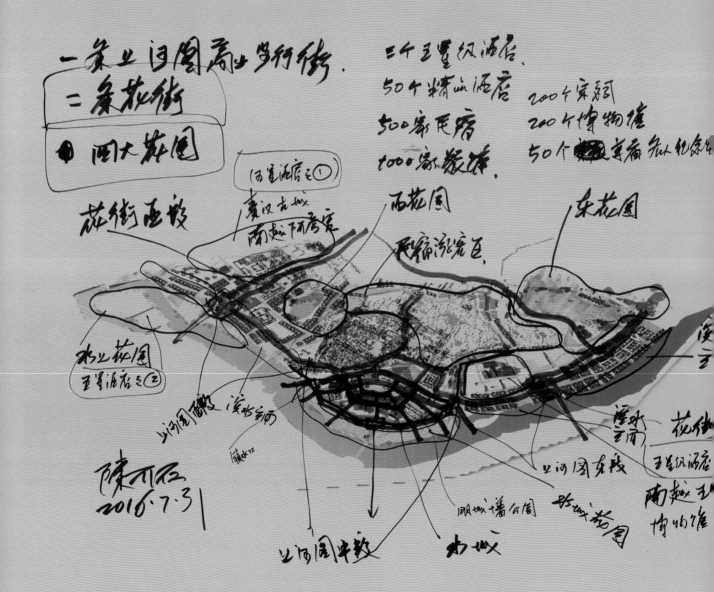

水上花园
星级酒店之②

陈可石
2016.7.31

佗城位于广东省的东北部，龙川县的西南部。佗城既是南越王赵佗的兴王之地，又是秦代中原文化南下与百越文化交流的结合地，而且也是千百年来东江中上游地区的政治、经济、文化和军事重镇，同时又是五代南汉至明初循州治所。佗城自秦始皇三十三年（公元前214年）赵佗平定百越后，为首任龙川县令至此，已有2000多年的建城史，早在4000多年前就有先民在这里繁衍生息，创造了人类文明。

我们给佗城的定位是以湿地农田景观为基础，以核心人物赵佗为依托，以客家文化、岭南风尚为特色，以现代尖端科技文化为手段，凸显佗城历史文化，集旅游、度假、休闲、娱乐、美食、创意、艺术及居住为一体的具有国际化标准的复合型旅游小镇，实现"北有平遥、南有佗城"的愿景。

佗城镇域的历史传统村落多采用南粤村落梳式结构，布局整齐而有序。村落主要由民居、祠堂、门楼、牌坊等组成。村落与古树、田野、池塘、山丘、河涌等自然风貌融为一体，幽静恬雅，古趣盎然，具有较高的历史、科学和艺术价值。丘陵与山地占全镇面积的70%，山丘是佗城的主题。佗城山脉为东北－西南走向。"支上分支、山中套山、山上有山"是佗城山脉的特点，也是古时佗城选址于此，易守难攻的主要原因之一。

区域内水资源丰富，分布均散。佗城有大小河流18条之多，均为常年外流的淡水河，组成树丫状水系。主要河流是东江。其他小河、小溪均注汇入东江。规划区域内东江岸线较缓、亲水性好，且视野开阔，具有良好的天然景观条件，可以打造公共亲水岸线。

水岸作为一种充满人文特质的亲水空间，是最富有诗意的场所。在规划范围内，尽量保留现有的鱼塘等水系，恢复宋城墙外的护城河水系。规划设计中的目标就是保证这种特质性格上的完整性，构筑连续而有机的城市水系，形成"水文佗城"，让城市回到滨水。

佗城见证了2000多年的人文历史，名胜古迹颇多，如越王井、正相塔、孔庙、越王庙等均名闻遐迩，展现了当地丰富而独特的人文精神。在佗城的百岁街、横街和中山街，走几步就可见一个祠堂。如今，4万多人口的佗城镇

总共有179个姓氏，专家认为，这足以证明佗城有着"中华姓氏第一村"之实。佗城还是全国至今罕有完整保存古代学宫与考棚之地。佗城学宫始建于明代，重建于清康熙七年。考棚是清代龙川县及河源、和平、连平、紫金、兴宁、五华等县的学子到此赴考的重要场所。佗城考棚是广东省现仅存的唯一科考场所。

佗城古城核心区以现存的宋代古城为核心，设计团队结合形态完整、景观优先的设计理念进行整体设计构思。设计中力图修复古城城墙，不仅仅是复原古遗址，还赋予其现代实用功能。佗城（古龙川城）始建于秦朝，由赵佗任县令时所筑的土城，方形平面，夯土构筑，规模不大，周长只有约800米。历经岁月沧桑，在今大东门等地，还可以看到当年的部分城基。城内现存的老城街，依稀可见宋明时期佗城古朴的风貌。

街巷是城市发展的脉络，完善和梳理城市的街巷空间是古城开发的重要策略。根据历史文化、现状交通条件以及规划定位，将3平方千米的规划区分为东区、中区、西区3个分区。中区佗城老城区内的城镇空间系统以恢复传统城镇空间为原则，营造整个佗城旅游小镇最具历史价值核心区域。东区定位以旅游配套设施建设为主，提供游客接待、创意工坊、民宿接待等。

目前，佗城正在全力推进国际旅游小镇建设，开发特色旅游产品，促进景区提档升级。

陕西
西安未央区

西安未央区面积226平方千米，有着"四水绕未央"、川塬相依的自然生态环境，丰富的历史人文积淀与良好的区位条件。

土地利用规划图

结合未央区的区位特征、现况以及《西安总体规划（2004—2020年）》对未央区的研究结论，在未央区概念规划与城市设计中，设计团队以网格城市的建设理念为基础，提出"现代大西安网格城市""树立新型城市经济模型""建设新核心景观轴线"以及"发展城市新型多功能活力带"的思路，强调城市对历史文脉的传承、现代城市经济模型的建立、与自然的协调发展，从产业布局、空间发展、土地利用、交通、绿地与生态系统、旅游系统和城市设计等几方面，一同构建"川塬同城、四水汇聚"的现代化生态型西安北大门城区，西安新型的政治、经济、文化中心，大西安都市圈中心区域的重要辐射中心。

未央区概念规划与城市设计为未央区未来的城市发展提出了一个高起点的设计方案，目的在于跳出现有规划的束缚，站在更远的未来对未央区的发展做出研究，进一步提高城市规划的科学性和前瞻性。同时，将上一层次规划的宏观结论、国外优秀的城市规划理论和经验落到空间地域上，以便形成可以控制的要素，用于指导编制相关规划，使未央区具备更广阔的发展前景，以崭新的姿态向前迈进，不断实现经济与社会的全面飞跃。

V

第五章

绿色新田园城市

绿色新田园城市使用"组团"概念，以重新定义当代复杂城市中的基础，"组团"是绿色新田园城市的基本单元。

"绿色新田园城市"是以霍华德"田园城市"核心理念为基础，继承东方传统田园思想，融合20世纪以来"邻里单元""新城市主义"等一系列优秀思想，以解决大城市高密度人口组团设计的现实问题为导向，以人、社会、自然环境的协调发展为目标，健康、活力、绿色、可持续为宗旨，通过组建"多中心小组团"结构的紧凑型有机城市群体，使城市具有更好的适应性和生长性，以寻求创造最终适宜于人类未来发展的城市整体设计理论。

绿色新田园城市使用"组团"概念以重新定义当代复杂城市中的基础，"组团"是绿色新田园城市的基本单元。组团体系中的组团又可划分为基本组团与核心组团两大类型。"核心组团"周围有多个"基本组团"环绕。"核心组团"比"基本组团"具备更大的面积、更集聚的产业，是绿色新田园城市中功能最高级的组团。"核心组团"是基于"中心城市"模型转化而来的独立城市单元，其内涵发展背景是"组团城市"，是绿色新田园城市理论基于当代城市发展背景对田园城市理论的新发展。

时代背景催化绿色新田园城市理论的形成

从文艺复兴开始，随着人类自我意识的觉醒，人类对自身生存环境的发展与城市的进步不断地提出新理念、新思想，包括乌托邦这样带有人类社会结构和城市结构的综合的理想。人类对更好的生存空间的不懈追求持续了几百年。自20世纪初"田园城市"运动创始人埃比尼泽·霍华德提出"田园城市"理论后，这100年当中，经历了第二次世界大战和战后快速的城市化、人口的急速增长，到今天，世界各国在城市化中面临的各种问题，我们应该看到，人类对更好的生存空间的追求，无论是在物质上还是精神上都没有停止。"田园城市"是人类追求更好的生存空间的具体化，是人类对未来美好生活的绿色新理想追求。

世界城市建设的历程，尤其是以"田园城市"理论为开端的欧洲、日本和新加坡城市建设历程，提供了很多可以学习的经典理论和案例。而在具体的城市可持续发展的道路上，世界范围内的绿色城市建设经验将会为城市可持续发展提供有力的技术支撑和引导。

"绿色新田园城市"是一种全新城市发展理念与价值观。绿色城市已经成为公认的城市可持续发展的重要保障。绿色新田园城市是在有机城市、生态城市、低碳城市、可持续城市等一系列概念的基础上提出的，旨在平衡人与自然、环境与发展、建设与保护、经济增长与社会进步关系，逐步发展成为城市设计领域的新理论。

东方传统的
田园思想

绿色新田园城市核心理念应该是中国传统田园思想。农耕社会，与大自然的和谐相处作为一种原始意象沉积下来，成为田园思想的精神原型。中国是世界上发展农业最早的国家之一，向来把农业视为国家的根本。中国传统文化从本质上讲是一种农耕文明，中国人传统的生产方式和思维方式都具有农耕文明本身的特性和潜质。

1. 田园思想

中国哲学家老子对世界的认识，是从"道法自然"出发的。"道法自然"观念是他通过对自然和人类认识得出的思想。"人法地，地法天，天法道，道法自然"（《道德经·道经》二十五章），阐述了一个系统完整的天道自然观。从人出发，要使自己的行为符合天道，就先要顺应大地的规律行事，法地也就等于法天、法道、法自然。

而庄子的"天人合一"思想重在合，"人与天不相胜"是说人不能胜天，天亦不能胜人。人与天是平等的，都具有自然性，同为道所化生。因此人与天应相互协调一致，以自然为基础相互融合贯通。中国古典文化的世界观，为今天我们思考人地关系提供了本质、原初的哲学依据。

"道法自然""天人合一"的世界观孕育了中国人崇尚自然的美学观。老子云"大巧若拙、见素抱朴"。"朴"是自然的、本色的，因而外观上显得粗糙与笨拙，这种审美理想推崇自然天成的朴拙，认为无为才是最好的。大巧，不在于人为，而在自然物本身，在其本色、原质。尽管其本色、原质可能显得笨拙、粗糙，但它是真正的巧，自然之巧，天工之巧。唯其笨拙，才更见出它的自然性。庄子曰"天地有大美而不言"。大美就是天地的自然性，就是自然之道。自然山水不带有人和社会色彩，自在自为。它所激发的是人的纯自然的审美愉悦；它所昭示的是个体心灵获得绝对自由的意义。大自然能将人类从社会的各种伦理道德中解脱出来，给人以安身立命之所和终极的关怀。

天人合一思想是人类与自然和谐统一观念的经典表述，天人合一是中国传统宇宙观整体思维的重要表现形式之一，强调顺应自然，尊重自然，坚持人性化，可持续发展模式。天人合一论把自然之天和社会之人看成是互相对应的有机整体，人应该顺应天地之道。人和自然并不是主客观相互对立的二元，而是处在完全统一的整体结构中，二者可以互相转化，是一个双向调节、双向感应的系统。在天人合一的整体思维框架下，身心合一，形神合一，人我合一，达到一种高度和谐与平衡的境界。这一思想，深刻地影响着中国古代城市生活环境的构建，旨在创造一种人与自然和谐相处的自然舒适的城市生活环境。

农业文化孕育田园思想，其最核心的价值观是"渔樵耕读"。耕，是整个社会的农业基石，无农不稳，无农不固。耕，也是传统农业社会里绝大多数人安身立命的根本。读，是传统社会中阶层流动、地位上升的主流途径，从耕到读，文人士子从而得以实现"达则兼济天下"的胸怀和抱负；而从读到耕，则是文人士子独善其身的出世选择，构筑自己的田园生活。中国传统的田园思想在耕与读相互转换中逐渐成形与完善。

2. "天人合一"是中国人的精神原型

在田园思想中，最高的境界即是达到"天人合一"。天人合一是中国人的精神原型，它承载着对物质以外更高层次价值的追求，可以从三个层次理解：第一层次是精神意象，第二层次是精神空间，第三层次是精神感悟。

精神意象　是人对具体事物的直观印象与关联想象，其最好例证便是中国的田园诗画，在长期的文明积淀中形成的自然意象原型——山水、松竹、泉石、雨雾等诸多自然物成为中国后世文人反复吟咏、寄情的对象，成了文人士大夫精神的自然原型。这种处于一种审美状态的自然与人的关系（天人关系）是有别于西方理性主义的一种感性经验教育。直观的观察世界的方式，使得中国古人始终以一种鲜活的心灵来看待周围的世界。

精神空间　通过具体有限的意象，中国文人力图营造的是一种超越具体的意境。在传统美学中，"意境"是一个核心范畴，它超越了具体的有限的物象、事件、场景，进入无限的时间和空间，即所谓"胸罗宇宙，思接千古"，从而对整个人生、历史、宇宙获得一种哲理性的感受和领悟。这种独特的东方心理使得人们在营造现实家园的同时也营造出一个精神空间，使得现实栖居更有意义。

精神意象与精神空间获得之后便有了最高灵境的启示，即达到天人合一的境界。陶渊明将日常生活与自然融合，进入一种审美生活的人地关系。"结庐在人境，而无车马喧"先道出神与物游的前提：心远地偏——虚静，以无求之心对待大自然，这才有后来与自然的无间融洽。苏东坡评说："采菊之次，偶然见山，初不用意，而意与景会，故可喜也。"不用意是一种近乎自然的态度，所以与自然的无心取得平等的地位。以陶渊明为首的田园诗人实际是为后人树立了在日常生活身旁景物中发现合拍的自然的律动，找到物我共振的契合点。人与自然的和谐，达到"天人合一"、返璞归真的状态。

另一方面，西方文艺复兴，人们崇尚自然、热爱自然的本性得以充分展现，相继出现了一些回归自然与传统的具有乡土风格的建筑，逐步形成了自然风景式园林、田园风景画、田园诗等艺术风格。

中西方的田园主义审美观都有着深厚的根基和历史，浸透于哲学、艺术等的各个方面。对自然风光的描述，对田园生活的向往，无一不表现出人们内心的亲近自然性，在自然中追求广阔深远的境界。人们潜藏在骨子里的田园情结被触发，对田园美好生活的向往变得愈发强烈，田园主义朴实的审美观逐渐回归。

"天人合一""渔樵耕读"所营造的田园牧歌般的意境令人神往，今天我们倡导的绿色新田园城市应该是基于霍华德田园城市之上的新田园城市，被赋予了传统田园思想的色彩，添加了时代的元素。让城市回归自然是今天建设绿色新田园城市的目标。把自然之美和乡村文明融入到城市建设之中，让人们更加接近大自然；把社会公平的理念引入到城市规划制度之中，让更多的人们共享城市的优质生活，这既是城市可持续发展的要求，也是新田园城市的目标和方向。

绿色新田园城市理论

基于深厚的中西方田园主义思想根基与渊源，以及田园城市理论的当代城市设计新方法，"绿色新田园城市"理论旨在重新梳理人与自然的和谐关系、正视田园城市的百年智慧，并与当代技术、文化等可持续理念相结合，形成适应中国的未来城市设计方法。

"绿色新田园城市"是以霍华德"田园城市"核心理念为基础，继承东方传统田园思想，融合20世纪以来"邻里单元""新城市主义"等一系列优秀思想，以解决大城市高密度人口组团设计的现实问题为导向，以人、社会、自然环境的协调发展为目标，健康、活力、绿色、可持续为宗旨，通过组建"多中心小组团"结构的紧凑型有机城市群体，使城市具有更好的适应性和生长性，以寻求创造最终适宜于人类未来发展的城市整体设计理论。

绿色新田园城市理论从内涵上可分为三个层次：

第一层是"田园城市"，指的是"绿色新田园城市"理论以田园城市理论研究作为基础；

第二层是"新"，是指城市设计理论融合了田园城市100年的发展智慧与当代特征，对"田园城市理论"的"新"发展与"新"理解；

第三层是"绿色"，是指"绿色新田园城市"理论对绿色技术、绿色营造理念的引入与融合。

绿色新田园城市是当代绿色背景下霍华德理想的继续，是田园城市对人类理想家园的新世纪探索。

绿色新田园城市首先是一个生态学意义上健康的城市，拥有可持续的城市设计、动力十足的经济环境与广泛使用的新能源，并且具有健康的城市形态。其理念强调以人、社会、自然环境的协调发展为目标，在利用天然条件和人工手段创造良好、健康、绿色的居住城市的同时，尽可能地控制和减少人对自然资源的使用和破坏，充分体现向大自然的索取与回报之间的平衡，以寻求创造最终适宜于人类未来发展的绿色城市的整体设计模式。

绿色新田园城市为其居民提供新鲜的空气、清洁的水、安静的生活环境和干净宜人的街区。如施里达斯·拉尔夫所言，"作为人类，我们属于自然的一部分，而并非远离自然的一部分。在与自然的相处中，我们应当谦恭，而不应傲慢；我们应当下决心同自然和谐相处，而绝非争斗。"在城市设计过程中，重视对城市绿地系统、田园系统、公园系统的设计，尊重自然的原生态系统，创造健康舒适、优美和谐的环境。在能源的使用上，尽可能减少非可再生能源的使用和消耗，以发展低能耗、增速快的新经济、新产业为主，如新材料、新能源、创意产业等。在城市建筑的设计上，以节约能源、节约资源、回归自然、舒适健康的绿色建筑为主。

绿色新田园城市是以公共交通和轨道交通为导向的城市，在保障便利性的前提下，倡导人们低碳出行。构建完善的慢行系统，引导人们健康、安全出行。

绿色新田园城市也是一座生活方便的城市，通过合理地布局城市功能、确定城市用地规模和建设强度，为城市居民提供具体完善且分布合理的公共设施以及方便安全的非机动车道，使人们可以就近方便地购物、工作、就医和休闲娱乐，杜绝空城、卧城、通勤城市的产生。从而减少日常出行中，对于私家车的依赖，增加自行车的使用量。协调好人口、资源、环境和发展之间的相互关系，在不损害他人和后代利益的前提下追求发展。

绿色新田园城市还注重城市文化的延续、历史街区的保护和激发社区精神，塑造出良好的邻里关系，从而彰显出鲜明的地方特色。城市传统和文化是城市最精华和灿烂的部分，抛弃了传统和文化，单纯作为物质载体的房子和街道将失去灵魂。城市应该具有内涵和文化，这既是对城市历史的尊重，也为城市将来的发展确定了基调和方向。

绿色新田园城市
的基本理念

1. 绿色新田园城市理论的思想来源

绿色新田园城市理论是在吸收融合了许多研究者的思想基础上形成的。首先，绿色新田园城市理论吸收了霍华德田园城市理论的两大核心思想，一是关于城市与乡村关系的创造性思考，即结合两者优势的"三磁体"理论；二是关于组团与组团生长的理念。这两大核心思想也是绿色新田园城市的主旨思想，从功能与形式上为未来城市问题的解决提供了基础性的框架。

其次，绿色新田园城市理论吸取了东方传统农耕文明中的田园思想智慧。中国人独有的认识自然、社会、人生的思维方式，形成了一整套"天人合一"的认识方法论。其中，"道法自然"是人类与自然的和谐统一观念的经典表述，并深深嵌刻入中国人的传统精神情结之中，承载着中国田园诗画中反复吟咏的自然审美。陶渊明所描述的桃花源境正是"天人合一、道法自然"思想的理想构型，"城在田中、园在城内"田园意境与田园城市思想的精髓殊途同归，不过它是源自东方传统的人与自然和谐相处的哲学内核。

再次，"绿色"凸显了绿色新田园城市的生态美学与绿色技术运用的强调。

2. 健康、活力、绿色、可持续是绿色新田园城市总的目标和宗旨

健康、活力、绿色、可持续是绿色新田园城市总的目标和宗旨。在具体的城市设计中，绿色新田园城市始终秉持着以下三个核心理念与价值观：

绿色新田园城市理想是以人为本。城市存在的首要目的是保障人性的需求和社会的需求，城市的主体是普通市民。绿色新田园城市以人的需求为本，通过各种配套设施提高城市居民的生活质量，推动城市居民主动参与城市规划建设，促进人们相互间交流，重新焕发城市活力。

绿色新田园城市是注重历史文化的。城市的历史文化是城市文明、城市精神、城市风貌长期的积淀，是城市最为宝贵的财产，具体表现在城市建筑、街道、居民生活习俗等方面。但是很多城市在快速发展的过程中，为了追求短期经济利益，大量拆除破坏具有历史价值的建筑

街道，城市居民特有的生活习俗也随之消失殆尽。新田园城市理想是通过对历史建筑、街道进行保护，恢复城市文脉，通过有效的城市设计导引，保留城市文化特色。

可持续的生态美学，绿色新田园城市理想是可持续的。随着"可持续发展"的城市建设理念的日益普及和深入人心，环境问题逐渐成为世界各国制定21世纪行动纲领中的一项基本内容和最重要的价值取向。国际城市规划和建筑领域近年对"绿色建筑""生态建筑""低碳城市"等概念和思想进行了多方位、多层次的研究探讨。新田园城市理想通过促进人与自然和谐相处、绿色城市设计等方法，促进低碳生活实现。

绿色新田园城市的基本设计原则

城市是一个活的有机体，由不同的要素构成。绿色新田园城市整体空间设计强调尊重自然、顺应自然，并合理利用自然，这也是传统田园思想的精神本质所在。同时，绿色新田园城市组团设计注重与相邻组团的协调，创造一个宜人的城市生活环境。

在整体空间设计上，绿色新田园城市尊重当地的各种地形地势、生态小气候及景观等，选择城市扩展模式，以生态廊道和绿地奠定绿色空间总体框架，并运用生态手段进行建设。

在景观设计层面，大到城市的大环境，小到社区的小环境，田园诗意的设计思想和方法都应该始终贯穿其中。通过在大都市区、建成区和街坊邻里3个不同尺度构建相互连接的绿色空间网络，可以贯彻这种以绿色为导向的城市发展思想，引导城市空间的可持续发展。

就城市公共空间系统设计而言，中央公园的建设是重中之重。在新田园城市中心应开辟中央公园，在中心区开辟大片绿地，其中的典范如被称为纽约"后花园"的纽约中央公园。公园四季皆美，春天嫣红嫩绿、夏天阳光璀璨、秋天枫红似火、冬天银白萧索，为人们忙碌紧张的生活提供一个悠闲的场所。此外，专用绿地适宜开放，把道路绿化与城市公园绿化相结合，从而完善城市内部绿地系统，使之成为一个连续有机的整体。在外部联系上，把城郊防护林体系与城市绿地系统相结合，把乡村的田园风光与城市景观相融合，营造"田在城中、城在田中"的整体形象，从而形成连绵的城市绿带和镶嵌状的田园城市景观。

一个城市没有水会缺乏灵性，亲水的设计理念十分重要，建设亲水的城市是体现规划人性化特征的重要指标。把水作为了城市的灵魂，灵动的水会赋予城市以活力，带给居住在城市的人们以诗意的享受和回归自然的感觉，这种感觉正是新田园城市所追求和向往的。

同时，田园诗意的景观设计应该注重传统文化的传承，在山水景观的营造中突出城市本土文化的意义，注重传统建筑和街道的保留与恢

绿色新田园城市 组团的基础理论

复，这样可以让城市建筑与景观呈现时间层次感，体现城市历史的积淀，让生活在城市的人们感受到城市的发展历程。

让鸟可以像人类一样在繁华市区里一同散步，草地是供人休息和交往的空间，而不是仅供观赏，保护文物古迹周边的环境，倾听城市历史的诉说，"叠林抱城""水绕山环""碧水蓝天""小桥流水人家"，这是绿色新田园城市建设的理想目标。

1."组团"是田园城市最基本的单元

"组团"概念的提出来自于绿色新田园城市对田园城市理论内涵的延伸，其理念也源于农耕时代的"村镇"。农耕文明，人类聚居形成村落。经历世代发展，格局不断完善，建筑古朴美丽，是一笔巨大的财富，我们所能从传统农耕时代的小镇学到的正是今天我们绿色新田园城市基本组团的要素——对自然的尊重和对历史的尊重，以小镇广场和宗祠、文庙为中心的小镇所形成的居住社区的基本结构。这些古镇的形态、景观、公共空间系统和建筑风格对于我们今天创立绿色新田园城市基本单元有莫大的启示。

田园城市百年实践中体现的智慧表明，保持传统城镇规模是大城市发展的基础。在此基础上，绿色新田园城市使用"组团"概念以重新定义当代复杂城市中的基础，"组团"是绿色新田园城市的基本单元。

2. 基本组团与核心组团

绿色新田园城市组团体系中的组团又可划分为基本组团与核心组团两大类型：

（1）基本组团

"基本组团"是一个具有步行尺度的城市单元，内部采用混合土地利用，具有相对独立和完整的用地结构；同时也是城市的活力单元，具有一定的职住平衡性和混合的社会阶层结构。

组团的尺度与规模　"基本组团"是区域规划的基本建设地块。强调步行可达，即10分钟步行距离（800米左右），说明"基本组团"的尺度应该很小。

绿色新田园城市提出组团规模在2~5平方千米为宜，在规模上，组团既不能过大，也不能过小。过大，组团边缘居民的生活质量难以保证；过小，则社区基础设施配套成本太高，也很难达到高效利用，适度规模的组团能为居民营造最舒适的生活环境。

组团的功能　绿色新田园城市的基本组团不是传统的卫星城或者新城，它具有相对独立完整的功能和结构，能够满足组团内居民的各种需求。2平方千米左右的基本组团面积中，组团中心区域将用作公共用途，规划为绿地、中心花园；围绕中心花园，布局学校、社区公共服务中心、商业中心等；在这个圈层外，则是组团内的住宅区，再往外，则是一些企业总部基地、办公甚至家庭式小工厂。

组团的独立性　绿色新田园城市提倡每个组团都应有自己的中心，且相对独立，尽可能满足组团内居民的生活和工作需求，基本实现职住平衡。组团内有相对独立的业态，能够实现城市各区域的相对平衡发展。同时组团内部实现高密度的发展，集约化利用土地，为城市空间剩下更多绿地面积，提高基础设施利用率。此外，组团的建设还应尊重文脉，尊重历史；创造有都市特色景观；采用高质量、可持续的城市设计策略，绿色、低碳的生活方式，节能环保，减少碳足迹。

组团如果无法保证本身的经济与工作岗位的自给自足性便无法成为一个健康的组团，霍华德早在1898年就已经预见到了这种状况。为此，他在田园城市思想里提出的城市社会改革方案和全新的经济运作模式，强调了田园城市在功能上要能够自给自足，能让70%的居民在组团内就业，满足他们在生活、休憩、交通上的各种需要。这种就业和居住相互临近、平衡发展的思想是最早的"就业–居住平衡"理念。毫无疑问，提出这一思想是颇具远见且富有创造性的。住职平衡的理念在田园城市百年发展历史中也得到了反复验证，如伦敦三代新城的实践经验、新加坡的新城经验等。

为了保证组团能够实现独立，组团特性上首先要保证以下四个方面：

结构独立性——组团与其他组团之间以山地、林地、水体等自然空间要素相互分隔，防止各组团各自膨胀、相互蔓延成片，各组团必须作为一个独立完整的结构共同生长于一定的区域范围内。

经济独立性——组团的经济发展基础不同，但这并不影响每个组团作为一个独立经济实体的地位，每个组团应该有自己的经济发展战略，通过自身的经济运作去实现发展目标。

社会独立性——由于各组团的空间结构具有独立性，所以大部分的居民将在组团内就业，随着各组团结构的逐渐成熟，其社会构成也将逐步趋向稳定，各组团发展趋于成为一个自我平衡、相对独立的社会实体。

规划独立性——每个组团作为相对独立的社会实体，在规划和管理中需要单独处理，在市域城镇体系规划下，对其应该独立编制总体规划。绿色新田园城市基本组团的基本原则之一就是，通过合理布局组团结构，就地实现居住与就业的平衡，减少居民上下班而产生的交通量。

基本组团特征　从形态和功能上看，"基本组团"是构成绿色新田园城市的基本单位，是居民生活、休闲、工作的基本单位，也是政策法规执行和公众参与的基本单位。绿色新田园城市都是由一定数目的基本组团以某些方式组合而成并维持运转的。

多样化与活力　鼓励城市新建和更新地区按照"基本组团"模式组织功能、空间和基础设施配置，方便居民生活，减少机动车出行需求。"基本组团"内具备满足日常生活的所有主要功能及合理的数量配比，这些功能包括居住、食品供应、制造、休闲、社交、商业等。基本组团基本达到自给自足。鼓励并设立公众参与社区事务的渠道，通过对社区公共事务的参与，形成地方的认同，营造地方个性。该特征空间表现为各类用地的组合。

混合、紧凑的土地开发模式，土地利用类型趋向于多元化，尽可能涵盖与日常生活关系密切的土地利用方式，以减少组团间的出行需求，在组团内部尽可能达到职住平衡。一个理想的"基本组团"应该既能为社区内与社区外居民提供就业机会，同时也可以为居民外出就业提供便利。该特征空间表现为土地混合利用，包括建筑功能垂直混合、土地混合、时间混合使用。各类用地紧凑搭配，职住保持相对平衡。紧凑则体现在组团具备一定的密度。

提倡步行为主的单元组团，5~10分钟步行空间尺度。组团内部必须限制小汽车的使用，组团间出行鼓励公交方式。出行方式受各类设施的可达性的影响，适宜尺度的组团能保证步行可达的出行距离。另一方面，步行空间也是提高城市活力的重要因素。该特征空间表现为适合步行的组团尺度，用地的空间配置尽量紧凑，具有一定的公共活动空间，组团之间的出行主要由公共交通承担。

具有合理的社会结构，提供多种住宅类型。在提高土地利用效率的同时，促进社会的融合与和谐发展。紧凑型的用地布局，保证了一定的土地利用空间强度，在空间形态上避免不同阶层居民的分化与隔离，这样既有利于穷人获得更多的社会资本，也有利于提高住区的政治经济地位。因此必须在居住阶层中采取适当的混合。包容不同年龄、职业、类型、收入水平的家庭。该特征空间表现为小尺度的街区空间布局和居住空间的重组。

（2）核心组团

提供规模更大、公共服务层级更高的功能组团。核心组团是绿色新田园城市组团体系的中心，规模略大于基本组团，约5平方千米。核心组团拥有商务、行政、娱乐、会展、旅游等多样中心活动功能，具备绿色、高密度、高功能复合、高网络化连接等多样基本特征，其不仅是组团系统中功能最高层级的组团，更具备联结、聚集周边基本组团的基础能力，是组团系统健康完善发展的"心脏"。

从功能看，随着城市的发展，组团体系有着对更高层级中心的需求，这是由于商业贸易带来的产业集聚而产生的，如商业中心、商务中心的建设需求。核心组团可以说是空间发展的聚集点，也是产业分工集聚的结果。通过中心功能的集聚，核心组团能够剥离以日常生活服务为主的职能，得以发展更高端的商业、商务金融等服务业，以弥补基本组团在诸如商业、金融等高等级功能方面，由于集聚度不够而导致的基本中心体发育程度不高。核心组团是一个综合性的中心，其中囊括了城市的多项中心功能，包括：

商务金融中心——以商务办公、金融保险、贸易咨询等商务类产业为主导的专业化公共服务中心。在主导产业方面，中心区以贸易咨询、证券金融、专业服务等高端服务产业为主导功能，占据了中心区主要用地结构和建筑容量比重；同时发展相应的配套服务产业，如商业购物、餐饮娱乐、公寓居住设施等作为中心区正常运作的保障环节。在空间形态方面，整体出现高层建筑簇群的外部空间形态。

传统商业中心——以传统风貌建筑和传统商业活动为依托，具有深厚历史场所感的专业化公共服务中心。

零售商业中心——以大型零售商业集聚而形成的专业化公共服务中心。零售商业的空间形态呈现出巨型化、复合化的特性，业态也逐渐向购物、餐饮、娱乐一体化产业链延伸，呈现出街区满铺的组合形式。

休闲娱乐中心——以休闲、娱乐、餐饮、展示、参与等体验性消费为主体形态，是特大城市在服务产业高度发达，生活消费类型精细化分工的阶段出现的新型中心区，改变了以往商业中心以购物为主体的消费模式，而变换成为"逛—看—玩"等体验性消费。

文化艺术中心——以文化配套产业集聚而成的专业服务集中区。在产业方面，主要以大型博物馆、音乐厅、剧院等为主导，同时配以一定数量的零售商业。餐饮业作为配套服务，文化艺术产业作为社会保障类型之一，更加强调的是其均质性；同时由于其在空间布局以及开发建设方面主要由政府主导，因此呈现出低强度、注重景观造型的空间特征。

行政办公中心——以行政办公、政府服务等城市特殊职能为主导，在同一空间场所集聚而形成的专业服务集中区。

交通枢纽中心——以大型交通设施的集聚而形成的城市专业服务集中区。常见的设施主要有火车站、汽车站等，通常情况下，由于交通枢纽的人流会集聚衍生出一定规模的服务产业配套，甚至一些城市就是依托于交通枢纽逐渐发展壮大起来，但其他中心功能会出现粘连重叠，由于两个公共服务中心的特性差异导致了中心区一定程度的空间混合。

核心组团理想面积为5平方千米，是以人体感知性为基础决定的，事实上这个规模的大小，恰恰也适合城市中心容纳足够多样的功能与建筑空间，因为功能集聚在城市设计的外在呈现也是以人的空间体验为基础的。

核心组团是绿色新田园城市组团体系的中心，规模略大于基本组团，约5平方千米。按照最小的步行标准，绿色新田园城市的基本组团应该是2平方千米的城市步行区，也就是10分钟的步行范围。5平方千米的核心组团，半径约为1.2千米，与现代地铁站点1.2千米左右的间距设置也非常吻合，步行时间为15分钟，一个核心组团横向大约能布置3个地铁站点，是非常适于人在中心区步行的距离。

对比基本组团，核心组团是一个功能更庞大的综合性区域。作为多样中心功能的单元，核心组团的高密度性、高混合性使得核心组团的丰富度要大大高于普通的基本组团，它是比基本组团更高层级的城市单位，社会活动的增加也会增大基础性的往返式移动距离，相应的无目的的旅游式漫步与购物也是核心组团的重要步行衡量，因此核心组团的规模若继续套用2平方千米的步行标准来衡量其大小并不合理。

萨林加罗斯在《城市结构原理》（*Principles of Urban Structure*）中通过伦敦、巴黎等传统城市的研究，提出了城市单元结构层级递增的一个普世尺度法则e=2.7。他认为城市必须以步行距离为设计基础，而现代城市规划手法并未解决步行尺度和城市尺度层级增长的问题，中间层级比例的缺失导致了人无法很好地感知城市的变化，层级比例如果跨越很大，人会在城市中感到越迷失，而这正是许多以汽车优先的现代主义城市模式所犯的错误。萨林加罗斯强调城市的要素应该按照2.7的倍数增长，这是由人的感知基础属性决定的，也是人从自然界分形的规则中习惯的一个基本比例。这个原则不仅适用于场景元素，同样适用于衡量城市步行单元的规模层级增长。按照这个2.7的比例因子，2平方千米基本组团作为最小的步行范围，那么核心组团作为更高层级的单元应该是2×2.7=5.4平方千米，综合考虑取核心组团理想规模为5平方千米。

核心组团的特征　作为组团体系的中心组团，绿色新田园城市核心组团是整个单元的最高层级，因此应具备丰富多样的功能，从属性上应该具备功能属性、空间属性、社会属性三大内容。从特征上看，其又有以下几点特性：

整体性——组团体系作为一个整体而存在，体系内的各个组团以城市交通为基础通道，在产业、市场、信息流、资金流、物流等方面紧密联系，其中一个组团的变迁必定导致其他体系内的变动。

中心性——核心组团聚集了巨大服务产业，形成服务产业的集聚核心，从空间形态分析，核心组团的开发强度和建设密度均比基本组团要高；从交通便捷程度分析，核心组团具备城市中最为优越的交通条件，可达性较高，同时疏散能力也较强；从整个组团体系观察，核心组团就是城市建成区内大型公共服务设施的集聚，空间分布与基本组团相比具有不均衡性。

高级性——基本组团与核心组团存在强烈的等级关系，这种等级关系造就了其内部服务产业的等级分化，业态档次出现了高低端分布，同时结构等级差异带来的是两者规模的等级化。这不仅是市场有效调配资源的结果，同时也凸显了组团体系作为一个整体受到组团系统政策调控的可能性和必要性。组团体系作为核心组团服务的重要构架，面向的是全部市民以及组团外市民，因此核心组团覆盖周边基本组团区域，构成一个完整的城市服务系统。

多样性——整个核心组团以高密度开发为主，主张混合的功能，其密度依次递减。核心组团的职能决定了它高效的特点，与之相配合的便是混合功能用地、城市综合体以及立体化交通。

绿色新田园城市理论依据霍华德"中心城市"设想发展出了"核心组团"的概念，"核心组团"周围有多个"基本组团"环绕，是绿色新田园城市构想的"组团城市"的中心。"核心组团"比"基本组团"具备更大的面积、更集聚的产业，是绿色新田园城市中最高层级的功能组团。

核心组团是基于中心城市模型转化而来的独立城市单元，其内涵发展背景是"组团城市"，是绿色新田园城市理论基于当代城市发展背景对田园城市理论的新发展。

3. 组团的生长模式

（1）组团的整体布局

"多中心，小组团"城市结构　继承田园城市的思想，绿色新田园城市构想的未来大城市是"多中心，小组团"结构的紧凑型城市群体。犹如城市的细胞，组团通过不同的方式和次序联合排列起来组成城市有机体，使城市具有更好的适应性和生长性，组团的生长和聚集组成真正的绿色新田园城市。

"多中心，小组团"模式能在城市内部和外部形成多个承担一定城市功能的集散区域，每一个区域即是一个组团，能承担某种或几种突出的城市功能，具备满足日常生活的需要条件。每个组团也都是一个相对独立的中心，各中心之间通过高效的交通系统相连接，就可保证它们之间的必要联系畅通无阻。这一结构可以有效地抑制"单中心化"与"城市蔓延"，使得每个城市单元尽可能地在控制密度的前提下提高其空间利用率。

不仅如此，绿色组团会增加人和城市环境的互动，增加对城市环境的体验时间，从而提高生活质量。因此完整的绿色新田园城市必定是一个城乡平衡的城市群体。与"社会城市"模型相似，绿色新田园城市提出"多中心、小组团"的组团系统由一个"核心组团"与六个"基本组团"的组团簇群所构成。组团与组团之间用绿色的开敞空间相隔，保持城市生态平衡、遏止核心组团无节制地蔓延。

交通上由对生态环境影响低的高速轨道交通联系着核心组团与各个基本组团，构成一个整体功能紧凑、联系密切的绿色新田园城市。

"多中心，小组团"结构是以"田园"即环境容量的大小作为城市建设的基底的一种城市设计思路，由于城市周围自然环境可支撑城市建设的资源总量是一定的，这个定值就是该阶段组团发展用地的极限空间规模。绿色新田园城市提出一个完整的"多中心，小组团"系统单元，面积应为20平方千米左右最为适宜，在面积上与伦敦中心地带的面积相近。

绿色新田园城市理想的模型是由一个核心组团与周边数个基本组团的组团簇群所构成的。组团与组团之间用绿色的开敞空间相隔，保持城市生态平衡、遏止核心组团无节制地蔓延。由

对生态环境影响低的高速轨道交通，联系核心组团与各个基本组团，构成一个整体功能紧凑、联系密切的绿色新田园城区。

一个核心组团和六个基本组团的组合就是绿色新田园城市的理想构架，规模约20平方千米。绿色新田园城市中的每个组团都拥有动力十足的经济环境、可持续的城市设计以及完整的三维城市形态，彼此之间既能够独立地存在与发展，也可以有良好的联系与配合。每个组团融合了多种城市功能，犹如城市的细胞，它们通过不同的方式和次序联合排列起来组成城市有机体，使城市具有更好的自适应性和生长性。同时，自然的山水田园作为整座城市的基底，一方面形成组团间的分隔，另一方面也构建起城市中独特的风景，使城市更具活力和生命力。

考察城市的发展历程，城市形态的演变在多数情况下是从一种基本的构成单元开始的，经过缓慢的发展，随着时间的推移不断地进行自我复制和渐进式调整，以形成城市形态的总体，单元之间的相似性使城市形态具有了分形自我相似的特征。这种基本的构成单元就是分形理论中的"分形元"，与生物的结构非常类

似。"分形元"以不同的组合方式，发展成为不同形态的城市，常分为"开放线性系统"与"封闭环形系统"。

（2）组团内部密度与生长规模

密度金字塔布局原则　大部分轨道交通线上的组团都以居住功能为主，内部建筑密度一般按照密度金字塔原则排列：越靠近车站建设密度越大，这样就可以保证购物和其他服务中心在步行范围之内拥有最多的客流；随着与车站的距离增加建设密度也相应下降，紧邻车站周边500米以内是高密度公寓集中区，500~900米以内是联排住宅、别墅、小村舍等构成的中等密度建筑区，组团最边缘是低密度住宅区。

控制适宜的生长规模　控制组团生长规模应以适宜步行为基本原则，绿色新田园城市主张基本组团规模不宜超过一般成年人的5~10分钟步行范围，即规模为2平方千米左右，对于核心组团应平衡功能多样性和步行尺度，规模上限约为5平方千米。

（3）组团的生长路径

要引导城市形态向多中心组团式结构发展，需要采取综合的配套措施与发展策略，其中最主要的是要改善组团间的交通运输结构，特别是公共交通结构，以交通结构的改善引导城市空间结构的改善。从多中心组团式城市对城市交通的要求来看，需要通过城市轨道交通与高等级道路，构成综合交通运输网络，为中心城和外围组团之间建立多方式、不同服务目标和服务水平、全天候、多行为的复合交通走廊。当然，城市道路交通本身基本上可以满足复合交通走廊的一般要求，但是在交通需求很大时，城市道路系统则无法承担，此时就需要城市轨道交通的支持。在引入快速轨道交通系统以后，可以使沿线区域的机动性和相对可达性大大提高，土地利用和开发的强度大大增加，城市的各种设施和居住人口向线路两侧集聚，导致城市沿轨道交通线路轴向发展，呈现出明显的"廊道效应"，进而导致城市中心的变迁和原有格局的改变，使圈层式和单中心的城市形态演变为组团式和多中心的城市形态或中心城—卫星城镇的形态，控制城市"摊大饼"式的发展，优化城市空间结构，促进城市空间的有序增长和土地的合理利用，使城市能够健康、有序地发展。

（4）组团生长的内生动力

城市就像有序复杂的有机体，城市组团类似有机体的细胞，既能自我复制生长，也能进行细胞个体独立生长。主要表现为规模扩大、建设密度提升，这实质上是组团在吸引更多的人前来定居、工作、上学、购物、游玩等的缘故。除了组团的职能外，吸引力还源于其内部充满活力的公共空间、怡人的人居环境、满足各类需求的多样化服务以及不断的城市更新；而公共交通系统作为组团之间最主要的交通联系渠道，提供了便捷的联结途径，促进了组团互动发展。这些都提供了组团生长的动力。

组团内要注重功能的混合布局，产业搭配，既要为企业发展留下位置，也需要为各种服务业、零售业、个体户等第三产业提供空间。多样化布局丰富了组团生活，而多元化的产业既能分担风险，又能产生多种活力，是保证组团内部经济稳定发展的重要原则。

另外，由于绿色新田园城市的组团是基于快速公共交通基础设施生长起来的，对公交系统的交通依赖性高，所以公交系统服务能力及吸引力的提升，能提高组团的可达性，并进一步带动组团之间的人群快速流动，促进组团间的交流联系，加强组团之间经济、社会、人文活动联系。

组团的更新改造也是重要的内生动力之一，尤其重要节点地段的更新能创造更大的推动力。

设计满足当地居民需求的住房。住区是组团内最广泛的用地类型，住区的本质是为居民提供安静、舒适的居家环境，而住宅是住区的根本所在，住宅品质决定了住区品质，进而或多或少地影响组团对居民的吸引力。住宅设计应基于对城市人口类型结构、不同类别人群的住宅空间需求的调查研究，设计尽量满足各类人群合理要求的住房，而不是统一定制、忽视多样化的需求。满足居民需求的住宅是社区魅力的主要源头，亦是组团能留住人以及吸引更多人的重要因素。

景观格局优先建设。景观对于人居环境的影响极高，景观格局不仅指城市内部的自然环境，还包括城市所在的大生态环境，因而大型景观格局的设计对城市内外自然生态能否正常运行起决定性作用。主要表现为完整、连贯的楔形绿地系统与纵横八达的水域系统。景观格局优先所表达的内涵是，城市设计须考虑城市内外动植物的栖息、迁徙，要保证生态廊道的连贯完整，以生态环境承载力为城市建设上限。合理的景观格局直接关系着生态系统的稳定性，只要景观格局未遭破坏，人工环境便可在此基础上持续建设。

绿地系统除了生态功能外，最主要的是作为人们的户外游憩空间。从可持续发展以及以人为本的角度出发，绿地在组团的建设中应被置于核心地位。

设计优质慢行环境　在绿色新田园城市中，步行与骑行构成了慢行系统，"慢行系统"是相对于机动化交通系统而言的概念，也是组团内最主要的出行方式。其中，步行系统是绿色新田园城市组团设计的核心内容，无论是核心组团还是基本组团都以适宜步行的尺度为规模设定的主要依据。优质的慢行系统代表着绿色的、活力的、人性化的环境设计，能促进步行和骑行在使用频率和数量上都提高，进而促进人的生活方式更为健康；慢行系统与公共交通系统的无缝连接也是保证公交系统运营良好的重要条件，因为缺乏吸引力的慢行系统无法为公共交通带来更多客源。

全球化时代，文化越来越成为城市的核心竞争力之一。文化为城市组团提供着可持续的动力，良好的文化氛围、高品质的现代生活系统、愉悦的娱乐休闲等公共设施，不断吸引着高知识、高科技、高收入人群。在绿色新田园城市，核心组团与基本组团共同承担基于生活休闲娱乐、文化与艺术等城市消费形态的城市文化功能，包括多个层次：一是宏观尺度的战略文化区域，即依托各类资源所产生的文化集聚区域，分为依托科技创新资源的文化创新空间、依托公共中心资源的文化地标空间、依托历史文化资源的文化博览空间、依托自然景观资源的文化生态空间以及未来城市文化的预留空间等，构成了全市文化空间整体布局；二是中观尺度的文化设施，即文化主管部门管理下的博物馆、图书馆、美术馆、剧场、社区文化活动中心等；三是微观尺度的公共空间文化氛围的营造。在规划路径上，鼓励规划文化设施的特色化与复合化并重。坚持功能混合，鼓励公共图书馆、博物馆、中小剧场、电影院等与社区文化活动中心整合；坚持存量挖潜，鼓励存量设施改造提升和优化，让城乡人民共享文化发展的成果；坚持功能转型，以满足人们的基本公共文化服务需求为宗旨，促进美术馆、图书馆等从专业功能向促进市民文化交流和教育功能转型、促进影剧院等从电影功能向中小型剧场和文化娱乐中心等综合娱乐功能转型。

4. 组团的形态

今天，全球一半以上人口生活在城市，据估计，到2050年，城市人口将达到60亿，比重将增至70%，而发展中国家的城市人口将占全球城市总人口的80%以上。人群的高密度聚集将为城市带来无限活力，创造更多的机会和可能，增加社会的多样性。反过来，城市的发展又能进一步促进贫困地区的人口向城市迁徙。

高密度、紧凑型发展应该是未来城市发展方向，意味着更高的效率以及正外部性，促成规模经济，也能让更多人以更低的成本拥有丰富的城市生活体验，比如音乐厅、大剧院等。

（1）紧凑型

紧凑型城市是针对城市无序蔓延发展而提出来的城市可持续发展理念。

紧凑型城市的特征　高密度、高效率、高质量是紧凑型城市的重要特征与内涵，三者相互制约和促进，通过设计可以实现三者的良性循环，实现可持续发展目标。紧凑型城市对土地利用主要体现在以下三点：规模紧凑——高密度的城市开发；功能紧凑——土地的混合利用；结构紧凑——"分散化的集中"发展模式。

紧凑是混合功能的基础　混合功能是保证组团丰富健康发展的基础，而紧凑发展是承载混合功能的基本物质条件。Jane Jacobs 在《美国大城市的生与死》中将混合使用定义为："时间或空间上的，在细密的空间纹理布局下，建立平衡的工作、服务和居住等多种功能的混合使用。"按照Jane Jacobs的描述，城市混合使用的形成离不开细密的空间纹理、密度以及渗透性这三个重要的物质特征。

（2）高密度

高密度的三种模式　紧凑发展意味着核心组团在水平面的伸展具有限定，因此内部组织应该达到高密度。对于大城市而言，一方面，人群的高密度聚集为核心组团带来了无限活力，创造更多的机会和可能，增加社会的多样性。另一方面，高密度模式又对核心组团的城市空间与环境提出了挑战。高密度组团有三种模式：多层高密度，以伦敦和巴黎老城区为典型；高层高密度，典型案例有纽约和香港铜锣湾；高低层结合的类型，以新加坡乌节路组团为典型。

高密度组团的发展要素　绿色新田园城市拒绝组团平面扩张发展，每个组团内部实行各功能紧凑布局，高密度发展，提高单位面积的人口数量，增强组团活力，将更多城市空间留给绿地、留给自然。

高密度、紧凑发展是整体性原则，具体设计规划时不同区域应根据不同功能定位、不同先天条件、结合生态效益进行疏密有致地分布，从整体上达到紧凑的效果。在一个组团内，通常会存在两个性质不同的区域，核心区一般位于组团的几何中心，承载着组团内综合性的服务功能，而均质化区是功能相同的区域，以居住区为主，核心区和均质化区虽然都实行高密度发展，但密度通常会有很大区别。而高密度地区需要与低密度地区相结合，实现功能互补。

高密度城市，要保证城市居民的生活和工作环境质量，还需要三个重要支撑体系：

高密度的城区，更需要合理规划道路交通，提供多种交通方式，完善接驳和换乘系统，另外，高密度的路网结构也是非常重要的，越多的道路对人流的分散作用越大，也能充分发挥各类基础设施最大的运行效率。

无论组团的核心区还是均质化区，都要在土地集约利用的大框架下开发建设，核心区域功能混合能更好地增加高密度空间的利用效率，带来多元需求的人流。同时，不同功能之间也存在着各种相互依存的关系。

利用新技术建造更加节能、环保、舒适的建筑。

5. 混合功能组团设计

混合功能是指两种或两种以上的城市功能在一定空间和时间范围内的混合状态，它体现在城市土地使用、功能布局以及空间形态等方面。混合功能是古今中外城市建成区的存在方式，也是城市的本性所需、活力之源，更是绿色新田园城市高密度发展的必要支撑体系之一。

在绿色新田园城市中，每一个城市组团内部的城市功能都应是混合的。每个基本组团内部有包括办公、商业、居住等各式各样的城市功能，保证组团生产与生活功能的完整性，同时使组团内各项设施配套建设、综合发展，为组团居民提供一个完备、协调、能满足各种生活需求的城市环境。

绿色新田园城市组团的混合功能不仅仅是平面上简单的混合，在空间上也呈现出多样性，既有竖向尺度、水平尺度的混合，也有综合竖向与水平的共享尺度混合。绿色新田园城市的功能混合也包括时间维度上的混合。时间维度的功能混合是指在不同时间内同一地点体现出不同种类的功能。

具体表现形式包括住居与就业、文化、商业、行政等的混合，将各种不同功能和类型的建筑相互配置，达到功能互补的目的。一方面将城市的居住功能与一些无污染的小型工业、手工作坊、服务业或者办公组织在一起，保持一部分居民就地工作，以减少市民在居住区与工作区之间的往返，从而减轻城市的交通压力。另一方面将居住与功能建筑混合布置，满足人们对文化、商业、行政等的不同需要，防止城

市出现"空洞现象"，保持城市24小时的活力。

混合功能的具体策略有：小地块的开发建设、保护和有效利用城市老建筑、与城市公共交通节点的结合、提高现有城市功能的混合使用程度、政府引导混合功能开发。

混合功能是城市自然生长的必然结果，是城市建成区域的必然结果，同时混合功能的比例与结构也不是一成不变的，应随着城市的经济、社会、文化等的不断发展而保持着动态的平衡，而保持这一平衡的重要力量就是市场调节，从这个意义上说，高度的市场化程度对于城市混合功能的实现将会具有巨大的促进作用；城市政府以及相关部门应该是政策制定者和管理者，工作的重要内容应该是建立健全与混合功能相关的市场机制，完善相关的法律法规，充分发挥市场在调节城市功能中的作用。

6. 组团的公共空间系统

创造更好的公共空间，必须先了解人们的活动类型和规律。在杨·盖尔的《交往与空间》中，他将人们的户外活动划分为三种类型，必要性活动、自发性活动和社会性活动。公共空间的价值在于为人的自发性活动和社会性活动提供合适场所，最大程度地将人们吸引到这个地方享受生活、参与社会性活动。同时，人气的聚集能为公共空间带大更大的活力和魅力，也能吸引越来越多的人前往，激发城市的活力。

公共空间设计的三大基本原则

在公共空间的设计中，需要遵循三大原则：

一是研究人在公共空间中的行为特征，满足广大市民的需求和爱好。

二是以"人的尺度"即适宜人的视觉与感觉的尺度为空间的基本标尺，创造富有亲切感和人情味的空间形象。长期的实践经验形成了城市设计的一些基本法则，例如，在步行街上，人的适宜步行距离为300~500米，一条长达1000米的步行街往往让人感觉疲惫；在广场等开敞空间中，人适宜的视觉尺度是：相互交谈2~3米，看见对方表情要小于10米，看见对方轮廓要小于100米。建筑围合的广场或道路，建筑高度与空间宽度应有适宜的比例。

三是保持公共空间整体性的契合。

公共空间设计注意事项

注意空间的领域感；

注重活动的多用性；

可识别性和归属感；

适度的可达性。

绿色新田园城市组团设计的十个理念

理念一 构建2平方千米的基本组团

（1）十分钟步行距离决定基本组团规模

绿色新田园城市的基本组团是2平方千米城市步行区，也就是出行10分钟的步行范围。基本组团2平方千米的面积，足以支撑组团内部功能与结构的用地需要，为居民提供丰富的社会生活，超过这个尺度就将影响部分居民的生活质量。

（2）明确组团的边界

边界的首要作用是对区域进行合围，确定每个组团的范围和大小。绿色新田园城市基本组团中，缺少天然边界（河流、山体、森林等）时，人工绿地和田园可以作为组团的边界，将组团与组团区隔开来，限制组团的扩张。同时，边界也可以由道路组成，比如合理规划在组团边缘的过境道路，可以成为明显的、可识别的边界。

（3）过境交通不要穿过组团

绿色新田园城市倡导绿色出行，强调边界概念，力图营造一个适宜生存的组团内部环境，组团内以步行为主，需要减少机动车干扰。绿色新田园城市的基本组团要求过境道路不能穿越组团内部，这就要求在组团建设发展中需要对过境道路进行科学规划。

（4）基本组团内应布局田园和绿地

绿色新田园城市同样要将田园、绿地引入城市，作为必要组成部分，作为组团之间的分隔，其一可以改善城市环境，建立完整的绿地系统；其二，田园绿地能为城市居民提供新鲜食物，由于农业的弹性较大，可以提供就业岗位、提高城市就业率等；其三，作为隔离带的田园和绿地，另一个作用是控制组团规模的无限制扩张，保持城市的体量和规模，为居民提供良好的生活保障。

（5）合理安置教育设施

在绿色新田园城市中，每个两平方千米的基本组团内至少需要一所小学，能让组团内的适龄儿童就近入学。这是每个组团最基本的教育资源配置。小学要规划设计在组团步行网络上，能让小学生不用躲避车流穿越交通路口，通过步行网络平安地到达学校。这样的布置无论从安全性还是孩子的社会化角度来说，都具有多重意义。

（6）组团内要有完善的综合服务与商业配套

绿色新田园城市理念强调以人为本，追求人际关系和睦、人际互动和谐。在绿色新田园城市中，要建立完善的公共服务系统和商业配套，服务组团居民，并为建设和维系健康的邻里关系提供公共空间。建立完善的服务系统和各种配套需要从区位选择、建筑实体、功能定位等方面来考虑。

理念二 组团内以步行为主，建立完善的步行系统

（1）步行系统的组成

步行系统有如下类型：小型开放空间，步行商业街，地下步行街，人行空中步道系统，混合式步行街，小区绿化步行道。

（2）步行系统的优化路径

在绿色田园城市基本组团中，需要充分研究不同空间场所中人的行为活动方式和规律，既坚持"以人为本"思想，创造"人性化"空间，又尊重自然，体现"园居文化"理念，将人、自然、建筑三位一体组成整体空间环境，使步行环境空间具有意向的可预见性（Predictability），意向的可理解性（Intelligibility）、使用上的连续性（Continuity），是创造优美的步行环境的根本途径。

（3）步行系统的交通设计原则

一是整体性、系统性原则；二是人本主义原则；三是文脉主义原则，文脉主义原则体现在对地区文化、原有环境氛围以及空间文脉的尊重，这样能充分提高人们对步行空间体系的认知与空间归属感，产生人们在文化层面上的心理共鸣；四是尊重生态原则。

理念三 组团内一定要有中央公园

（1）每个基本组团内至少应该有一个公园

公园作为必备的基础设施，每个基本组团内至少应该有一个公园，使人们可以在短时间内步行到达。每个基本组团规模在2平方千米左右，其中公园面积至少要大于1公顷（0.01平方千米）。在维持城市良好生态环境的同时，一个方便可达的绿地空间能极大地增强组团的魅力与活力。从经济价值的角度衡量，公园对于组团和城市的带动作用都是巨大的。公园为

城市居民提供了一个放松身心、享受自然、组织各种娱乐活动的场所，与居民区相邻的公园往往效益能得到最大发挥。同时，中央公园的存在是组团绿地系统的核心，改善局部小气候，为生物多样性创造条件，促进人与动植物的和谐相处。

（2）公园的设计策略

在规划设计时，公园应该围绕人的需求展开，无论是功能、形态还是尺度都要符合人的生理和心理要求，不仅给予人类物质上的满足，更重要的是人本主义的精神关怀。设计策略：道法自然，重现自然，采用自然形式，在设计中巧妙融入自然要素；以中心开阔的大草坪为核心组织公园空间，在大草坪周围灵活布置各种功能空间，形成网络状的空间结构；空间形式：人性化、复合开放；景观特色：地域性、艺术性。公园可以公共艺术创作作为启动策略，将艺术创造纳入公园的使用功能，也可以在公园内设置一些独特的博物馆、展览馆、体育运动场或具有代表意义的建筑物，使中央公园长期保持活力。

理念四　组团内要有完整的绿地系统

基本组团的绿地系统应运用景观生态学和城市生态学等生态学原理来进行生态规划，并将绿地系统纳入城市开敞空间体系。由于各地区自然条件不尽相同，规划时应根据因地制宜的原则具体情况具体分析，来进行城市绿地系统的规划。绿地系统布局的设计应通过点(街头绿地、小型游园等)、线(河流和街道两侧绿化带)、面(公园、风景区、郊区森林等)的有机结合，使不同性质、不同形状、不同规模的绿地构成一个有机结合的、能保持自然过程整体性和连续性的动态绿色网络。

组团绿地系统包含如下组成部分：公园，绿道，生产、防护功能绿地，滨水绿地，道路绿地等。绿地系统的主要功能有生态功能、美学功能和经济功能。

绿地系统设计原理　在规划城市、组团的绿地系统时，需要科学设计，讲究方法，遵循相关的生态原理和绿地景观设计原理。总的来说，包括共生原理、结构与功能原理、边缘效应原理和系统整体与要素异质性原理。具体的实施过程中，同样需要遵循以人为本、自然优先等原则。这是建设完整生态系统的保证。

绿地系统设计六项原则　尊重自然原则、以人为本原则、场所精神原则、顺应城市肌理原则、乡土原则和立体化原则。

理念五　建设服务市民需求的广场系统

在绿色新田园城市组团中，对广场的布局应系统安排，广场的数量、面积的大小、分布则取决于组团的功能定位、组团规模和整体空间形态，组团的大小、人口规模，重要建筑、公共服务设施、基础设施等都是影响广场分布的重要因素。

广场是由城市功能的需要而产生的，并且随着时代的变化不断发展。城市广场的主要功能分类有市政广场、纪念广场、商业广场、交通广场、休闲广场等。

绿色新田园城市广场系统的要求与道路空间相似，其选址与规模应符合相关规划、法规以及广场设置的规律要求，各种环境设施也应在设计中一并考虑，以利形成良好的氛围，提供优质的服务。广场设计的核心工作分为两部分，其一在于满足广场特定的功能，如交通疏散、纪念缅怀等；其二在于解决尺度与层次问题，即通过对场地周边体量的分析与设置，形成符合特定要求的围合感与尺度感，进而通过灵活多变的领域限定划分空间层次，形成丰富的空间感受与广场景观。

理念六　以人为本，构建人性化的街道系统

（1）街道系统的价值

现代田园城市街道是一种突出以人为本，注重农田保护，凸显自然与人文景观，满足交通功能需求的建筑。它不是千城一面的城市街道，不是单调的乡村街道，而是一种自然景观嵌入式街道，是景观价值、交通价值、游憩价值、服务价值、文化价值、生态价值等多重价值的融合。它不是孤立的，而是一个由城市环境系统、城市生产系统和城市生活系统复合而成的城市复合生态系统的重要部分。在它的路旁或视域之内，拥有审美风景的、自然的、文化的、历史的、科技的和增进游憩价值的景观。它是消除城乡二元结构，建设绿色新田园城市的最显著的表现。

（2）街道设计原则

树立步行、自行车交通在街道设计中的优先地位；自然景观嵌入式街道；以人为本，满足街道用户的需求；深入挖掘地域文化元素，以多种表现形式融入到景观中；考虑多部门协调与跨专业合作，保证技术专业领域的多样性。

理念七　组团内一定要有滨水空间

滨水空间，通常指城市当中与河流、湖泊、海洋所毗邻的地段，或是濒临湖泊、海洋的城市近水开放空间，呈带状分布，通常被看作一个系统，因此称之为城市滨水系统。

在滨水系统城市设计过程中，必须考虑到生态效应、美学效应、社会效应和城市的艺术品位，达成人与自然和谐共存。对具有重要历史价值且保留相对完好的滨水地区，应该通过对现有设施的修缮、复原，尽力维持水滨的整体格局和历史风貌，而不是去改变这种风貌；而很多曾经作为工业区的滨水区域在再开发的过程中，需要对这部分的城市功能重新定位，使其在城市的发展中扮演重要角色，承担新的城市功能；而对那些即将开发的滨水区域，或改变滨水区域功能的如围海造陆等方式获取建设用地的，应特别注意生态环境的维护和成本的控制，并创造出更多的公共空间。

在滨水空间的设计中，有几个城市设计原则需要严格遵循：一是共享性——营造"城市客厅"；二是混合性——保持24小时的城市活力；三是亲水性——防洪与亲水活动；四是可达性——形成相互独立的机动车和非机动车交通系统；五是连续性——在空间和时间维度上与城市整体的衔接。

理念八　绿色出行，构建可持续的交通系统

绿色新田园城市倡导健康、低碳、环保的出行方式，组团内最理想的交通模式即步行、自行车与公共交通配合。步行与自行车便捷、灵活，但受条件限制，只适合短距离出行，一旦距离较远，多数人就会选择公共交通出行或者驾驶私家车。公共交通出行，是以最低的环境代价实现最多的人和物的流动，以有限的资源提供高效率与高品质的服务。

（1）建立完善的路网结构

基本组团道路网形态大致可以分为方格网式道路网、环形放射式道路网、自由式道路网和混合式道路网。不同的路网结构受地形和其他因素的影响，我们倡导建立起较为密集的路网，创造更多的街道生机。

（2）构建可持续发展的交通模式

绿色新田园城市组团公共交通系统应以轨道交通为主的多种交通方式构成，各种方式分工明确，联系紧密，换乘方便，形成高效率的网络体系。公共交通工具包括列车、地铁、轻轨、无轨电车、公共汽车等，还要特别注意换乘枢纽的布局。

中国城市应走绿色新田园城市道路

理念九 组团的发展需要运用绿色技术

在绿色新田园城市基本组团的建设中，"绿色"作为一种整体性的理念和宗旨，指导城市的规划建设方向。基本组团作为城市的基本单位，在规划中要坚持走可持续的发展道路，通过各种技术和手段降低组团的整体能耗，比如通过雨水收集、循环水利用系统降低水的消耗，利用自然通风、太阳能等创造低能耗高舒适度的建筑环境，利用绿化技术改善城市环境……另一方面，尽量利用地方材料，引入自然元素，创造绿色生态的城市环境。在城市规划中，分为宏观和微观两个层面，宏观上对基本组团的各项设施进行整体性、系统性的设计，制定出整体的框架和轮廓；在微观层面，将各种节能技术和材料应用到小区或建筑细部，从细节上保证绿色节能的实施。

理念十 坚持田园思想与生态美学观

过去中国所遵循的城市设计模式与许多田园城市实践国家遵循的城市设计模式有着较大的差别。尽管这些城市在高密度形态上与那些经历过田园城市实践国家所建立的高密度城市"形似"，但城市设计的基础，包括总体形态到街区结构等多个尺度遵循的是一种"反传统"的营造方式，这种方式抛弃了千百年来基于"人类身体活动"而形成的基础模式转向基于"小汽车"或者更大尺度为主体的基础模式。

田园城市理论本质是以传统城市为基础的理论，其提倡的田园与城市的关系，步行组团为基础的生活空间等思想，应作为当代高密度城市的基础结合现代技术继承与发展。

田园城市启示我们维持传统的城市、田园、人三者之间的基础关系来营造城市，绿色新田园城市则继承这个传统关系作为现代城市设计的基础，提出"组团"的思想，并通过百年实践经验与技术结合，建立了一个更符合现代社会的高版本田园城市理论。因此，绿色新田园城市是田园城市实践智慧与绿色技术共同发展的成果，在中国未来的城市规划建设中，应建立基于中国田园思想的全新的城市价值观，引导中国的建设回归田园城市发展之路，开拓绿色、可持续之路。

采用田园化地名和街道名

地名和街道名既是人们正常工作和生活不可或缺的基本信息，也是地域文化的外在表现和人们生活的精神寄托。地名被联合国称为各民族重要的非物质文化遗产，几乎所有古老的地名都有其特定的起源，或取之地形、地物，或成之以意念、传说、历史、风情等。一个城市，是在一定的经济、社会、自然环境下形成的，城市地名无不与山、水、乡土、商贸、文化等息息相关，且都有特定的历史文化内涵。随着城市面貌的变化，一些地名和街道会发生相应变化，另一些则沿用保留。在城市文化成为城市竞争力重要影响因素的当下，打造既具有深刻意境、又具有地域特色的城市地名文化越来越成为共识。在新的生态美学观看来，采用田园化的地名和街道名应成为完善城市空间的重要手段。

日本东京

东京作为亚洲第一大都市，发展过程经历了很多改造，不变的是当初的地名，所以才会出现几大繁华商圈分别叫银座、新宿、池袋、涩谷、浅草这样的情况，名称和形态似乎没有直接关系。但是考察东京的历史便能得知，东京的地名，很多都与曾经的地形地貌相关。其他地名，比如青山、赤坂、神乐坂、自由丘，代表的都是山、丘，让人联想起这些地方曾是起伏的丘陵斜坡；又比如雪谷、莺谷、四谷、茗荷谷、日比谷，它们指的是一条条深深浅浅的山涧溪谷所穿越的区域，小溪曾在那儿叮咚流淌；又比如上野、中野、秋野、上原、秋叶原、浅草，带来的想象是一片原野、一片掩没马蹄的草地……将自然、美丽、诗情画意的地名传承至今。在日本，以桥为地名的更多，比如日本桥、饭田桥、水道桥、浅草桥、吾妻桥、京桥、板桥、竹桥、新桥，可知早前的东京溪流河川该是很多的。

一个城市的地名，既能透露出自己的历史，曾经的过去都可从地名中隐隐约约看到些影子；同时也是一种文化，彰显着它自身的性格，非自觉地折射出它的价值观、它的心态、它的喜好取向，一切尽在不言中。

意大利佛罗伦萨

世界文化名城意大利的佛罗伦萨Florence意译为"百花之城"，它是文艺复兴的中心，也是欧洲文化的发源地。佛罗伦萨位于阿尔诺河谷的一块平川上，四周环抱以丘陵。现代著名诗人徐志摩首译其为"翡冷翠"，这是一个远比音译名"佛罗伦萨"来得更富诗意，更多色彩，也更符合古城的气质的名称。虽然今天不做通用，但凡提到佛罗伦萨，总会想起"翡冷翠"这个名称。

法国巴黎

巴黎是座具有2000多年历史的名城。据巴黎城市发展史记载，最早是从塞纳河上西岱(Cite)岛上一座村落发展而来的。在公元前2—前1世纪，一个以渔猎为生的巴黎西部落来此定居，随着人口的增多，这支属于高卢的巴黎西部落在西岱岛设立要塞，命名为"琉提喜阿"(Lutetia)。Lutetia的词根lut在高卢语中为"河心居地"，因今巴黎圣母院所处的西岱岛地处塞纳河中而得名。及至公元360年正式采用部落名巴黎（Paris）代替琉提喜阿作

为该城市的官方名称。据考证，部落名巴黎西（Parisii）来源于高卢语par，是"船工、水手"的意思。如今巴黎城徽上有一行拉丁文谚语——"任凭波涛汹涌，此舟永不沉没！"寄托对帆船和水手的赞颂和祝福。

巴黎最著名的街道，当属戴高乐广场上的香榭丽舍大道。"香榭丽舍"是由"田园"（Champs，音"尚"）和"乐土"（Elysees，音"爱丽舍"）两词构成，故其中文译名又为"爱丽舍田园大道"或者"香榭丽舍田园大道"。"爱丽舍"（Elysees）一词原指希腊神话中众神聚集之地，因此又被译为"天堂乐土"或"极乐世界"。"香榭丽舍"这个译名是由徐悲鸿先生在法国留学时所赐，既有古典的中国韵味，又有浪漫的西方气息。"榭"是中国园林建筑中依水架起的观景平台，平台一部分架在岸上，一部分伸入水中。而曾经的香榭丽舍就曾是一片水榭泽国，现在则是一个让世人流连忘返的巨形观景平台。弥漫着咖啡、香水、糕点香气的街道可谓是名副其实的"香榭"，而街道两旁典雅的奥斯曼式建筑，被称为"丽舍"毫不为过。短短几个字，便使这条大道的形象跃然纸上。即使

是从来没去过巴黎的人，单凭借这几个词大可自行勾勒出无数意象。这结合了田园风情的街道依偎在安静的塞纳河旁，浪漫温柔。难怪法国人会骄傲地称香榭丽舍是"世界上最美的大道"。

国内城市田园地名

四川成都　成都是一座历史悠久的文化古城。建城史可追溯到公元前311年。据传城周20里，城内房屋楼观华丽，街巷车马往来，街市繁荣。唐代诗人岑参咏诗赞美"常爱张仪楼，西山正相当。千峰带积雪，百里临城墙，烟氛扫晴空，草树映朝光。"关于成都这一名称的来历，据《太平环宇记》记载，成都是借用西周建都的历史周王迁岐"一年而所居成聚，二年成邑，三年成都。"设成都县，成都因此得名。从有信史记载的2300多年前建城起，成都一名从未变过，包括许多街道名也是古已有之，因此深具诗意。

以著名的商业街琴台路为例。根据史书记载，汉代司马相如与才貌双全的卓文君相互倾慕，"相如涤器、文君当垆""一曲'凤求凰'"而留下了"琴台故径"历史遗迹，故名琴台路。这一感人的爱情故事在民众中流传甚广，有广泛的群众基础和民间认同度，所以琴台路的路名保留至今。为了发掘蜀汉文化，彰显蜀汉风情，成都精心打造琴台路仿古建筑特色街道，一举改变了琴台路的旧面貌，创造了成都市风貌整治的新亮点，一举将过去那条仿明清建筑的破旧街道，打造为充满商机活力、亦古亦今的城市名片。琴台路在设计上有许多别致的历史韵味。

采用田园诗意的地名

城市化在满足经济发展的同时，也造成了文化的流失。很多老街就这样消失，同时很多以前的地名或者街道名现在已经名不副实。对于地名的留存问题要根据情况而论。对于认可度较高的新地名没必要恢复成陌生的老地名；对于已经没有任何意义的旧地名，可以根据文化价值保留，并适度通过建筑、挂牌介绍等方式介绍这些地点名称的由来，保留了文化根基，也推广了名称本身。

中国的山水有着国外难以模仿的气质，正如国外的文化有中国无法复制的道理一样。我们在取名方面更应该从祖先的文化里找灵感，营造独有的中国式城市诗意空间。名字承载着美好的愿望和理想，因袭了人们对回归自然的渴望。新的生态美学观倡导采用田园化的地名和街道名，这是以最直观的方式表达对生活理想的诉求。采用的是名字，回归的是理想，每个人心中都有一个诗意栖居的梦。

四川·成都
天府新城

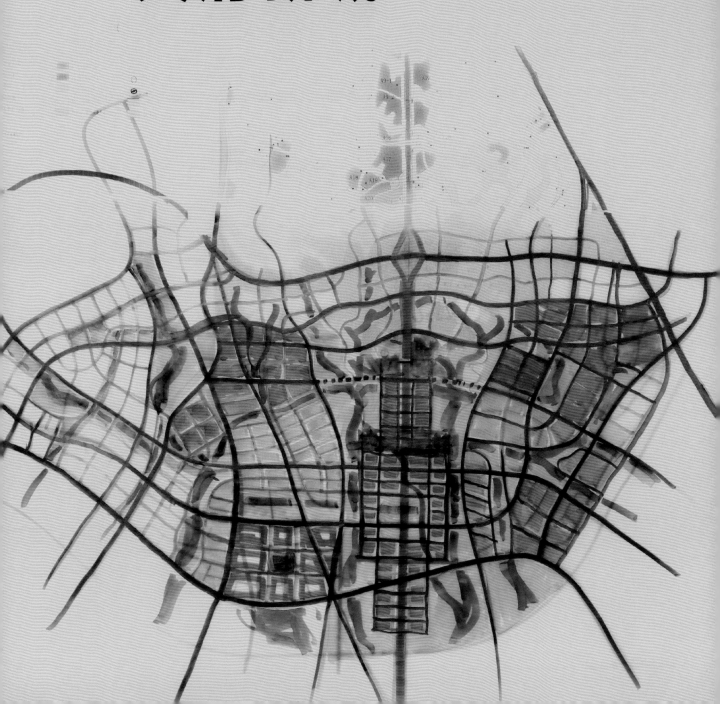

"九天开出一成都，万户千门入画图。草树云山如锦绣，秦川得及此间无？"大诗人李白曾这样描述成都的绿树成荫与富庶繁华。成都自古便为西南重镇，享有"天府之国"的美称，现已成为中国西部的政治、经济、文化中心之一。未来的成都，将迈向更高的建设目标——建设城乡一体化、全面现代化、充分国际化的世界生态田园城市。

城市设计的重点地段正兴南片区即为成都最主要的城市副中心——天府新城的核心区。它位于天府新城南部，与成都主城区通过天府大道直接相连，是成都实现世界生态田园城市的重要示范区域，总设计面积约为23平方千米。

中央公园再造自然

结合成都建设世界生态田园城市的需求以及对正兴南片区和整个天府新城规划区域的调查研究，运用绿色新田园城市理论，提出将一个中央公园作为新城的核心，以多中心、小组团、高密度、小街区作为新城的主框架，再将自然地理和人文地理的优势显现出来。方案经四川省政府讨论通过并于2016年开始实施。

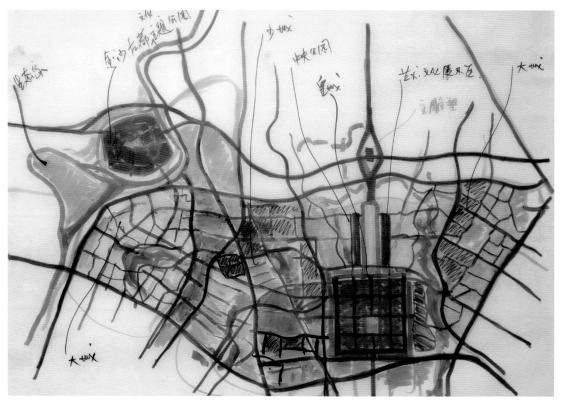

设计构思草图 陈可石

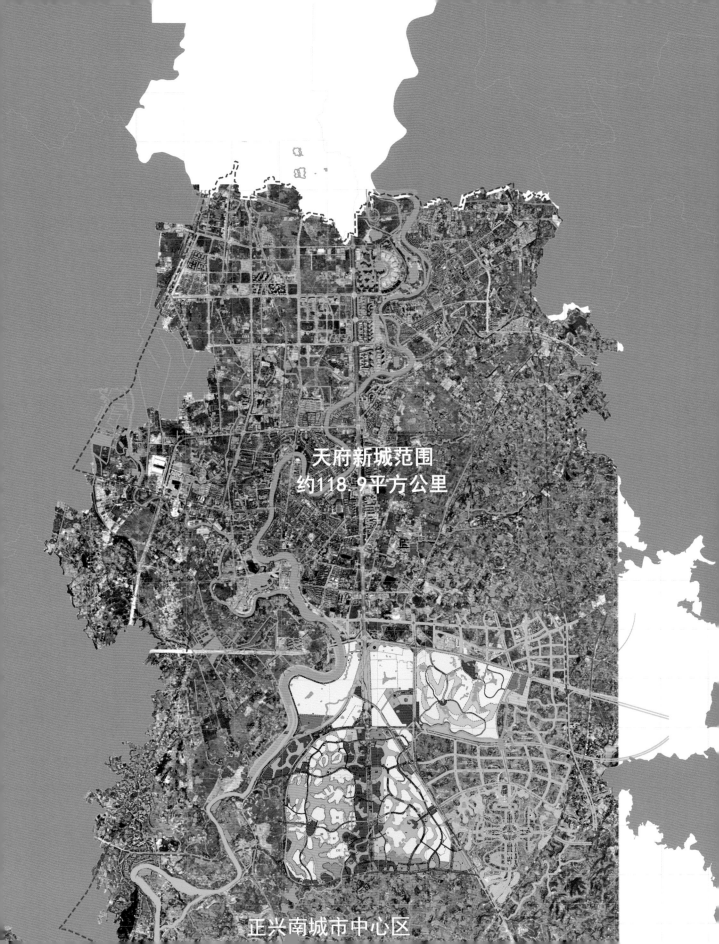

天府新城范围
约118.9平方公里

正兴南城市中心区

防护绿地

活动场地、休憩空间

生态农林

国宾会议中心、国宾馆

生态走廊

商住区娱乐

和谐广场

信息图书馆

天府公园、蜀城公园、水上运动

中心绿地

市民文化活动中心、社团中心

电影院

活动场地、绿野丛林

戏剧艺术中心

天府公园、体育公园、运动场

博物馆群

中央公园延伸绿地

海洋馆

生态走廊

天府公园

会议中心、国宾会议中心

先贤公园、运动场

体育馆

河岸码头

先贤公园、休憩空间

天府公园、先贤公园

绿叶丛林、音乐广场、观景平台

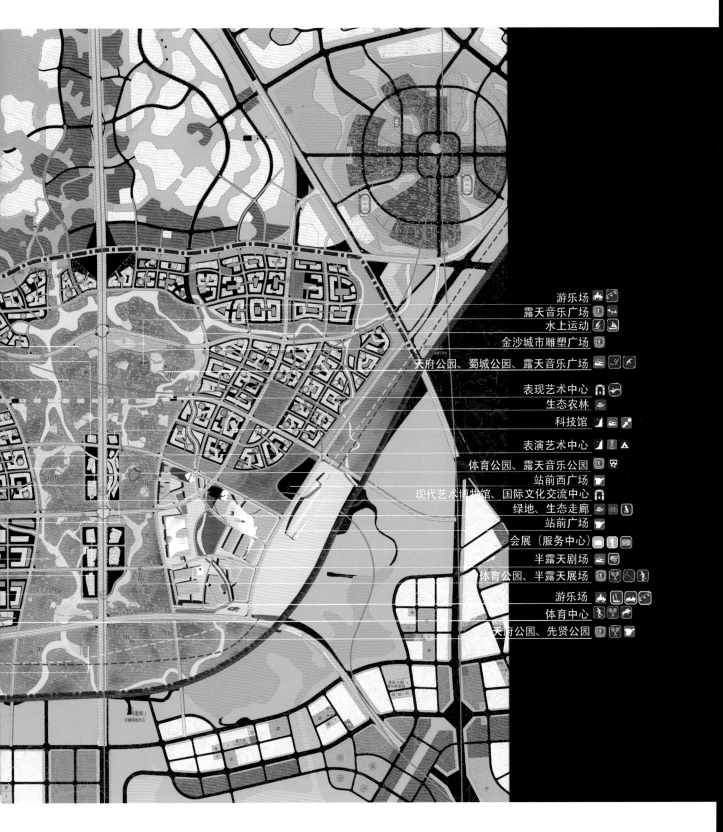

游乐场
露天音乐广场
水上运动
金沙城市雕塑广场
天府公园、蜀城公园、露天音乐广场

表现艺术中心
生态农林
科技馆

表演艺术中心

体育公园、露天音乐公园
站前西广场
现代艺术博物馆、国际文化交流中心
绿地、生态走廊
站前广场
会展（服务中心）
半露天剧场
体育公园、半露天展场
游乐场
体育中心
天府公园、先贤公园

中央公园是绿色新田园城市中最重要的要素之一，它融合了霍华德田园城市模型中城内中心花园与城外生态田园的双重功能，是高密度城市组团里最珍贵的一片绿洲。绿色新田园城市中央公园的设计注重自然的再造，通过对水、草坪、树林等自然要素的利用和设计，营造出最纯粹的自然田园风光。

设计的第一个层面是再现自然，在加强地域性景观设计的同时考虑各类自然要素的完整性，如地形、水、森林、草坪、动植物等，使自然更真、更美。天府公园的设计结合成都本土生态要素，营造四季景观系统，通过特别的植物配置，实现"春夏秋冬，收藏四季"，展现公园一年四季的不同魅力。

设计的第二个层面是重塑自然，赋予自然表达能力，加强与人的交流。在天府公园中，根据不同的主题营造不同的自然景观，植入音乐公园、体育公园、先贤公园等特色公园聚落，将传统与现代的成都交织于此，使自然与文化充分融合。

设计的第三个层面是亲近自然，促进人与自然间的亲密接触。草坪的设计采用耐践踏的"实用型"草坪，任由人们漫步其上，或坐或躺，自由地享受绿色；水的设计则注意加入一些亲水栈台、亲水驳岸、水上茶坊、水上剧场等活动场所或设施，满足人们亲水的天性。

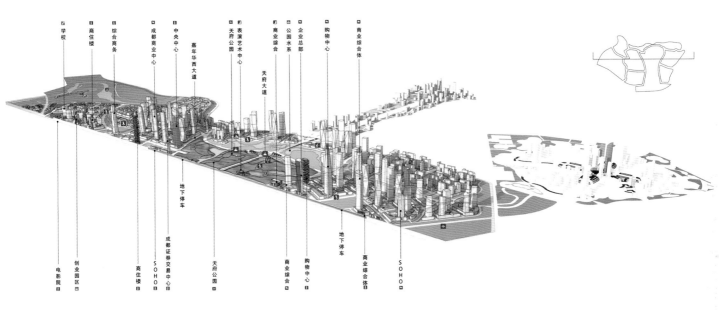

学校　商住楼　综合商务　成都商业中心　中央中心　嘉年华西大道　天府公园　表演艺术中心　商业综合　天府大道　企业总部　公园水系　购物中心　商业综合体　地下停车

电影院　创业园区　商住楼　SOHO　成都证券交易中心　地下停车　天府公园　商业综合　购物中心　地下停车　商业综合体　SOHO

延续老成都空间肌理

绿色新田园城市的整体形态包括平面布局形态与三维空间形态，两者联系紧密，相互间的协调与配合是维持城市形态完整性的关键。在正兴南城市中心区的整体形态控制中，平面布局形态的设计主要考虑城市组团式的布局结构、田园绿地系统的规划及城市历史肌理的延续。

平面布局形态的设计最初源于对老成都城市形态发展脉络的研究，以皇城、大城和少城的布局关系为原型，延续旧城的空间肌理。同时，利用城市主轴线"人民南路—天府大道"串联起新、旧两个共通的中心。通过历史的传承和文化符号的再现，加强新城与老城间的精神交流，也让新城有根可寻。整体形态结构确定后，设计的关键转变为挖掘田园城市中城与田的布局关系。

500米见绿，1000米见水

设计时首先将自然的生态要素进行整理，作为城市组团划分的基础，确定规模适宜的功能组团；接着在组团内部构建绿地及水系网络，与组团间的分隔绿地相互衔接；同时，结合基本农田现状打造天府公园，从生态、景观及功能等多方面进行综合设计，营造别样的风景。最终形成由生态廊道、中央公园、组团绿地、滨水绿地、公园绿地等组成的"带、轴、点、心、网"相结合的生态绿网构架，确保城市的可持续发展与生态田园城市理想的实现，力争达到"500米见绿，1000米见水"的目标。整个生态景观系统北接麓湖风景区，南连兴隆湖风景区，形成区域性生态景观系统。

山东·青岛

未来之城
和国际商务区

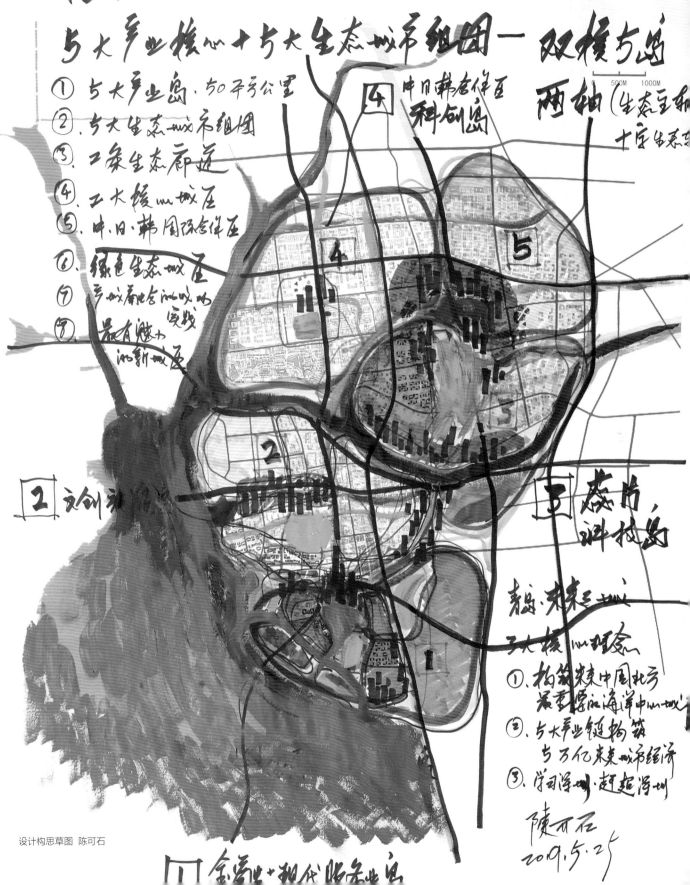

青岛·未来之城

五大产业核心十五大生态城市组团一 双核五岛

① 五大产业岛·50平方公里
② 五大生态城市组团
③ 工条生态廊道
④ 工大援心城区
⑤ 中·日·韩国际合作区
⑥ 绿色生态城区
⑦ 乡城属地合流成功实践
⑧ 最有活力的新城区

两轴 (生态主轴
十字生态轴

4 中日韩合作区
科创岛

2 文创涂区

3 生态片
科技岛

青岛·未来之城
三大核心理念
① 构筑未来中国北方
最重要的海洋中心城市
② 五大产业链构筑
五万亿未来城市经济
③ 学习深圳·超越深圳

陈可石
2019.5.25

设计构思草图 陈可石

① 金融业+现代服务业区

青岛，地处中国山东半岛东南沿海、中日韩自贸区的前沿地带，隔黄海与朝鲜半岛相望；中国沿海重要中心城市、国际性港口城市、中国道教发祥地。青岛的异域建筑种类繁多，被称作"万国建筑博览会"。

青岛桥头堡国际商务区北至胶州湾、东至九曲河、南至胶州湾高速、西至昆仑山路，被山东自贸试验区青岛片区三面环抱，面积10平方千米。区域定位："开放、现代、活力、时尚"的滨海国际商务区。

升级版田园城市理论

设计团队按照绿色新田园城市设计理念、产城融合设计理念，对标纽约、东京、新加坡、温哥华等国际先进城市，突出海洋中心城市的建设目标，以最新的理念、最前沿的技术和最有创意的设计创造未来城市最高价值，打造产业明确、生态良好和最具文化特征的"一带一路"的桥头堡国际商务核心区。

方案规划九个功能组团，紧邻滨海区，主要打造滨海商业区，以8848生态商务大厦、滨海国际金融中心、滨水商务超高层组团为主，此外还有大型海洋主题商业综合体、国际游艇世界娱乐配套等；体现青岛作为"一带一路"国家战略支点，建设"一带一路"万国商会等；植入海洋科技，打造海洋科技主题商业综合体；大力发展芯片产业与生物健康产业，打造芯片智造组团、生物科技总部等特色项目。

值得一提的是，早在20世纪20年代，霍华德的田园城市理论被介绍到中国。20世纪30年代，青岛市面临许多城市问题，青岛市政当局认识到需要为青岛的长远发展进行筹划，于是借鉴了霍华德的田园城市理论，制定了《青岛市施行都市计划案》。计划案在人口控制、城市功能分区、道路系统规划等方面均受到田园城市理论的影响，尤其是道路系统，规划为从市中心呈放射状分布，从而构成青岛市的交通路网骨架。

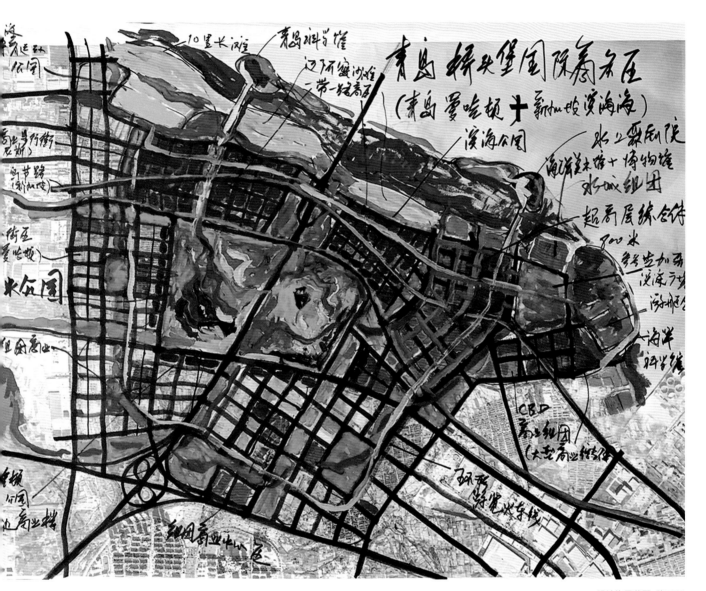

设计构思草图 陈可石

构建青岛发展新极核

商务中心城区　以土地综合利用、综合开发模式，强调区域内土地的混合利用开发以及弹性功能，通过中心城区的设计手法，增加城市土地附加值，结合周边极佳的交通区位优势，为企业、居民以及游客打造桥头堡片区商务、办公、居住、娱乐、休闲等多功能为一体的商务中心城区。

综合服务新湾区　提供城市休闲旅游、信息会展、现代居住等功能，引入和汇聚不同活动，丰富商务核心区的整体活力和氛围；体现现代滨海城市的空间形态、风貌和形象，跻身国内沿海主要的公共湾区之一。

文旅海洋新城　结合现有水系及周边山体自然景观、人文景观，利用项目地胶州湾海滨城市的地理优势，打造桥头堡片区最具吸引力的文旅目的地，完善桥头堡片区对内、对外旅游服务功能，打造全方位展示青岛历史文化、滨海文化、"一带一路"文化的文旅海洋新城，为青岛文旅产业发展提供新兴发展极核。

面对未来，建设国际大都市将成为青岛新的重大使命。青岛再出发，运用绿色新田园城市设计理念，整合与国际大都市相匹配的国际资源，谱写青岛未来城市发展新精彩。

四川·成都
德阳新城

德阳，别称"旌城"，位于四川省成都平原东北部，地处龙门山脉向四川盆地过渡地带；毗邻省会成都，置身丝绸之路经济带和长江经济带的交汇处、叠合点，是中国重大技术装备制造业基地。

德阳新城未来的建设目标是倾力打造成都国际化大都市的北部新城。项目设计内容包括德阳市亭江新区、旌东新区概念规划与城市设计，设计范围：5954平方千米。

推动成德一体化发展格局 引爆三星堆古蜀文化热点

设计团队的总体城市设计明确了各片区产业定位和功能布局，形成完善的组团式、紧凑型的田园城市布局，规划形成"三核、三带、四轴"的空间结构，塑造"城在山水中，绿地在城中"的空间模式。三核：未来德阳之芯、中心城区核心、城北行政核心。三带：石亭江生态湿地景观带、绵远河滨水休闲服务带、东山休闲旅游度假带。四轴：城北综合城市发展轴、金沙江路城市发展轴、长江路城市发展轴、德阳之芯城市发展轴。详细城市设计尊重行政管理和市民传统认知，依据城市自然地理节点，塑造两大核心片区和其他12大功能片区，共同打造德阳未来现代化新城建设。

一城两翼·天府北翼　针对天府盆地地理、经济与文化格局，方案提出"一城两翼"的发展格局，打造天府北翼与天府南翼。以德阳城区为中心打造天府北翼，推动成都—德阳一体化大都市区的形成，促进成都北部各区县与德阳南部各区县之间的区域协作，发挥自身优势，优化德阳在区域发展中的功能定位，促进区域一体化发展。在区域统筹发展的大背景下，实现区域内功能的合理分布和资源的优化配置。

文化引领·彰显特色　德阳与广汉合力发展文化产业，联动发展，彰显地方特色，打造神奇、神秘、神妙的三星堆古蜀文化精品旅游，重点打造三星堆遗址公园与德阳之芯三星堆文化岛，形成文化产业引爆点，建设"一带两核"的发展格局，合力打造三星堆古蜀文化产业发展带。

绿色低碳·智慧创新　坚持绿色经济、低碳经济、循环经济理念，促进节能环保、科技研发、文化创意等产业快速聚集，努力探索一条新型可持续发展的产业化之路。充分体现公交主导的绿色交通和TOD的发展理念，强化慢行交通和公共交通在空间布局中的组织作用。建设绿地景观系统，增强城市碳汇，提高民生幸福。

云南·昆明
呈贡新城

昆明呈贡新城中心区定位为昆明市行政文化中心和商务中心区，是未来打造21世纪昆明东部新城国际性城市形象的集中体现区，项目总面积约为20.9平方千米。

历史与现代的融合：延续历史文脉，以翠湖和五华山为核心的中轴线，是老昆明的文化象征，在东部新城中应有所发挥。呈贡新城中心区采用以新翠湖为中心的发展思路，以种植樱花、海棠花、山茶花和荷花为主题的新翠湖，是未来呈贡新城最具春城特征的地段，是城市最迷人的景区。

TOD战略：采用公共交通为导向的城市发展模式，达到高效率的交通运行和集约化的土地利用，保护生态环境。

"翡翠项链"计划：构筑完善的生态绿地网络系统，该网络系统具备较强自然特征的线性空间连通体系，具有重要的生态价值和休闲、美学、文化、通勤等多种功能。在城市中保留和有机引入花园、果园、农田，使花园、果园和农田成为现代城市景观的绿色基质，创造丰富多样、自然的生态绿地系统，改变城市绿地系统完全人工养护的局面。

"城市客厅"计划：昆明四季如春，为户外活动提供了有利的自然条件，而昆明素有"户外活动"的生活习俗，昆明传统民居"一颗印"中的天井是最好的印证。规划欲构筑完善的多功能城市广场系统，提供丰富多样的城市开放空间，回归传统亲密的邻里关系，形成凝聚城市文化的城市客厅。

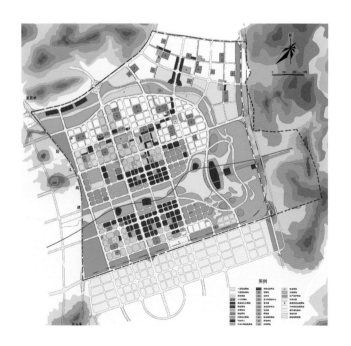

设计构思草图 陈可石

广东 · 珠海
城市之心

城市之心项目设计占地约24万平方米，总计容建筑面积合计86万平方米，共有六大功能区。

城市之心项目地处珠海市区中部，依山傍水，具有优越的区位条件。作为城市更新项目，本区域内亟须配套高品质的居住区，以满足周边地块居民的生活需求。

以城市功能提升为特色，打造珠海核心城市综合服务区。提升优化产业结构，集约利用城市空间，延续城市文化脉络，以可持续发展为前提，提升城市功能定位，打造珠海市优质的城市综合服务中心区。

城市之心项目的总体布局为"一核、一带、三区"：

一核为中心广场城市旅游核心，是极具文化特色的滨海花园式城市会客厅。

一带为慢行系统观光带，将通过串联周边的石景山、石花山、烟墩山、香炉湾等山海景观资源，打造滨海城市最具魅力的特色景观地标。

三区为石景山+核心区（商业休闲片区）、中心区（商住混合片区）和南山区（生态居住片区）。

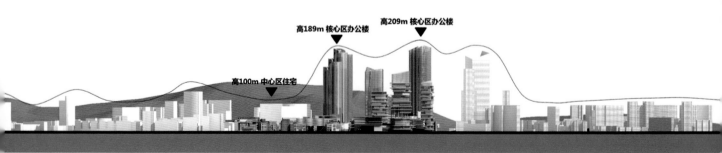

第六章

生态美学

生态美学是一种以生态美为导向、在城市设计和建筑设计方面融入生态设计所形成的一种新的美学。

态美学是对人与自然、人与社会以及人与文化间的审美关系，尤其是人与自然的建筑审美关系作出的新思考，是从生态文明视野提出的建筑艺术的新美学。从建筑师角度看来，生态美学是一种以生态美为导向、在城市设计和建筑设计方面融入生态设计所形成的一种新的美学。

在全球化和国际化的当今世界潮流之下，生态美学是面向未来的审美方向，将成为建筑设计一种新的审美观，包括尊重自然、将自然景观引入建筑、自然采光、自然通风、建筑仿生、立体绿化、空中花园、屋顶采光、屋顶花园、建筑底层架空的公共空间等。生态美学将建筑设计带入一个跨越民族、显现时代特征的新境界，形成一种以自然为师、与自然共生、与自然融合的新建筑学。

生态美学是一种展现人性关怀的新的现代建筑设计方向，承认大自然比人工装饰可能更符合人的审美和心理需求，是在现代主义美学、机器时代所形成的简约设计形态下对后现代主义建筑美学倾向的一种补充。

什么是生态美学

今天，各种绿色思潮在全球风起云涌，人类开始追求一种健康的生产生活方式，从绿色低碳到节能环保，从生活细节到城市设计，一种人与自然、人与人、人与社会和谐的方式成为发展的总趋势，我们的社会正处在工业文明向生态文明的过渡阶段。

生态文明城市是发展的必然趋势，也是人类文明的新起点。生态文明关注的不是狭隘的个人或群体，是超越其上的人类和自然的总体命运。总的来说，生态文明包含着多种含义，第一，在文化价值上，使生态意识、生态道德、生态文化成为具有广泛基础的文化意识，即树立一种"生态伦理"。第二，拒绝对大自然进行粗暴的掠夺，转变不可持续的生产生活方式，人类既获利于自然又还利于自然，在改造自然的同时保护自然，人与自然和谐相处。第三，生态文明的意识应该渗入到社会组织和社会结构的方方面面，追求人与自然的和谐相处。

站在人类生态文明的新起点，人类已迈入全新的生态美学时代。

生态美学是对人与自然、人与社会及人与文化间的审美关系，尤其是人与自然的建筑审美关系作出的新思考，是从生态文明视野提出的建筑艺术的新美学。从建筑师角度看来，生态美学是一种以生态美为导向、在城市设计和建筑设计方面融入生态设计所形成的一种新的美学。原始状态的生态并不是生态美学，生态美学是在城市设计和建筑设计方面融入生态设计所形成的一种新的美学。

在全球化和国际化的当今世界潮流之下，生态美学是面向未来新的审美方向，将成为建筑设计一种新的审美观、一种新的东方美学，包括尊重自然、将自然景观引入建筑、自然采光、自然通风、建筑仿生、立体绿化、空中花园、屋顶采光、屋顶花园、建筑底层架空的公共空间等。生态美学将建筑设计带入一个跨越民族、显现时代特征的新境界，形成一种以自然为师、与自然共生、与自然融合的新建筑学。

生态美学的哲学基础可以追溯到人类对于自然、原始的崇拜，在中国漫长的建筑历史当中，生态美学的理念一直贯穿在中国传统的建筑学中。比如坡屋顶的运用是一种对自然山水

生态美学为什么会成为一种全新的设计美学

的呼应，柱廊的空间塑造有来自森林的一种原始的人类居住形态的再现。在大尺度空间处理上，包括在建筑和园林造景方面遵从自然的做法，也是对自然的一种呼应。所以生态美学可以从早期的建筑装饰和近代设计尊重自然的理念当中显现出来，而在当代，生态美学已逐渐成为建筑设计一个很重要的美学倾向。

生态美学是一种全新的美学倾向，是在现代主义美学、机器时代所形成的简约设计形态下对现代主义建筑美学倾向的一种补充。从形态方面来说，一个突出的例子是曲线的运用。在大自然或在整个生态当中很难看到笔直线条和90度棱角这样一种由现代建筑所推崇表达的几何造型。而生态美学让建筑师有意避开现代建筑设计所形成的单调、枯燥和乏味的建筑形态，特别是在现代城市方格网的道路系统中所形成的几何型建筑所带来的枯燥空间感。

建筑学在不同时期有不同的美学倾向，比如以古希腊为代表的西方古典建筑，崇尚庄严、对称、宏伟的巨大人工构筑物所形成的一种古典美学。古希腊雅典卫城的帕特农神庙就是西方古典建筑杰出的代表。在帕特农神庙也可以看到一种凌驾自然、超越自然、以白色大理石和多立克柱式所形成的一种柱廊式神庙。卫城旁边的伊瑞克提翁神庙，又是以爱奥尼克柱式和人体雕塑形成的另外一种古典美学。在古希腊古典建筑当中形成了以多立克柱式的一种雄壮男性美为标准的柱式和建筑，同时也形成了以爱奥尼克柱式为代表表现出女性人体比例的一种优雅的建筑风格。因此在漫长的古典建筑历

生态美学的基本特征

史当中，古典建筑美学是一个重要的美学倾向。与古典美学相异的是浪漫主义，浪漫主义美学表现在与古典美学相迥异的一种设计追求。比如哥特式建筑，强调竖向、曲线、拱圈和光形成的建筑美学。

生态美学强调人类与大自然共生

在传统建筑中，建筑风格、建筑装饰都是一种文化的意象，传递不同的美学意义。而在生态美学中，将会有全新的美学标准和审美形态。以田园和生态为主的新建筑学决定以往民族化的建筑风格不再成为城市的主要风格，更不会再创造古罗马柱式、巴洛克、洛可可和哥特式的城市风貌。在新的生态美学观下，最时尚的城市风格就是生态，最国际化的城市景观就是田园式的城市绿地，人类将再一次回归到与大自然的共生。

生态美学观超越了传统，重现自然之美，是以生态友好为美，以田园风光为美，以绿色建筑为美，以树木花草为美，以动物与人的和谐共生为美的一种生态友好状态。

生态美学是对人性的关怀

生态美学是一种展现人性关怀的新的现代建筑设计方向，承认大自然比人工装饰可能更符合人的审美和心理需求，也表达人对于自然的尊重，对自然景观的喜爱。

在这种观念的指导下，城市设计以及建筑设计已经与以往完全不同，呈现出的城市形态也与以往完全不同。通过绿色建筑、绿色技术、植物覆盖等多种方式创造出美观、宜居、绿色、低碳的城市环境，带给人们惊喜和向往。人们居住在森林里，工作在花园中，重新审视自然的美好，构建人与自然和谐共生的生态环境。

这样一条通向生态文明的城市设计道路，已经有不少的先行者，有非常多前卫的、充满灵感的设计，它们代表着未来的趋势和方向。这些规划设计将概念变为蓝图，将蓝图变成现实，将想象的审美呈现出来，隐藏在这些美丽外表下的既是对自然的关怀，也是对人类未来命运的关怀。

生态美学是对古典美学的一种补充

当然，这种审美并不是一种对于传统建筑学的取而代之，而是对传统建筑学的一种补充，正像我们所看到的古典主义和浪漫主义同时存在相互补充。用植物来取代传统建筑的装饰是生态美学的重要手法，我们看到很多当代建筑采用竖向绿化墙面，取代传统的壁画或者是雕塑作为建筑重要的装饰。这代表了当代人对于自然景观的艺术与人工绘画、雕塑艺术品赋予了同等的意义。

长达2000多年的古典建筑学，实际上是与大自然精神相对抗，以追求权利、光荣和神圣的一种美学感受。而大自然则多以山水、花卉、树木、溪流作为一种美学倾向，正因为如此，生态美学是对古典美学的一种补充。现代人的生活当中，可能更需要的是一种以浪漫主义为哲学基础的生态美学。

生态美学的城市设计价值观

生态美学进入城市设计

城市是一个有机体，是生命共享的所在，是以生命体为主、健康的、生态平衡的人类栖居地。城市应该是人类生活的天堂，也是人类文明的乐园，良好的整体环境能给人带来美好的享受和舒适的生活，使生命在城市当中具有意义。

在城市设计中，我们必须建立全新的城市价值观，这个价值观首先应该是尊重自然的。万物的生存都离不开自然环境，都是在一定的自然环境中自然而然地产生，最后又复归自然。"天人合一""生态文明"是城市设计中最重要的价值，也应该成为现代城市的美学标准。遵循绿色、健康、低碳的法则，生命共享，创造自然之美，推动人类进入一种智能的生存时代，一个生态文明的时代。

生态美学表现在城市设计中尽量避免采用笔直道路和网格化道路划分，将道路空间用弧形或者是微弱的变化使之更接近于大自然所形成的一种生态空间。生态美学是反巴洛克、反网格化的一种自然空间，这种生态的城市空间体现在许多传统自然生长出的小镇当中，是一种依山就势由历史慢慢演变而成的空间肌理。

生态美学作为一种城市设计目标，要有意地追求公共空间的生态表达。在设计实践中，许多计算机时代培养出来的设计师更倾向于用笔直的道路空间或者是更网格化的道路空间，来解读城市的公共空间形态。遗憾的是公共空间的美恰恰体现在许多传统的古镇和历史形成的街道空间里，正所谓中国成语所言"步移景异、时过境迁"。

以生态美学为方向的城市设计更应该强调自然温情的城市空间，这是非常重要的一种城市空间策略。另一方面要把植物引入城市空间中，疏解植物和建筑共同组成城市空间的违和感。这需要设计师从根本上改变一些观念，比如笔直的行道树、单一树种以及简单的城市空间处理。城市空间应更多引入生态良好的环境，把水、植物和草地的元素引入到城市空间当中，使其更接近于人的本性和内心需求。

生态美学
与建筑设计

生态美学是一种全新的建筑美学观。此前，人类社会一直把建筑作为实现政治理想和信仰归宿的一种手段，随着时光的推移，我们看到过去的一些建筑语言逐渐会失去意义。这是因为伴随人类对自然与自身认识的不断加深，人类的视野变得愈益开阔，一种新的审美理念逐渐开始产生影响。这种新的审美理念就是我们所说的生态美学。

现在的城市过多地追求几何造型和网格化的城市空间，逐渐失去了大自然的浪漫精神。这就导致了另外一种设计思潮的出现，就是以现代建筑追求几何造型相反的一种设计方式，即追求非几何造型的设计。在现代社会当中，对比那种英雄主义、古典主义的精神，可能人们更需要的是一种温情关怀和情感的细腻表达。这就体现在建筑设计当中弧线、曲线、架空手法的运用，非几何的一些造型处理手法包括柱廊的自由设置和非对称、非几何处理。

回顾当代建筑最重要的里程碑，我们可以看到生态美学逐渐成为一种新的建筑设计方向。西班牙建筑师高迪设计的教堂就采用了一种非人工的、更接近自然的一种形态，当代建筑师扎哈·哈迪德为代表的建筑师将传统建筑特别是现代建筑的结构和形态进行了革命化的颠覆。

与此同时，生态美学还表现在人们对大自然的亲近，特别在后工业社会人们更需要对大自然的亲近，对于山水河流、鲜花树木的亲近。绿色生态元素开始与建筑设计融合，竖向绿化和将山水河流、鲜花树木引入建筑以及将自然景观引入到建筑室内，这些新的设计思路与处理手法均创造了新的建筑表达方式和美学观。

景观优先的
生态美学

生态美学注重景观优先的设计原则。景观首先是构建城市的山水格局。城市原有的大山大河、自然保护区等是原有绿地系统的骨架，也是重构城市绿色基础设施的重要基础。将原有山水特征作为规划和设计的起点，永久性地保护并成为限制城市蔓延、明晰城市边界、避免景观破碎化的绿色屏障，确保地域景观的真实性和生态系统的完整性，是对原有自然体系的尊重和保护，对于城市的微气候调节、饮水安全、水土保持、延续基地文脉和营造居民的归属感具有重要的意义。

春秋时期《管子·乘马篇》便有记载："凡立国都，非于大山之下，必于广川之上，高毋近旱，而水用足，下毋近水，而沟防省。因天材，就地利，故城廓不必中规矩，道路不必中准绳。"这反映了我国古代顺乎自然、因地制宜的城市建设思想，具有朴素的生态美学。古罗马建筑师威特鲁威在《建筑十书》中总结了古希腊和古罗马等城市建设经验，主张应从城市的环境因素来考虑城市的选址、形态和布局等。

我们的祖先在选择聚居的时候就已经从多方面考虑到了可持续发展的问题，为了可持续发展所总结的经验就是他们的"绿色之道"，这是人类在与自然相处过程中智慧的结晶，值得我们去继承与发扬。保护城市的山水格局是为城市建设构建了绿色的底图和城市肌理，并以此为基础来组织城市的空间和推动地区的发展，是城市发展必须遵循的原则，这和风水思想中"天人合一"观念和整体的有机自然观有异曲同工之妙。

1. 构建人与动植物和谐相处的城市空间

在日本奈良的街头，小鹿或三五成群向游客乞食，或独自闲庭信步；伦敦的广场上，鸽子成群，飞往天空或降落，从喂食的孩子手中啄食……人和动物相处的和谐画面让人心生向往，也为城市增加了不少魅力。

然而，在大多数城市快速发展过程中，对空间、物质和能量的需求以及城市的废弃物的排放大大压缩了动植物等"原住民"的生存环境，原有的自然生境面积明显减少，仅存的生境也被干扰和碎片化，生物多样性急剧减少，人与动物和谐相处的画面显得极为奢侈。同时，城市建设者大量引入外来植物品种，摒弃乡土植物，导致大量的乡土植物被外来植物取代，原有动植物千百年来赖以生存的自然环境被改变，给原有生态系统带来了极大的破坏。而且，城市环境同质化严重，生物多样性的发展空间极其有限，食物链构成单一，从而导致生态系统的承载力和自生续航能力减弱——城市越来越不适合于动植物的生存。

野生动物是城市生态系统健康状况的晴雨表，对生态系统能否正常运转具有指示作用。它们与人类的生活环境发生着千丝万缕的联系，是一个活的基因库，对整个生态链起着重要作用。而随着伦理关系中的客体逐步扩大，从家人朋友到国家社会，再到人类社会以及所有的生物，最后是整个生态系统。作为能够感受痛苦和体会愉悦的个体，动物更容易引发人类社会的责任感，西方许多国家为此制定了保障动物福利的法律。城市野生动物可以增加城市居民与动物和自然接触的机会，这对于生态意识的觉醒和自然伦理的推广是大有裨益的。从一个社会对待野生动物的态度也可以在一定程度上反映当地社会的发展水平。

新的生态美学观希望通过构建完整的绿地系统，为动植物提供良好的生存环境，在城市中增加物种的多样性，创造一个人与自然和谐相处的环境。

2. 基于野生动物保护的生态组团设计原则

野生动物的生境特点包括三个方面：水、食物以及隐蔽。不同野生动物对环境的要求不一样。不同的组团在制定保护措施时，应对当地野生动物物种有充分研究。具体来说，基于野生动物保护的生态城市园林规划设计方法包括以下几个方面：

确定野生动物栖息地的适宜面积 野生动物的栖息地面积与组团用地发展存在制约关系，如何协调好二者的关系是建设生态城市必须要解决的问题。确定野生动物栖息的适宜面积，是达到组团经济发展与生态友好的必要手段。

建设绿道 为缓解景观破碎化、削弱生境隔离效应、提高野生动物对城市栖息地的适应能力，可采用种植林荫道的方法，如种植环城绿化带，构建河岸带与绿色廊道等。这一方法可以使得城市绿地与郊区和农村广袤的农田、森林有机地连接在一起，使城市野生动物可以通过这条生境廊道在城区与城郊之间迁移和觅食。

优化配置植物群落 在人工景观的建设中应充分考虑植物配置的层次结构，避免单一化。高大的阔叶乔木树冠茂密，具有较丰富的垂直片层结构，可为鸟类提供隐蔽且较安静的栖息环境。而中下层的灌木层和草本层增加了野生动物栖息生境的异质性，为鸟类、小型爬行动物提供昆虫、植物果实等食物和隐蔽的营巢地点。另外，城市区域内乡土植物的种植对保持生物多样性的作用广为人知。因此在生态环境建设过程中应采用种植乡土植物的方法，更好地满足野生动物的生存需求。

采用城市特殊空间绿化技术 利用城市空间，如各种建筑物衍生的屋顶、墙面、桥面等大量的建筑空间，应用一定的技术和方法对其实施绿化工程将有效地改善城市野生动物（如鸟类、蝴蝶、蜻蜓等）的栖息生境，有效地缓解生境的岛屿化。组团内部通过合理规划和设计，可以保留和逐步恢复城市原有的森林、草地、灌丛、河流、池塘、农田等生境。

屋顶绿化
与立体绿化

屋顶绿化，在新的生态美学观中是一种整体性的设计，而非单体建筑的局部美化，是建造在建筑物或构筑物的顶部或平台上，以绿化种植为主，基质不与自然土壤相连接，兼容道路、山石水面、建筑小品等园林景观，能够美化城市景观并改善城市环境的一种绿化形式。

屋顶绿化，最早可以追溯到公元476年以前，最具代表性的屋顶花园有亚述古庙塔、新巴比伦空中花园、古希腊阿多尼斯花园等。而近代屋顶绿化的出现与新建筑技术、材料的发明和应用有着密不可分的联系。德国是最早对屋顶绿化进行深入研究的国家之一，这一时期的最具代表性的屋顶花园有德国帕骚市的屋顶花园、德国拉比茨屋顶花园、俄罗斯克里姆林宫的屋顶花园、挪威的草坪屋顶等。我国的屋顶绿化起步较晚，第一个屋顶花园是20世纪70年代在广州东方宾馆10层屋顶上建成的。近十年来，屋顶绿化在一些经济发达城市发展很快。

大面积实现屋顶绿化，可以增加城市绿化面积，减弱城市热岛效应。数据显示，无绿化的屋顶昼夜都在向外散热，而屋顶花园昼夜向空气散热和吸热几乎相等达到了热量的平衡，减少屋顶热辐射，同时能降低城市上空二氧化碳的含量，从而减弱城市热岛效应。经过绿化的屋顶能吸收空气中30%的粉尘，吸收并储存6%的雨水。如果一个城市的屋顶绿化率达到70%以上，城市上空二氧化硫的含量将下降80%。

屋顶花园对建筑构造层有一定的保护作用。德国的研究资料表明，在绿化覆盖下的建筑屋顶寿命是40~50年，而裸露屋面的寿命只有25年。由于混凝土屋顶的比热很小，吸热后温度易升高，散热后温度降低快，从而引起屋顶结构的膨胀和收缩。裸露的屋顶昼夜温差变化较大，而且屋顶结构中的防水保护层直接暴露在这种剧烈变化的气候环境中，会加速防水层的老化，导致屋顶裂缝及漏水。而屋顶花园可以避免太阳的直接照射和冰雪侵蚀，减少屋顶结构层的温度变化，降低防水层的温度变化热应力，从而保护建筑构造层。

屋顶花园和立体绿化对于建筑来说是冬暖夏凉的绿色空调，普及屋顶花园和立体绿化一定程度上有利于减少建筑的碳排放，缓解城市能源危机。一般来说，在夏季，有屋顶花园的建筑比裸露屋顶的建筑室温平均低1.3~1.9℃；在冬季，有屋顶花园的建筑比裸露屋顶的建筑室温平均高1.0~1.1℃。

此外，屋顶花园可以通过储水，减少屋面泄水，减轻城市排水系统的压力。裸露的屋面约有80%的雨水流入下水道，给城市排水系统带来较大压力。而建有屋顶花园的屋面能将50%的雨水滞留，储藏于植物的根部和栽培介质中，使雨水缓慢释放到城市空气中和雨水排放系统里。如果屋顶花园在整个城市形成网路，屋面排水可以大量减少，减少污水处理费用。

屋顶绿化有非常好的生态效益，然而也受到多方面因素的影响。建筑因素方面，要考虑到建筑年代在影响屋顶绿化各要素中占首要位置；建筑承重是决定能否建造屋顶绿化的关键问题，在建造屋顶绿化之前需精确计算，必要时应当采取一些加固措施；屋顶绿化应以不影响建筑整体造型以及屋顶特殊性功能的要求为前提；屋顶坡度也影响绿化建造，0°~30°通常是屋顶绿化适建坡度范围，超过30°会导致建造技术难度和建造成本显著增加。此外，

一些大型公共建筑、工业厂房等，屋顶上配置发电、散热、出风等设备装置，当设备占地面积超过屋顶总面积的40%时，会导致周围植物生长状态不佳，不适宜进行屋顶绿化。

立体绿化是指充分利用地面上的不同立地条件，选择各种不同的植物栽植于人工改造的环境中，以改善城市的生态环境和居民的生活环境。城市空间立体绿化方式，根据地区和空间位置的不同可以分为绿地绿化、悬垂绿化、围墙绿化、檐口绿化、装饰绿化以及其他方式的绿化。这些不同类型的绿化方式主要是在绿化过程中，结合不同的地物特征而相应采取的具体的绿化方法和手段。

立体绿化一般选择攀援植物以及其他植物栽植并依附、铺贴于各种构筑物及其空间结构上。由于立体绿化可以最大限度地利用城市空间，所以它比一般绿化形式能在当今土地紧缺的情况下更加有效地改善城市生态环境。

在基本组团立体绿化中，形式多种多样，主要是：墙面绿化、阳台窗台绿化、门庭绿化、坡面绿化、城市桥体绿化等。

广东 · 深圳

深圳湾超级总部

2014年，我和设计团队用一项含有"中国梦境"构想及"未来建筑"概念的设计方案赢得了一项国际建筑设计竞标。这一竞标方案将中国传统的田园思想与现代城市复杂多样有机融合，想象大胆奇特，跨越古今时空，引发未来思考，赢得了国际媒体的广泛关注。

2014年，地处中国南海之滨的经济特区深圳市政府举办了"深圳湾超级总部建筑设计方案"国际竞标，上百家全球著名设计机构参加了这项年度最具影响力的国际建筑方案竞标。最后经过国际专家评选，我们提出的"深圳湾超级总部"方案在124个参赛方案中获得专家评选第一名。

深圳是世界城市发展史上的一个奇迹。2012年深圳市政府提出建设深圳湾超级总部基地，并明确深圳湾超级总部基地作为城市在全球经济产业链条中最终极地位和典型代表，是未来深圳实现全球卓越城市梦想的一个重要功能中心。

设计灵感来自北宋著名画家屈鼎的《夏山图》

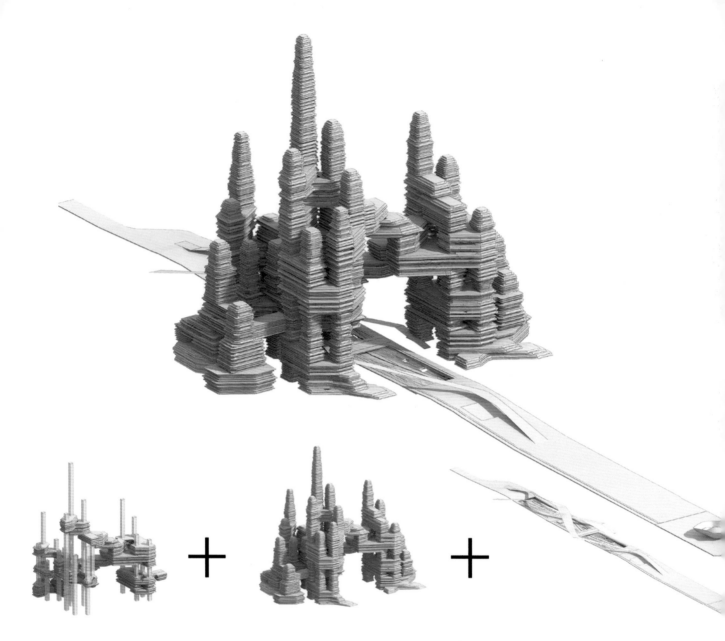

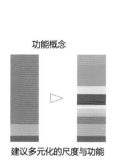

功能概念

建议多元化的尺度与功能

功能索引图

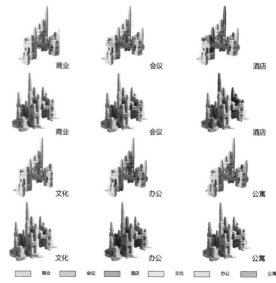

商业   会议   酒店

商业   会议   酒店

文化   办公   公寓

文化   办公   公寓

商业   会议   酒店   文化   办公   公寓

设计方案获奖原因是提出了"未来建筑"概念，体现了一种对生态建筑的理解，也凝聚了中国人的空间理想，也是我提出的"生态美学观"的具体实践。设计方案将通常建在地面上的公园延伸到建筑之上，未来直升机可以直接降落到天台上，人们乘坐电梯下到地面，再乘地铁到城市的各个地方。这是一种未来的生活方式，也是对未来城市的一种期待。项目加入了许多可持续发展、生态美学元素，例如低辐射玻璃幕墙减少热能吸收，节省能源消耗；太阳能光伏电板利用光能转换电能，提供发电；雨水的收集利用，回收灌溉植物及清洁用水；大面积的景观绿化遮蔽、行人绿化通道及中央绿地公园，改善小气候，提供和谐适宜的生态环境。

深圳湾超级总部由"1个云城市中心+2个特色顶级街区+N个立体城市组团"作为整体结构，其中"云城市中心"作为深圳湾超级总部的功能核心、生态核心、智慧核心、活力核心，是建设的重中之重，也是建设先导区。

根据获奖设计方案，深圳湾超级总部总用地面积23万平方米，总建筑面积270万平方米，建筑高度750米。办公面积100万平方米，商业20万平方米（含国际会议中心及酒店），文化教育设施20万平方米，还包括有海上歌剧院、深圳湾大学、10家博物馆、10家美术馆、20家五星级酒店、书城、电影馆、海洋馆和2千米中轴线上的城市中央公园。

都市中的"云山深处"：方案构思源于中国道法自然的人居理想。

儒释道思想作为中国传统文化的主要流派，在每个中国人身上留下了深刻的烙印，也深刻地影响了我们在空间上的审美。

深圳湾超级总部建筑设计凭借其卓越的品质、个性化与独具特色的城市形象让人们想象中的理想空间成为了现实，仿若身处喧闹都市中的"云山深处"。设计方案构思源于中国山水画中所描述的中国人"道法自然""天人合一"的生活理想，运用当今最前沿的新理念和新技术，创造出前所未有的建筑形象，受到全球媒体的关注。

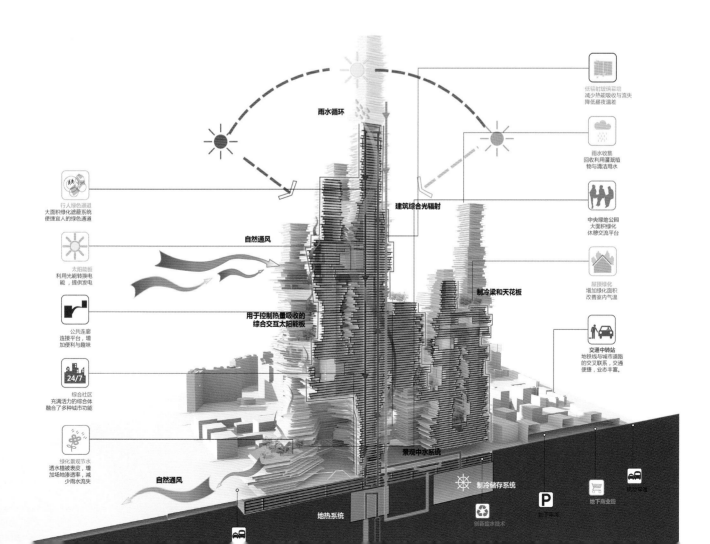

Algea plants provide shading
as wellas energy production
and thermal mass
藻类挑檐提供能源，遮阳以及保温

Sustainable Solutions 可持续技术分析图

Cores create stability against vertical forces
核心筒制造竖向稳定性

Exosceleton adds stability against horisontal forces
网状结构制造横向稳定性

slabs function as secondary structure
楼板形成辅助结构

fin-functions as cantilevers from slabs
功能板由楼板挑出

assembled **structure** 合成结构

Structural Principle: Tubular load bearing system
结构原理: 管式承重体系

modular building system
模块化建筑系统

algae panels 藻类面板

air purifying materials 空气净化材料

solar shading 太阳能遮阳板

wind turbines 风力涡轮机

phase changing materials 相变化材料

solar cells 太阳能电池

heat recovering windows 热能恢复窗

wind sheltered greenery and wild forest
挡风保护绿化野生森林

social public meeting plazas and connection through skyscrapers
社会公共集会大厅与超高层连接体

grey water collection and purification
灰水收集和净化

shading

s

s breake down
开风湍流

最有原创性的建筑

——设计方案从古代中国山水画的意境找到设计的灵感，是一个完全原创的超级建筑。

最大的500强总部聚集地

——将由超过6家世界500强企业共同投资建设，建成后将成为国际机构和跨国公司在华总部的首选。

最大的科技、文化、旅游、艺术城市综合体

——总部基地将成为全球体量最大的城市综合体。

最有科技含量的智能化绿色建筑

——建筑设计采用了当今最先进的智能化绿色生态建筑理念和技术，建筑结构上采用了最先进的科技。

最重要的城市形象

——这项设计方案获奖之后已在国际上有了重要影响，建成之后将成为深圳建设全球标杆城市的里程碑。

最有魅力的城市旅游景点

——就像所有人到巴黎都去参观埃菲尔铁塔一样，深圳湾超级总部将成为深圳最有吸引力的旅游景点。

深圳·罗湖
春天广场城市更新

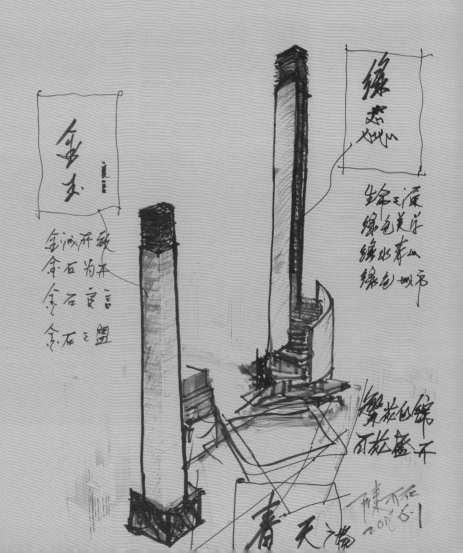

在深圳罗湖区迈入振兴发展的新时期，蔡屋围迎来深圳城市更新发展的最重要历史机遇。罗湖区是深圳最早发展起来的中心城区，在这片土地上深圳人发扬敢于拼搏的特区精神，创下了多项令世人瞩目的成就。蔡屋围城市更新项目位于深南路与红岭路交会处，片区面积约33公顷，涵盖成片城中村和零散老旧的住宅。

"春天广场"是2018年5月我接受委托为此更新规划提出的设计方案，是"生态美学"设计理论的最新实践案例。设计方案以"春天"作为主题，将空中花园、绿化平台、室内绿化、城市花园引入建筑供市民享用，建筑设计以当地植物和花卉作为意向，整个建筑体现出中国山水画的意境和田园主义的理想。

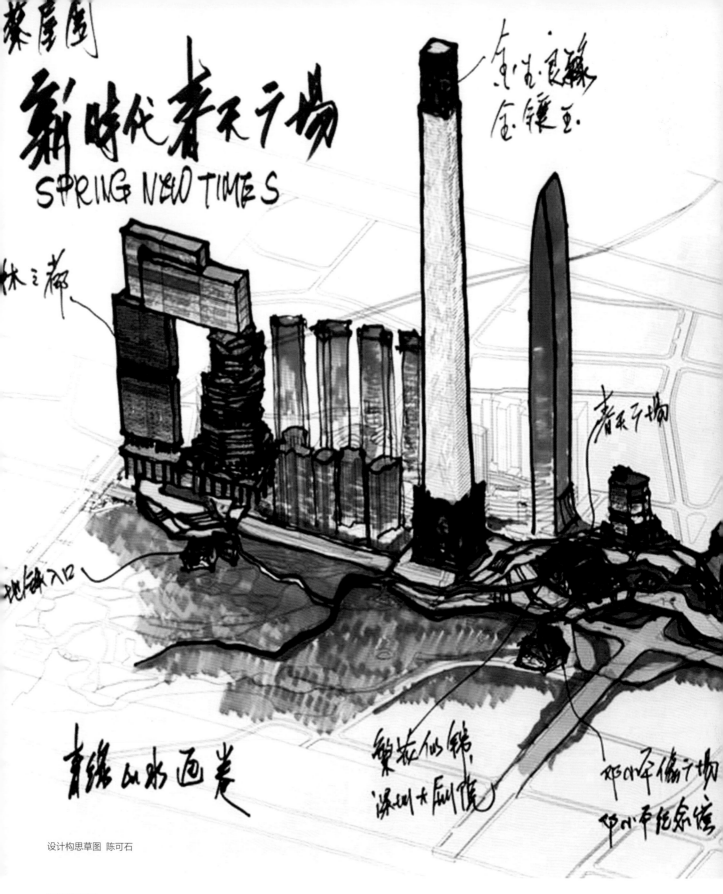

蔡屋围

新时代春天广场
SPRING NEW TIMES

林之都

气传·良稼
金镶玉

春天广场

地铁入口

青绿山水画卷

繁花似锦
深圳大剧馆

邓小平像广场
邓小平纪念馆

设计构思草图 陈可石

"春天广场"方案将代表深圳城市开启文化自信、花园城市和新时代精神，表达深圳这座奇迹般伟大城市的文化特征。"春天"里的百花争妍寓意这座城市的璀璨前景，以"创新"引领城市快速向前发展。

每一个知名的城市都有自己的文化特征。深圳最重要的文化特征就是"春天"：是改革开放的春天、是创新突破的春天、是春天里人才辈出的繁花似锦。正在迈向全球标杆城市目标的深圳需要设计一个有原创性、时代精神，能代表深圳迈向美好未来的"春天广场"。

"春天广场"是一个完全原创的设计方案，从世界的眼光来思考，从中华文化的内涵来构思，从深圳城市生态美学来创造，必将为深圳留下浓墨重彩、影响未来城市发展的建筑艺术经典。

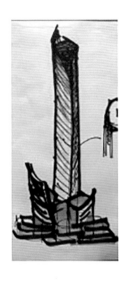

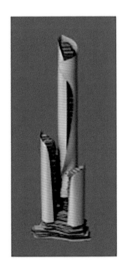

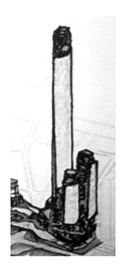
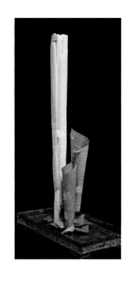
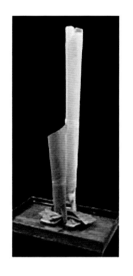

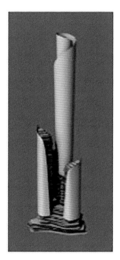
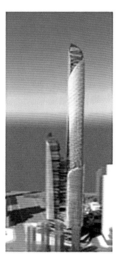

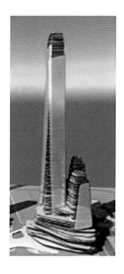

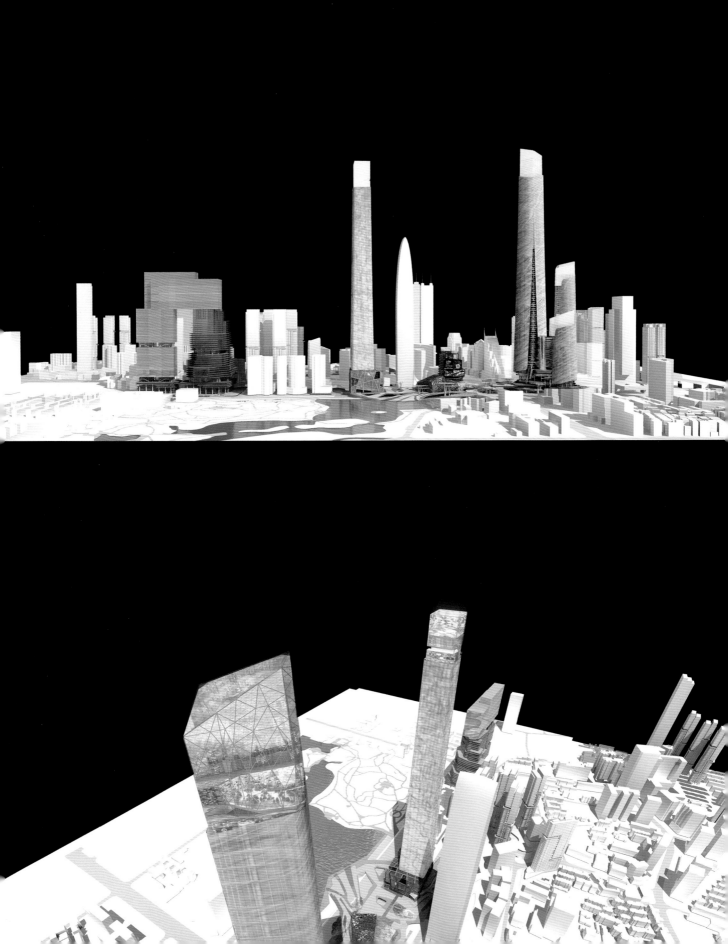

四川·西昌
川林邛海
数字生态产业园

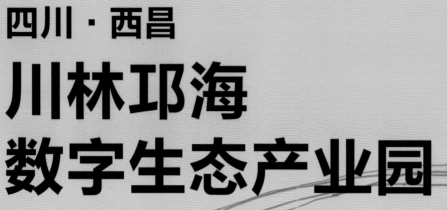

设计构思草图　陈可石

项目基地位于四川省凉山州西昌市邛海泸山风景区内，景区与西昌城区连成一体，组成了国内独特的山、水、城相依相融的自然景观和优美的人居环境。基地西侧为泸山，东侧和北侧为邛海，拥有绝佳的自然景观环境。

项目建设用地面积10174平方米，附属绿地约1.13公顷。基地北侧和东侧退让现有道路。

依托西昌邛海的独特自然景观，以大数据为基础，以凉山文化为内涵，主要发展生态服务产业、直播电商产业、数字会展产业和数字林草产业，打造集创意孵化、生态办公、现代休闲娱乐与住宿为一体的生态产业园区，使之成为凉山文化重要的展示窗口。

传统建筑的坡屋顶廊道形成入口大堂空间，充分体现中国传统建筑风格；而绿化种植屋面则体现出新自然主义，两者相互融合赋予建筑全新的形象。

总体布局形成大小不同的多组团结构，疏密有致。围合形成独立的院落，使建筑都拥有独特的庭院景观空间。

环保设计

建筑外立面　通过优化设计，不对周围建筑造成光污染，不影响周围居住建筑的日照要求。

区域优化布局　本项目整体布局采用围合式布局，合理控制建筑间距，在区域内形成空气对流，并通过计算机模拟优化调整建筑布局，避免产生涡流区及风速过大区域，为人们生活、休闲等提供一个优良的活动空间。

低冲击开发（LID）　本项目通过设置绿地、透水地面、雨水调蓄池等方式，有效降低场地外排雨水量，减小城市雨水排水压力。

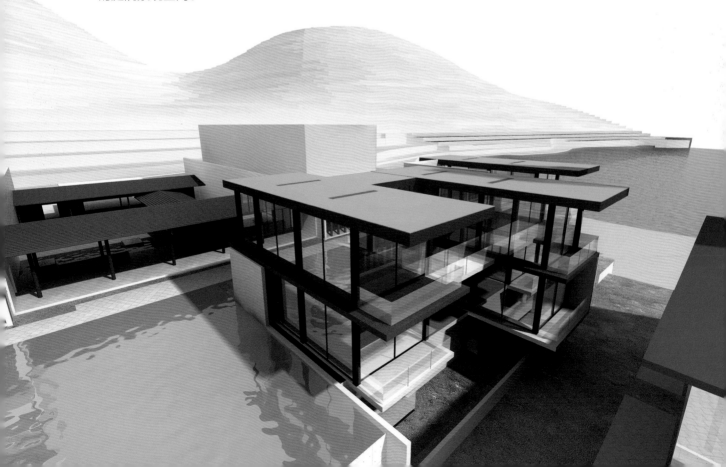

广东·中山
翠亨度假酒店

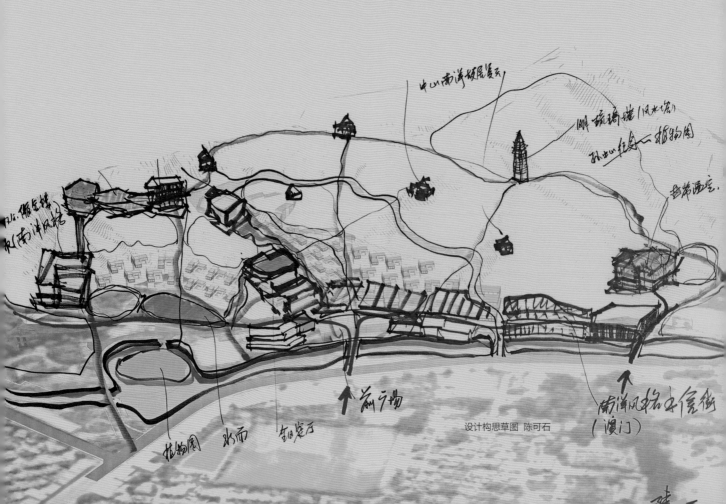

设计构思草图 陈可石

翠亨度假酒店以高端度假为目标，以酒店特色项目为核心吸引力，打造大湾区西岸最高端生态度假酒店。

依托中山独特的自然生态资源、文化资源，以文化旅游产业为引擎，以"翠亨度假酒店"为核心，结合孙中山故居纪念馆、中山影视城两大文化旅游项目，打造集高端精品酒店、养生休闲度假区、商业步行街、植物园及餐饮娱乐等为一体的国内外知名的文化旅游综合体。

以"文化+旅游"为发展模式，形成一个适合高端深度游的集度假和消费于一体的完善社区。

创造一个宜居、宜业、宜游，体现多样性、丰富性与文化性的、现代化的、极具文化活力和生态自然的城市空间。

理念一：现代的

中山计划建设现代化的新型城市，而基地将成为中山体现城市活力、展现现代化都市风貌和现代服务业的新区域，营造中山最具魅力的景观地标。

理念二：生态的

通过区域生态廊道渗透、屋面平台绿化、空间绿化构建城市生态系统。街道之间通过绿化连接，形成一个大型绿色立体花园，人车分流，各个建筑之间穿插联系。

理念三：文化的

项目像是一个超链接，关联周边的孙中山故居纪念馆和中山影视城两大文化旅游项目。依托独特的文化旅游资源，展示独特的文化气息和城市形象。

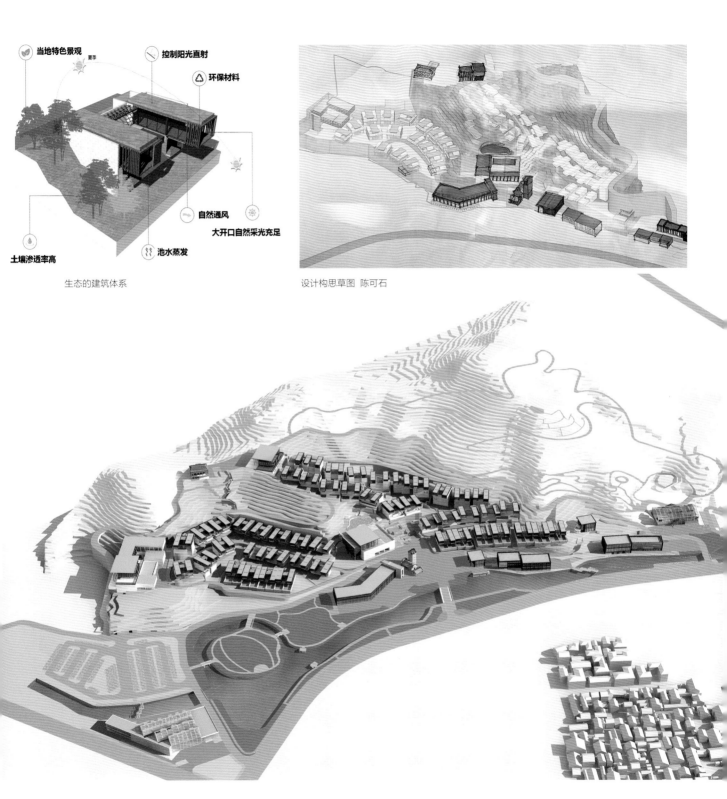

当地特色景观

控制阳光直射

环保材料

自然通风

大开口自然采光充足

池水蒸发

土壤渗透率高

生态的建筑体系

设计构思草图 陈可石

附录

发表论文

[1]陈可石,李丽,卓想.地域性视角下的西藏小城镇设计研究——以西藏鲁朗国际旅游小镇总体城市设计为例[J].西安建筑科技大学学报(自然科学版),2019,51(03):389-395.

[2]陈可石,冯晓,卓想.基于"全域+"理念的广东河源古竹镇特色小镇总体规划实践[J].地域研究与开发,2019,38(01):76-80.

[3]刘彬蔚,陈可石.基于西藏传统城镇空间研究的城镇设计策略[A].中国城市规划学会、杭州市人民政府.共享与品质——2018中国城市规划年会论文集（07城市设计）[C].中国城市规划学会、杭州市人民政府:中国城市规划学会,2018:14.

[4]崔莹莹,陈可石,高庆浩.房价上涨的创新抑制效应及其传导机制[J].城市问题,2018(10):4-11.

[5]陈可石,徐丽薇.西藏传统建筑文化在林芝鲁朗小学建筑设计中的原真性体现[J].工业建筑,2018,48(10):76-80.

[6]崔莹莹,高庆浩,陈可石,方丹青."城市双修"工程的人本导向研究——基于需求溢出的理论解析与案例探讨[J].地域研究与开发,2018,37(04):80-85.

[7]陈可石,梁宏飞,罗璨,卓想.文化复兴视角下古镇城市设计实践——以河源市佗城镇详细城市设计为例[J].规划师,2018,34(03):66-71.

[8]陈可石,张运崇,陈楠,赵旭.台湾宜兰县存量化发展"三步走"战略及其路径[J].规划师,2017,33(12):73-79.

[9]陈可石,魏世恩,马蕾."总设计师负责制"在城市设计实践中的探索和应用——以西藏鲁朗国际旅游小镇为例[J].现代城市研究,2017(05):51-57+66.

[10]方丹青,陈可石,陈楠.以文化大事件为触媒的城市再生模式初探——"欧洲文化之都"的实践和启示[J].国际城市规划,2017,32(02):101-107+120.

[11]陈可石,杨志德.旧工业区更新的城市设计研究——以德国杜伊斯堡内港为例[J].内蒙古师范大学学报(自然科学汉文版),2017,46(02):230-235.

[12]陈可石,刘吉祥,肖龙珠.人文主义复兴背景下旅游小镇城市设计策略研究——以西藏鲁朗旅游小镇城市设计为例[J].生态经济,2017,33(01):194-199.

[13]陈可石,李欣珏,陈楠.20世纪三种城市形态模式辨析——我国大城市发展模式的反思与启示[J].现代城市研究,2016(11):103-108+132.

[14]陈可石,杨波.美国主街复兴策略及其运作机制研究——以匹兹堡主街项目为例[J].现代城市研究,2016(10):108-115.

[15]黄婷,陈可石,计天红,但俊.英国社区食物种植规划政策与实践[J].世界农业,2016(10):100-107.

[16]韩雪原,陈可石.儿童友好型城市研究——以美国波特兰珍珠区为例[J].城市发展研究,2016,23(09):26-33.

[17]陈可石,申一蕾.西藏城镇空间的艺术性优化设计[J].规划师,2016,32(08):71-75.

[18]景璨,陈可石.政府主导下城市棕地向低碳社区转变的探索研究——以斯德哥尔摩皇家海港为例[J].城市发展研究,2016,23(07):46-50+28.

[19]陈可石,马捷,任子奇,谢华.旅游开发视角下古镇的人文主义复兴路径研究——以黔东南下司古镇为例[J].城市发展研究,2016,23(07):64-69+81+29.

[20]陈楠,陈可石,方丹青.中心区的混合功能与城市尺度构建关系——新加坡滨海湾区模式的启示[J].国际城市规划,2017,32(05):96-103.

[21]陈楠,陈可石,崔莹莹.城市中心区的小单元功能混合发展模式——伦敦中央活动区模式的启示[J].国际城市规划,2016,31(03):56-62.

[22]陈可石,刘彬蔚,王安杰.旅游小镇规划中的利益主体剖析及责任主导策略研究——来自西藏鲁朗地区旅游小镇的实证分析[J].现代城市研究,2016(05):100-105.

[23]陈可石,娄倩,赵艳.港城界面滨水区再生策略探究——以法国马赛旧港为例[J].城市发展研究,2016,23(04):27-31+38+153.

[24]周彦吕,陈可石.澳大利亚昆士兰州社区规划:体系、内容及修编机制[J].国际城市规划,2016,31(02):116-122.

[25]陈可石,娄倩,卓想.德国、日本与我国台湾地区乡村民宿发展及其启示[J].开发研究,2016(02):163-167.

[26]陈可石,任子奇.面向未来的建筑教育与创新思维培养——以UCL巴特莱特建筑学院为例[J].建筑学报,2016(03):95-100.

[27]段晓桢,陈可石.城市夜生活街区的文化场所营造——以伦敦考文特花园为例[J].城市发展研究,2016,23(02):46-51.

[28]陈可石,高佳.台湾艺术介入社区营造的乡村复兴模式研究——以台南市土沟村为例[J].城市发展研究,2016,23(02):57-63.

[29]陈可石,袁华."形态完整"理念下的旅游小镇城市设计实践——以西藏鲁朗旅游小镇总体城市设计为例[J].规划师,2016,32(01):45-50.

[30]陈楠,陈可石,李欣珏.基于田园城市理论的中小城市发展模式探析——以台湾宜兰县规划与实践经验为例[J].城市规划,2015,39(12):33-39.

[31]朱金,陈可石,诸君靖.德国乡村竞赛计划发展及其对我国大陆乡村建设的启示[J].规划师,2015,31(12):145-149.

[32]李欣珏,陈楠,陈可石.与城市互动的运动休闲型绿道建设实践探索——以环台北河滨自行车道为例[J].现代城市研究,2015(11):34-40.

[33]彭亚茜,陈可石.明中都中轴线形态设计探索[J].规划师,2015,31(09):143-147.

[34]陈可石,闫安.改革开放以来我国城乡统筹规划的发展与实践[J].开发研究,2015(04):85-88.

[35]陈可石,邰浩.兼顾流动人口需求的城中村改造探索——以深圳五和、坂田、杨美村改造为例[J].现代城市研究,2015(07):113-118.

[36]周麟,金珊,陈可石,王利伟.基于空间句法的旧城中心区空间形态演变研究——以汕头市小公园开埠区为例[J].现代城市研究,2015(07):68-76.

[37]陈可石,卓想.基于"4C+C"战略的古镇边缘区保护与开发设计[J].规划师,2015,31(07):67-72.

[38]杨波,陈可石.谨慎城市更新策略及其实施保障——以柏林施潘道郊区为例[J].国际城市规划,2015,30(S1):94-99.

[39]陈可石,周彦吕.城乡统筹背景下我国绿道规划实践综述[J].现代城市研究,2015(05):51-57.

[40]李翔,陈可石,郭新.增长主义价值观转变背景下的收缩城市复兴策略比较——以美国与德国为例[J].国际城市规划,2015,30(02):81-86.

[41]卓想,陈可石,陈一,周波.RMP模式在滨海旅游区规划设计中的应用——以辽宁省葫芦岛休闲旅游创意产业园为例[J].规划师,2015,31(03):40-45.

[42]周麇,陈可石.空间织补术——工业建筑表皮改造引发建筑空间的改变[J].现代城市研究,2015(02):46-54.

[43]陈可石,李雪刚.城市人文主义价值观下的历史街区复兴策略——以汕头市小公园片区城市设计为例[J].规划师,2015,31(02):69-73.

[44]方丹青,陈可石,崔莹莹.基于多主体伙伴模式的文化导向型城中村再生策略——以深圳大芬村改造为例[J].城市发展研究,2015,22(01):38-44.

[45]陈可石,朱胤琳.旅游发展背景下不丹传统聚落的开发模式研究[J].现代城市研究,2015(01):84-90.

[46]陈可石,王龙.小城镇河流生态危机应对策略浅析——以台湾屏东市万年溪生态修复为例[J].生态经济,2015,31(01):196-199.

[47]邰浩,陈可石."3D"模式下的历史城区复兴途径探索——以汕头老城区城市更新为例[J].现代城市研究,2014,29(11):97-103.

[48]陈可石,周彦吕.澳大利亚布里斯班市区重建的规划历程及其启示[J].现代城市研究,2014(10):68-74.

[49]陈可石,王龙,邓婷婷.京津冀协同发展视角下北京建设世界城市的文化路径——巴黎经验的启示[J].商业时代,2014(28):134-136.

[50]彭亚茜,陈可石.中国古代商业空间形态的变革[J].现代城市研究,2014(09):34-38+54.

[51]李静雅,陈可石,邰浩.遗产性老城区城市肌理及其公共空间设计理念——以青岛为例[J].现代城市研究,2014(09):55-59+76.

[52]陈可石,董治坚.邻避设施的生态补偿和改造策略——美国康涅狄格水处理设施的启示[J].生态经济,2014,30(09):191-195.

[53]陈可石,潘安妮.基于空间句法理论的旅游小镇空间结构概述及案例研究[J].现代城市研究,2014(08):86-93.

[54]苏鹏海,刘苗,陈可石.公共利益的回归——新中国成立以来的公共设施建设历史及用地分类标准修订演变研究[J].《规划师》论丛,2014(00):114-119.

[55]陈可石,石悦.城市湿地公园营建初探——以高雄洲仔湿地公园为例[J].生态经济,2014,30(07):153-155.

[56]陈可石,刘轩宇.基于生态修复的城市滨河区景观改造研究——以美国圣安东尼奥河改造为例[J].生态经济,2014,30(07):188-192.

[57]郑婧,陈可石.德国弗赖堡绿色交通规划与策略研究[J].现代城

市研究,2014(05):109-115.

[58]陈可石,李静雅,朱胤琳,周庆.文化景观视角下"四态合一"的古镇复兴方法与路径——以黔东南下司古镇概念性城市设计为例[J].规划师,2014,30(05):48-53.

[59]陈可石,李白露.将景观优先引入城市设计——解读四川汶川水磨镇灾后重建方案[J].四川建筑科学研究,2014,40(02):242-247.

[60]崔翀,杨敏行,陈可石.基于轨道交通的TOD模式影响因子研究——以纽约和香港为例[A]. 中国城市规划学会城市交通规划学术委员会·新型城镇化与交通发展——2013年中国城市交通规划年会暨第27次学术研讨会论文集[C].中国城市规划学会城市交通规划学术委员会:中国城市规划学会,2014:11.

[61]陈可石,赵艳.法国马赛La Friche文化产业区成功因素研究[J].商业时代,2014(08):128-130.

[62]周庆,陈可石,史相宾,李静雅.新加坡电子道路管理实践及其对中国的启示[J].现代城市研究,2014(03):101-106.

[63]陈可石,罗勇彬.集中安置区开发旅游的城市设计策略——以四川省汶川水磨羌城为例[J].地域研究与开发,2014,33(01):78-82.

[64]陈可石,郑婧.绿色新田园城市设计初探——以成都天府新城正兴南城市中心区为例[J].生态经济,2014,30(02):188-192.

[65]刘苗,陈可石,苏鹏海.荷兰大型交通基础设施项目影响下的可持续城市设计与建设——以"码头模式"影响下的泽伊达斯为例[J].现代城市研究,2014(01):26-33.

[66]耿欣,陈可石,高若飞.植根于地区风景和环境,通过艺术节实现地区振兴[J].中国园林,2014,30(01):88-92.

[67]陈可石,崔翀.铜锣湾的启示——高密度城市中心区空间设计[J].广西城镇建设,2013(12):24-29.

[68]孙慧洁,陈可石.荷兰环境规划政策及其对我国的借鉴意义[J].开发研究,2013(06):40-43.

[69]陈可石,傅一程.新加坡城市设计导则对我国设计控制的启示[J].现代城市研究,2013(12):42-48+67.

[70]陈可石,杨瑞,钱云.国内外比较视角下的我国城市中长期发展战略规划探索——以深圳2030、香港2030、纽约2030、悉尼2030为例[J].城市发展研究,2013,20(11):32-40.

[71]陈可石,杨瑞,刘冰冰.深圳组团式空间结构演变与发展研究[J].城市发展研究,2013,20(11):22-26.

[72]陈可石,胡媛,姜文锦.基于景观认知的城市设计实效评价——以汶川县水磨镇为例[J].规划师,2013,29(10):91-96.

[73]陈可石,杨天翼.城市河流改造及景观设计探析——以首尔清溪川改造为例[J].生态经济,2013(08):196-199.

[74]陈楠,陈可石,姜雨奇.英国城市设计准则解读及借鉴[J].规划师,2013,29(08):16-20.

[75]陈可石,姜雨奇.基于《乾隆京城全图》的清北京内城水井时空演变研究[J].特区经济,2013(06):40-42.

[76]陈可石,杨天翼.绿色景观研究现状及设计问题探析——以深圳绿道网建设为例[J].特区经济,2013(05):47-49.

[77]陈可石,赵艳.城市文脉与快慢交通的结合式设计策略——以新都宝光桂湖总体城市设计为例[J].特区经济,2013(05):116-119.

[78]傅一程,陈可石.基于生态保护与修复的景观设计策略研究[J].特区经济,2013(05):132-134.

[79]孙慧洁,陈可石.城市规划中市民参与的经验与教训——以荷兰为例[J].特区经济,2013(05):87-88.

[80]陈可石,高妍妍.文化产业为主题的纽约时报广场城市设计研究及其启示[J].特区经济,2013(04):81-84.

[81]陈可石,卢一华.整体性为目标的城市设计方法——以旅游古镇洛带为例[J].四川建筑科学研究,2013,39(02):251-256.

[82]陈可石,王薇然,石悦.汶川灾后重建规划设计方法优化研究——以城市设计为主导的小镇设计方法评述[J].四川建筑科学研究,2013,39(01):212-216.

[83]荣亮亮,陈可石,丁祎.盘锦市城市化可持续发展道路初探[J].特区经济,2013(02):150-151.

[84]陈可石,胡媛,杨天翼.新加坡21世纪新镇规划模式研究——以榜鹅新镇为例[J].特区经济,2013(01):82-85.

[85]陈可石.诗意的古镇之美[J].旅游规划与设计,2012(03):3.

[86]陈可石,李白露.将景观优先引入城市设计——解读汶川水磨镇灾后重建方案[J].旅游规划与设计,2012(03):6-15.

[87]金珊,陈可石.深圳建设世界城市的战略思考[J].特区经济,2012(08):19-21.

[88]王瑞瑞,陈可石,崔翀.新加坡乌节路商业街城市设计导则应用实践[J].规划师,2012,28(08):107-111.

[89]罗勇彬,陈可石,杜江韩.城中村转制后的迷失与再探索——以广州登峰村转制为例[J].现代城市研究,2012,27(07):38-42.

[90]金珊,陈可石,仝德,刘堃.基于生态学原理的城市用地规划研究——以龙泉山生态旅游综合功能区生态环境建设规划为例[J].城市发展研究,2012,19(05):139-143.

[91]陈可石,卢一华.以现代思维激活"历史"——佛山名镇及岭南天地项目的文化与现代化[J].建筑与文化,2012(03):59-63.

[92]姜文锦,陈可石,马学广.我国旧城改造的空间生产研究——以上海新天地为例[J].城市发展研究,2011,18(10):84-89+96.

[93]陈可石.形态完整城市设计在小城镇规划中的意义——以水磨镇汶川新城城市设计为例[A].中国城市规划学会、南京市政府·转型与重构——2011中国城市规划年会论文集[C].中国城市规划学会、南京市政府:中国城市规划学会,2011:9.

[94]陈可石,崔翀.高密度城市中心区空间设计研究——香港铜锣湾商业中心与维多利亚公园的互补模式[J].现代城市研究,2011,26(08):49-56.

[95]陈可石,王雨.当代地域性策略在灾后重建中的探索实践——汶川水磨中学建筑设计[J].建筑学报,2011(06):110-113.

[96]陈可石,周菁,姜文锦.从四川汶川水磨镇重建实践中解读城市设计[J].建筑学报,2011(04):11-15.

[97]陈可石,王瑞瑞.再现传统城市的文化价值——佛山市历史文化保护核心区旧城改造[J].城市建筑,2011(02):60-63.

[98]陈可石.绿色城市应把人放在第一位[J].开放导报,2010(06):36

[99]陈可石,汪娟萍.基于可持续理念的汶川水磨镇禅寿老街设计实践[J].小城镇建设,2010(11):67-70.

[100]陈可石,王艳.传承城市特色的城市设计探索——以都江堰历史文化复兴概念设计为例[J].《规划师》论丛,2009(00):120-123.

[101]陈可石,周菁.墨尔本——花园中的城市[J].西部广播电视,2009(11):112-117.

[102]陈可石,马育萍.形态完整与滨水城区整体开发——加拿大温哥华COAL HARBOUR滨水区项目成功经验解析[J].西部广播电视,2009(08):182-187.

[103]陈可石.小城市是自然怀抱中的一个物——瑞士山地城镇建设经验[J].西部广播电视,2009(06):44-49.

[104]陈可石.城市设计中的文化复兴理念[J].城市建筑,2009(02):97-99.

[105]陈可石.城市设计新理念在新城建设与城市综合体建设中的运用[J].中共杭州市委党校学报,2008(06):38-41.

[106]陈可石.香港建筑事务所的管理和工作方法[J].世界建筑,1997(03):84-85.

[107]陈可石.云南石林宾馆新餐厅[J].建筑学报,1987(01):59-61.

[108]新宫晋,陈可石.二种节奏[J].美术,1986(12):14-18+33-34.

[109]陈可石.关于阙里宾舍的思考[J].新建筑,1986(02):24-26.

主旨演讲

2019年　深圳市民文化大讲堂主旨演讲——《未来城市与生态美学》，广东深圳

2019年　深圳龙华区政府主旨演讲——《文旅小镇设计理念与方法》，广东深圳

2018年　西藏自治区政府主旨演讲——《城市人文主义与小镇设计》，西藏拉萨

2018年　四川最美古镇古村落创新发展论坛主旨演讲——《古村镇保护开发与规划设计十大核心理念》，四川甘孜州

2018年　深圳市政协发言——《以"世界花都"塑造未来深圳城市新形象》，广东深圳

2018年　深圳市城管局发言——《标准·美学·灵魂——深圳市创造世界著名花城相关建议》，广东深圳

2018年　景德镇市政府主旨演讲——《产业·环境·文化品牌——景德镇城市规划与建设相关建议》，江西景德镇

2017年　丝绸之路国际设计论坛主旨演讲——《传统艺术元素的现代表达》，广东深圳

2017年　深圳龙岗区政府主旨演讲——《迈向绿色新田园城市——未来5年龙岗区规划与设计相关建议》，广东深圳

2017年　河源市政府主旨演讲——《河源市未来5年城市设计要点》，广东河源

2017年　珠海市规划局主旨演讲——《珠海未来30年如何用城市设计新理念和新方法引领城市不断提升》，广东珠海

2017年　第二届中国(深圳)古村与新乡村主题展暨乡村博览会主题演讲——《新田园主义与美丽乡村运动》，广东深圳

2017年　成都安仁论坛主旨演讲——《特色小镇设计理念与方法》，四川成都

2016年　深圳前海讲堂主旨演讲——《4.0版的前海》，广东深圳

2016年　伦敦大学学院斯莱德美术学院演讲——《西藏艺术元素》，英国伦敦

2016年　深圳龙岗区政府主旨演讲——《山环水润·产城融合与龙岗区绿色新田园城市组团空间》，广东深圳

2015年　甘孜州政府主旨演讲——《甘孜州全域旅游思考与建议》，四川甘孜州

2014年　西藏林芝市政府主旨演讲——《西藏旅游业与城市设计》，西藏林芝

2014年　哈佛大学演讲——《西藏建筑艺术元素》，美国波士顿

2013年　汕头市政府主旨演讲——《绿色新田园城市与城市人文主义——关于黔东南城镇化的十项建议》，广东汕头

2013年　岭南城市与建筑文化暨中山市未来城市发展主题演讲——《城市与人文主义价值观》，广东中山

2013年　林芝市政府主旨演讲——《美丽中国概念下的西藏未来城镇化十项建议》，西藏林芝

2013年　成都市政府演讲——《点亮成都的六盏明灯——成都现代化国际化进程中城市形象定位及规划设计路线研究》，四川成都

2012年　武汉市名家讲坛主旨演讲——《水文化与新田园城市》，湖北武汉

2012年　深圳市政府演讲——《文化名城的复兴——传统古镇保护与发展的10项原则》，广东深圳

2011年　成都金沙讲坛演讲——《迈向绿色新田园城市》，四川成都

2010年　深圳市民大讲堂演讲——《民俗与新田园城市》，广东深圳

陈可石

中国改革开放40周年
十大建筑文化人物

2019年1月，陈可石荣获"中国改革开放40周年十大建筑文化人物"

2019年1月8日晚，由中华文化促进会、凤凰卫视主办，成都市龙泉驿区委、区政府、华侨城文化集团、华侨城西部投资有限公司承办的"致敬改革开放40周年文化人物（建筑篇）"发布仪式在成都洛带博客小镇举行。十位来自建筑设计领域并作出卓越成就的文化人物接受了这份来自海内外华人文化精英的盛情邀约和文化礼赞。

2018年正值改革开放40周年，中国建筑发生了巨大的变化。如果用文化与艺术门类来见证改革开放的成果，建筑绝对是很好的诠释，城市建设的每一个进步都是中国改革的映射，它的发展壮大，也见证了中国改革开放的壮阔历程。用40载改革足迹审视建筑作品，既是中国城市演变的"事件史"，也是为了致过去、敬未来。

为了向纪念改革开放40周年致敬，这些文化人物在这期针对建筑领域制作的特别节目舞台上分享了心得感受，共同接受世界的喝彩。陈可石因其在中国建筑设计行业的卓越贡献，获得"致敬改革开放40周年文化人物（建筑篇）"提名，与贝聿铭、张锦秋、阮仪三、张永和、刘家琨、马岩松、邵伟平、俞孔坚、李兴钢一同获得"中国改革开放40周年十大建筑文化人物"。

近期进行中的项目

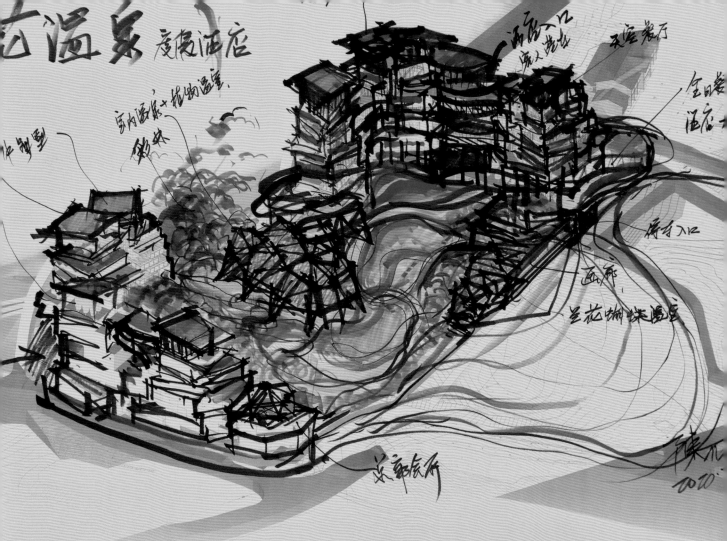

广东·东莞

衡泰皇冠假日酒店

粤港澳大湾区城市群已成为中国开放程度最高、经济活力最强的区域之一。东莞身处粤港澳大湾区的几何中心。项目位置南临深圳东依惠州，位于深莞惠三市交界地带，50千米交通圈包含深莞惠，100千米交通圈包含广河港汕。项目坐拥大城市远郊、小城市近郊的黄金度假区位，离开喧嚣都市但未与世隔绝，是都市人群重回自然、舒缓心情、调节压力的短途度假旅行好去处。

依托粤港澳大湾区几何中心的优越区位，东莞清溪镇建设全域旅游示范区的政策支持，项目周边丰富的人文与自然资源，银瓶山森林公园打造康养度假目的地的基础条件，本项目将成为粤港澳大湾区最高端山地生态度假酒店，打造东莞最具绿色生态美学建筑，塑造清溪镇旅游度假新形象。

四川 · 跑马山

康定情歌
国家级旅游度假区

甘孜藏族自治州是四川藏区自然美景和人文资源最集中的一个州，甘孜州的首府康定市是康定情歌的原生地，也是未来川藏铁路和高速公路进入西藏的门户。

受川威集团委托，我和设计团队于2019年7月开始对康定市的旅游资源进行深入研究，在多次调研的基础上，结合当地自然、人文条件和社会发展需求，提出"跑马山——康定情歌国家级旅游度假区"的整体规划目标，依托现有的旅游产业基础，以藏文化为主体，结合极具地域文化特色的情歌文化、茶马古道文化、锅庄文化等，对相关指标和参数按照国家旅游度假区的要求进行配套，构建五大旅游产业板块：康定情歌城、唐蕃古城、樱花国际温泉谷、贡嘎山冰雪世界、一生一世露天温泉。以上五个旅游主题项目共同组成"康定情歌国家级旅游度假区"，打造未来康定旅游新名片。

康定情歌城

康定情歌城设计构思以"传统建筑现代诠释"和"城市人文主义"为设计理论基础，在半山顶区域打造具有情歌文化内涵及品牌支撑的康定情歌之城。主要项目设置有：万人情歌印象大型户外实景演出、茶马古道美食街、千人室内康定情歌主题演出、星级酒店、云中情歌花街步道。康定情歌城充分利用山体地形，将部分山地以阶梯状花街的形式形成丰富有趣的山地步行街，其自身将成为一大亮点。

规划设计康定情歌城南立面强调立体空间形态的层次，重复展现康定情歌城浪漫、梦幻的一面，激发游人的想象力，形成琳琅满目的吸引点，浸入式体验康定情歌文化、锅庄文化、茶马文化。康定情歌城和康定古城西立面在天际轮廓线上呈现出互相承托、互相强调的关系，更加突显康定情歌城的雄伟、神秘和梦幻，但又和周围环境融合。

建筑风貌构成多采用现代藏式建筑作为主体，在项目局部地方少量点缀木雅藏式风格以体现当地的木雅文化，在重要文艺汇演及星级酒店等公共建筑上以藏式宫廷建筑样式作为其风貌呈现方式，最终形成多元混合的藏式建筑风貌。设计中主要以自然生态铺装材料为主，较大的广场采用古朴粗犷的黄石子，街道及小尺度范围采用小料石铺装做法，体现藏式特点。

唐蕃古城

在跑马山公园入口再现具有浓厚历史文化氛围的康定古城，将锅庄文化、茶马文化、木雅文化的空间形态以现代设计手法演绎，以此表现现代康定古城独特的风貌。根据地块各自的功能定位、路网边界、地形地貌等条件划分为四大功能板块：民族文化主题区、藏式生态住宅、锅庄文化商住区、茶马文化商业街。

锅庄文化休闲体验区展现了锅庄文化与现代商业、文化娱乐的演绎结合，通过业态植入保护、传承、弘扬锅庄文化。锅庄文化休闲体验区空间形态诠释了"古"与"今"的完美融合——通过保留藏式的建筑风格，再融入大量现代的玻璃结构与钢结构设计，并配合优越的景观资源，打造出独树一帜的复古街区购物体验地标项目。

木雅文化游览区以民俗风情与自然风光相结合，为游客提供具有地域风情的民俗文化体验，整体体现藏式建筑的造型特点和使用现代建筑材料。增加绿植屋顶铺装，在实现节能减排的同时也融入当地的自然环境。

樱花国际温泉谷

定位为藏区最大樱花主题园区，结合高山温泉等自然资源，形成集旅游、服务、居住、酒店等产业于一体的体验型精品度假区。

康定情歌城强调立体空间形态的层次，重复展现康定情歌城浪漫、梦幻的一面，激发游人的想象力，形成琳琅满目的吸引点，浸入式体验康定情歌文化、茶马锅庄文化、木雅文化。

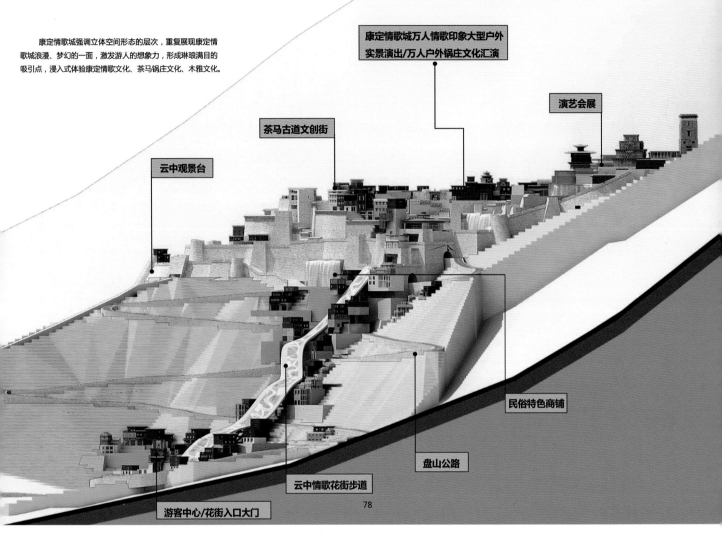

康定情歌城万人情歌印象大型户外实景演出/万人户外锅庄文化汇演

演艺会展

茶马古道文创街

云中观景台

民俗特色商铺

盘山公路

云中情歌花街步道

游客中心/花街入口大门

"樱花+国际温泉谷"以文化旅游和自然景观旅游相结合，营建最大樱花园，沿河岸樱花谷打造樱花社区；打造汽车营地、帐篷酒店等户外主题营地；以当地特色藏药为主体，打造藏药馆、藏药膳餐厅和藏药主题风情街等；依托山地运动主题公园，建成探险家民宿、探索露营地和探索俱乐部等。

贡嘎山冰雪世界

规划方案依托仙境般的"延绵雪山"核心资源，转化为最好的度假产品；以国际化为标准，提升服务品质，打造世界水准的国内顶级滑雪度假区：环贡嘎雪山观光，低空飞行胜地，高原特色登山运动大本营。在追求更高、更远的山之旅途中，这里的雪山将是一座里程碑。站上海拔6000多米，开启人生新高度；踏入雪线之上，感受高海拔低温和风雪；在陡峭雪坡中跋涉，体会每一步的艰辛和山野乐趣；在雪山顶部360°一览群山浮云上的盛景。

一生一世露天温泉谷

规划定位为高端综合型一站式旅游度假目的地、全球最大的露天温泉浴场，营造绵延四千米长露天温泉带，再现黄龙世界级生态景观。以温泉为主题，以小镇和酒店为载体，结合森林、田园、水体等自然景观，同时，植入文化、养生和娱乐等功能，实现温泉度假酒店的特色化打造。面向多种客群，构建多样化深度式的温泉体验。

甘孜全域旅游需要有国际水准的项目支持，上述五个项目以国际水准、国际坐标系策划和设计，将共同组成康定情歌国家级旅游度假区，借助川藏铁路和川藏高速公路，使康定成为川藏线上最大的旅游集散地。上述五个项目投资将超过150亿元人民币，创造两万个就业机会，整体推动甘孜藏族自治州未来5年经济社会的高速发展，为四川乃至全国创造新的具有较强影响力的旅游目的地。

陈可石 绘

中营都市 花园中的办公室
CHINA RECONSTRUCT
THE OFFICE IN THE GARDEN

陈可石 陈香依 绘 2017年

设计·园之语

陈可石

"花园城市"是我们提出的城市设计理念。"花园中的城市"也一直是我心目中未来城市的理想。然而对于城市中的设计师而言，花园中的设计工作室又何曾不是一种入世的乌托邦。

记忆追述到我在清华大学读研究生的时候，在汪坦老先生家看到赖特事务所办公室照片。汪先生告诉我，他在赖特事务所工作的时候，赖特也让他看管办公室旁边的菜地和花园，包括从菜地里收获土豆拿到厨房等这样的粗活。在那个花园办公室，赖特最著名的设计作品产生于此。这张照片为我种下了花园办公室的奇想。在英国留学的时候有机会走访了当地的许多建筑师事务所，那些位于花园之中用老建筑改造而成的工作室让我流连。

2003年我来到深圳，在蛇口海边买下几栋旧别墅，一个花园办公室的梦想开始实践。比如改造时保留了原有的槟榔树、芒果树和白玉兰，这些树在室内继续生长。槟榔树从鱼池中向上伸出窗外，再从天窗玻璃上的圆洞长到屋顶花园，看上去就像是一个巨大的盆景。工程中保留了原有建筑的花岗石墙体和结构，让时间在建筑中得到延伸。老房子带着岁月的痕迹，以一种无与伦比的耐心默默地守候着。在这里的一个个设计，就好像好酒佳酿般静静地成熟。

我尝试将屋顶改造成一个"百花园"：几片草坪、30多棵不同的果树和一大片菜地，完全迎合"生态友好"的理念。每次出差从各地带来的蔬果花草，种在花园中使四季的变换留下花与果的记忆。冬天的阳光透过天窗照耀每一个角落，屋顶的绿地使下面的办公室在炎热的夏天变得清凉。天气晴朗的时候，在屋顶草坪上的冷餐免去了郊游乘车的恐慌。午餐时，大家在屋顶花园餐厅享受阳光和花果簇拥的短暂闲暇时光。办公室的窗外每天鸟语花香，作为大自然的恩赐，像家一样温馨的办公室总使人充满创造的愿望。

花园里有木棉花、樱花、桃树与合欢，绚丽的花朵在早春就会绽放。睡莲、荷花、慈菇和时令蔬菜是仲夏的美梦。木瓜、枣子、柿子和橘子是秋天的愿望。深圳的气候最适宜热带植物生长，芭蕉、姜花、红铁、鸡蛋花和勒杜鹃，还有蔓陀罗、美人蕉、天堂鸟，一年四季，姹紫嫣红、争芳斗艳。在这个植物的浮世绘，万物在阳光、空气和泥土之中演绎了一场适者生存的大赛。

办公室中庭的人工瀑布和鱼池，诠释了"亲水"的理念，在这个浮华的世界中，几十条锦鲤在池中自由自在地游荡；花园中的孔雀、大狗和短尾花猫都有自己的一番天地；几十种鸟——黄鹂、斑鸠、麻雀和鹧鸪演示出共生的哲理……大自然的神奇韵律在岁月中交织成一幅诗意的画卷。斗转星移，时移境迁，在生命的力量支持下万籁变换、日月同辉、风生水起。在花园的日历中设计的故事似水流年。

规划和设计是一次次不带地图的旅行，通往梦想的康庄大道却见蹊径。在阳光灿烂的日子里，草木繁华的花园中，大自然的脉动唤醒藏在人性深处的光辉。时间教会我回到最初的梦想，仰望星空、轻装前行。正是对美的眷恋和亲情扫清了设计旅途累积的疲惫，花园中的办公室又重叙了学生时代那份奔放不羁的对建筑艺术的热情。

不久以前一只花猫在花园角落找到栖身之处，接下来是一群小猫的出没，它们常常反客为主，又以一种若即若离的态度面对进进出出的人群。几只孔雀最喜欢漫步在草坪的中央，一种叫做"白头翁"的鸟（头上有一束白毛），时常飞进我的办公室，优雅地站在窗台上。我每每会停下手上的事情，看着它们吃完枣树上的枣子、柿子树上的柿子、石榴树上的石榴，悠然离去。尽管有鸟语花香，然而马上伴随而来的还是夜以继日的设计，方案完成之后新的方案又开始。

我喜欢做设计，因为在创造构思的过程中有花园和音乐相伴，可以高谈阔论、才思神涌；我喜欢做设计，还因为能去很多地方，结识很有趣的人。或者是，我更喜欢中营都市设计研究院同事间的友好氛围，纵然都是精英，仍能相互协作，而且日复一日、亲密无间。我想象中的设计师是一群才华横溢的俊男美女，好高而骛远，平淡之中涌现出生活的美感，靓丽衣裳，青春作伴。

设计是一种奇异的旅行，山花烂漫与荆棘丛生之间的界线是如此散漫，山穷水尽之时创意又像花朵般绽放。设计师是一种特定的角色，必须要有人文的关怀、科学精神和积极乐观的心态。我愿意将设计看作是可能也可以创造最大价值的过程，但这一切都取决于选择设计作为一种生活方式，任时光流年一定要将设计进行到底。

后记

18岁那年9月的一天下午，我登上故宫后面的景山。那时候正是大学三年级开始，还不怎么明白为什么学建筑设计，对未来也没有想法，在班上学习成绩更是平平。就在那个北京秋天风和日丽的下午，我和几位同学登上了景山万寿亭。站在故宫中轴线上，俯瞰夕阳下的故宫，屋檐重叠，庭院深深，黄色的屋顶闪烁着万点金光；暗红色的宫墙、黄色的琉璃……我被这幅场景震撼了。"建筑之美"好像是听到的天籁之音，又像是收到的神谕，让我突然苏醒，仿佛是在灰暗的夜晚看到的星光，星光照亮了我。之后我决定每天早起长跑，读专业书，努力学习。随后参加中国首届大学生建筑设计竞赛获得一等奖，再后来就是读硕士、再读博士。建筑艺术之光照亮我之后的人生道路，当然也一样恋爱、结婚、留学、生儿育女、就业、创业、置业、成立设计事务所，在北京大学创办城市设计学科，一切好像都是从北京的那个秋天，在景山万寿亭的那一个下午开始。

本书收录了我2007年之后完成的城市规划、城市设计和建筑设计的方案和部分作品，包括"灾后重建全球最佳范例"——汶川水磨镇、"中国最美户外小镇"——鲁朗国际旅游小镇、中国唯一建在海上的"日月贝"——珠海歌剧院、国际竞标获奖方案——深圳湾超级总部、甘南（敦煌）国际文博会主场馆等著名建筑设计和城市设计方案，

参与这些工程设计的中营都市设计研究院设计师有：梁译坪（Neo Ee Pin）、陈树锋、谢华、陈芊、金建民、李坤威、黄虹、张暄、王晓东、邓朗、冯俊、周菁、田浩、何宜菁、游轶、易华文、焦杰、印妮、周刚、王波、赵士民、贺惠群、姜霞、郭静、方嘉、栗阳阳、曹猗昆、邹柳莉、温凤凯、肖翔、陈伟鑫、刘建群、纪自立、万宇霖、郭玉香、林涛、何翔、杜昕竹、翟征、陈宏宇、黄紫琦、熊科丽、孟娜、肖叶、张晴、陈金留、仲刚、Laura、Chris、Jakob、Joel、张泽源、赵家亮、顾智鹏、朱亮、聂颖、黄翔、张锐、汪义麋、陈梦、张磊、谭苏一、张晓璇、秦宝权、李晶、刘艳萍、徐婧轩、杨雨林、伍清华、梁嘉樑、徐学文、徐芳君、曹玉、廖裕华、翟军梅、李永红、袁楠、林向阳、李江平、吴苗钏、王晶晶、王裕、陈嫣嫣、朱志明、罗天祥、刘凡、刘慧明、苏艳、李大平、杨年丰、王永、姜红梅、王航、周巍、彭红梅、晏颂、黄颖杭、陈惠兴、刘佩宇、周文硕、马源、朱益萱、汪元、王玉琳、曾翌、罗杨文、王宁、徐腾飞、林燕丽、辛语心、周密、邹炼、赵昕、邱二龙、汪玲、徐玮艺、王谓君、胡成瑜、朱堂军、陈元佩、李夏闻莺、王磊、林迟、颜佳、阳素梅、梁庆祥、陈逸超、王延勃、李宏伟、单宝凤、耿威、任探、罗璇、邵林浩、丁永镇、张耀匀、陈杰、胡梦君、张灯、黄龙港、何驰驰、邱燕玲、梁天成、钟文森、司南、刘洵、陈龙、杨静、郑重、张倩、林昊天、杨硕、胡斐珮、苑一鸣、周辉、洪超、万觅诗、邱世玮、宗雪洋、彭鹭、唐希、梁彩焕、冯亦聪、骆国荣、邹润斌等。

我的博士研究生和硕士研究生在校期间都参加了上述设计项目的理论研究和设计实践，很多学生都以这些工作为基础完成了毕业论文，他们是博士后金姗、耿欣、杨志，博士研究生陈楠、方丹青、崔莹莹、郭晓峰，硕士研究生王雨、汪娟萍、罗勇彬、卢一华、王瑞瑞、王薇然、崔翀、姜文锦、李白露、姜雨奇、胡媛、陈楠、赵艳、荣亮亮、史相宾、杨天翼、孙慧洁、陈果、董治坚、李静雅、刘苗、刘轩宇、潘安妮、石悦、王龙、杨瑞、郑婧、周彦吕、杨波、朱胤淋、李翔、李雪刚、闫安、邰浩、彭亚茜、周麾、李欣珏、高佳、黄婷、景璨、袁华、刘彬蔚、朱金、娄倩、杨志德、卓想、马捷、段晓桢、韩雪原、刘吉祥、任子奇、魏世恩、林经纬、申一蕾、步兵、马蕾、张运崇、梁宏飞、肖利波、刘心雨、黄茜、徐丽薇、于思远、冯晓、李丽、施媛、谢华、张暄等。书中实景照片除著者拍摄之外，参加拍摄的还有郑胜日、蔡红、刘顺江、黄细花、马松涛、胡雄鹰、张暄、周刚、杨静、方丹青、顾智鹏、何驰驰、朱亮等，谨此感谢他们提供的照片。

感谢以往在项目设计和工程实施过程中给予我们帮助的那些朋友，因为这些工程让我们有缘相识、一同分享创造的过程、一同留下美好的记忆和珍贵的友情。特别感谢工程设计中合作过的各个专业技术公司和设计师，大家因设计而相逢相知，并见证一个个奇迹的诞生。艾特奖主席赵庆祥先生敦促我将上述设计的理论和实践整理成书，并推荐给湖南科学技术出版社缪峥嵘先生组织出版，罗马大学安东尼·桑吉教授为本书写序，新加坡国立大学王才强教授为本书撰写简述，在此一并表示感谢。书中所述的很多设计方案，有的建成了，有的还留有遗憾，还有的最终没能实现，理论研究也有很多还在进行，不足之处还要请读者见谅。"设计致良知，而知无涯。"期待未来有更好的作品奉献给大家。

陈可石
2021年4月8日

1995年，陈可石与王炜钰先生在清华大学校庆上合影

古格王国遗址写生　陈可石

冈仁波齐写生　陈可石